高等教育"十三五"规划教材·无人机应用技术

WURENJI TUXIANG CHULI

无人机图像处理

段连飞 编著

西北工业大学出版社

【内容简介】　无人机图像处理是数据获取和信息处理的重要手段,本书以无人机图像应用为牵引,系统阐述无人机图像增强、无人机图像拼接、无人机图像融合、无人机图像判读、无人机图像正射纠正以及无人机图像目标定位等处理技术。本书既有传统图像处理方法,又包含作者多年来在无人机图像处理研究领域提出的新方法,是一本理论与实践应用结合紧密的专业教材。

　　本书既可作为高等院校本科生无人机技术、遥感等专业的教材,也可供武器装备设计和该研究领域的广大科技工作者、工程技术人员参考和使用。

图书在版编目(CIP)数据

无人机图像处理 / 段连飞编著 . —西安:西北工业大学出版社,2017.6(2024.1重印)

ISBN 978 - 7 - 5612 - 5356 - 4

Ⅰ.①无… Ⅱ.①段… Ⅲ.①无人驾驶飞机—图像处理 Ⅳ.①V279

中国版本图书馆 CIP 数据核字(2017)第 151012 号

出版发行:西北工业大学出版社
通信地址:西安市友谊西路 127 号　　邮编:710072
电　　话:(029)88493844　88491757
网　　址:www.nwpup.com
印 刷 者:陕西奇彩印务有限责任公司
开　　本:787 mm×1 092 mm　1/16
印　　张:14
字　　数:340 千字
版　　次:2017 年 6 月第 1 版　　2024 年 1 月第 5 次印刷
定　　价:48.00 元

前　言

近年来,无人机技术发展迅速,已广泛应用于军事侦察、农业植保、电力巡检、测绘、快递运输、灾害监测、影视拍摄等领域,并逐渐产生了新兴的无人机产业。虽然可以按照不同用途将无人机分为侦察无人机、测绘无人机、气象无人机等类型,但是从应用中不难看出,大多数无人机均是以图像获取为主要目的的。无人机图像在社会生活、经济建设和国防建设中发挥着越来越重要的作用。

无人机图像具有类型多样、分辨率高、数据量大、实时性好等特点,已经成为一种重要的中低空遥感图像数据资源。那么如何充分使用无人机图像资源,进而提高无人机运用效能,是无人机图像处理所要解决的问题。与一般意义上的图像处理不同,由于处理的对象和应用的目的不同,无人机图像处理更具有针对性,往往是实际应用牵引着如何处理,方法也更具有灵活性。

针对无人机图像处理的特点,本书从当前无人机图像应用的角度出发,对无人机图像增强、图像拼接、图像融合、图像判读、正射纠正和目标定位六个主题技术进行深入分析和系统总结,既包含图像定性处理,又涵盖图像定量处理,在相关处理技术阐述中力求系统完整、深入浅出。本书既有传统图像处理方法,又包含笔者多年来在无人机图像处理研究领域提出的新方法,是一本理论与实践应用结合紧密的专业教材。

本书共分7章。第1章绪论,主要介绍无人机、无人机图像、无人机图像处理、图像表示和描述、图像处理系统。第2章无人机图像增强,重点阐述图像平滑、灰度增强、边缘增强、彩色增强处理技术,是无人机图像处理的基础性内容。第3章无人机图像拼接,以拼接的作用意义、流程、特点为牵引,重点研究拼接过程中所涉及的图像配准、变换模型参数解算、场景生成以及图像合成等内容。第4章无人机图像融合,首先介绍图像融合的相关概念和评价准则;其次重点阐述常用的图像融合方法;最后对多尺度图像融合和基于 Contourlet 变换的多尺度图像融合方法进行探讨。第5章无人机图像判读,详细介绍判读基本知识、立体判读、判读依据和地形判读的相关内容。第6章无人机图像正射纠正,从无人机图像构像方程、几何特点、纠正处理三方面渐进式对正射纠正处理进行阐述。第7章无人机图像目标定位,详细介绍无人机航空像片、视频图像、SAR 图像三种图像源的目标定位方法。

　　本书主要由段连飞编写,汪玉美参与编写了第 4 章无人机图像融合内容,章炜、范希辉、陈代梅、李金、舒硕果等人也做了大量的素材整理和试验工作,在此表示感谢。

　　无人机图像处理尚处在研究起步阶段,尚有很多技术需要深入研究,本书仅仅是从应用的角度对部分相关处理技术进行阐述,还不完善,加之笔者水平有限,书中难免会有不当之处,敬请广大读者批评、指正。

段连飞

2017 年 5 月

目　　录

第1章 绪 论

1.1 无 人 机

无人驾驶飞机(Unmanned Aerial Vehicle,UAV),是指无驾驶员或"驾驶"(控制)员不在机内的飞机,简称无人机。

无人机的起源有多种说法,但毋容置疑的是战争推进了无人机的发展。第一次世界大战期间,无人机成为被普遍认可的系统,美国人查尔斯·凯特灵为陆军通信兵开发了一种双翼无人机,该无人机能够携带 180lb(1lb=0.453 6kg)高爆炸药以 55mile/h 的速度飞行 40min,其由程序控制导引向目标飞行,当飞临目标上空时抛掉可分离机翼,从而使机身像炸弹一样直冲地面。第二次世界大战期间,德国在 1944 年制造了 V-1 导弹,以冲压喷气式发动机为动力,速度可达 643km/h,可以从法国打到英国伦敦,它常被看作是现代喷气式无人机的雏形。第二次世界大战之后,军用无人机的发展趋向多样化。一是改装退役飞机,用作靶机或研究;二是以专门设计的小型无人飞机担任特殊的侦察和试验任务;三是以小型无人飞机取代有人驾驶飞机的任务。典型的如美国的"全球鹰"无人机、"捕食者"无人机,以色列的"云雀"系列微型无人机、"侦察兵"无人机,法国的"神经元"无人机,中国的"ASN-206"无人机,等等。

无人机的应用也迅速从军事侦察拓展到航空遥感、灾害调查、气象监测、通信中继等领域。无人机按照尺寸大小可分为大型、中型、小型和微型无人机;按照活动半径或飞行时间可分为近程、短程、中程和长航时无人机;按照飞行方式可分为固定翼、旋翼、扑翼无人机。

一个典型的无人机系统主要由飞行器、一个或多个地面控制站(GCS)、任务载荷和数据链组成。另外,大多数无人机系统还包括发射/回收、飞行器运载工具以及其他地面操作和维护设备。

1.2 无人机图像及图像处理

1.2.1 无人机图像

图像是对客观对象的一种相似性的描述或写真,它包含了被描述或写真对象的信息,是人们最主要的信息源。进一步分析,可将图像看作是"图"和"像"的结合,"图"是物体透射光或反射光的分布,"像"是人的视觉系统对图的接收在大脑中形成的印象或认识,图是客观存在的,像是人的感觉,这样说来,图像又是主客观的统一体。

图像的种类很多,从人眼的视觉特点上可将图像分为可见图像和不可见图像。可见图像包括图片、照片、用线条画的图和画等;不可见图像包括不可见光成像(如紫外线、红外线、微波成像)和不可见量(如温度、压力、人口密度等)分布图。

从类别上来说,无人机图像属于可见图像,是指通过无人机平台上的各种传感器获取的地物景物的光反射。按照获取图像的传感器分类,无人机图像可分为航空像片、红外图像、电视图像、SAR 图像、多光谱图像;按照图像空间坐标和亮度的连续性可分为模拟图像和数字图像。模拟图像是指空间坐标和亮度都是连续变化的图像,早期无人机胶片式航空相机获取的图像就是模拟图像。数字图像是一种空间坐标和灰度均不连续的、用离散数字表示的图像。目前,由于无人机图像处理设备均以数字处理设备为主,所以对于模拟图像,需要对其进行数字化处理而后进行图像分析与判读使用。将模拟图像转换为数字图像的过程称为模/数转换(A/D 转换),反之,将数字图像转换为模拟图像称为数/模转换(D/A 转换)。

1.2.2　无人机图像处理

通俗意义上来说,图像处理是指对图像进行一系列的操作,以达到预期目的的技术。图像处理可分为光学图像处理和数字图像处理。随着计算机技术的迅猛发展,目前图像处理主要采用数字图像处理方式。数字图像处理就是利用数字计算机或其他高速、大规模集成数字硬件,对从图像信息转换来的数字电信号进行某些数字运算或处理,以期提高图像的质量或达到人们所要求的某些预期的结果。

无人机图像处理属于数字图像处理的分支,也属于遥感图像处理的分支,是指为了满足特定的任务要求,运用通用的或者特定的处理系统,对无人机图像中的像素进行系列操作,最终实现信息处理与信息提取的目的。

无人机图像处理既包含定性处理,又包含定量处理,主要处理内容分为以下 6 个方面。

1. 无人机图像增强

无人机图像增强是指对整幅无人机图像进行增强或突出图像中某个特定目标、地物的信息,从而使图像或目标更容易理解、分析和判读。图像增强主要包括图像平滑、灰度增强、边缘增强和伪彩色增强等。

2. 无人机图像拼接

无人机图像拼接是指将多幅具有一定重叠的无人机图像合成一幅完整图像的过程,图像拼接克服了传感器收容面积有限的缺点,利于整体判读分析使用。图像拼接涉及特征提取、图像匹配、几何纠正等图像处理技术。

3. 无人机图像融合

无人机图像融合是指将两个或两个以上的传感器在同一时间或不同时间获取的关于某个特定场景的图像加以综合,生成新的有关该场景解释的信息处理过程。由于无人机多任务载荷的特点,图像融合可提高整个无人机图像获取系统的有效性和信息使用效益。

4. 无人机图像判读

无人机图像判读是指根据地面目标的成像规律和特征,运用人的实践经验与知识,根据应用目的与要求,解释图像所具有的意义,从图像获取所需信息的过程。无人机图像判读属于无人机图像定性处理,是对图像或目标从感性到理性的认识过程,是无人机信息处理与信息提取必不可少的环节。

5.无人机图像正射纠正

无人机图像正射纠正是指通过改正地形起伏和传感器误差而引起的像点位移而生成一幅新的影像的过程。通过纠正生成的正射影像具有直观真实、信息丰富、精度高等优点,通过纠正后的影像可直接进行目标坐标获取、面积计算等作业,属于定量化处理。

6.无人机图像目标定位

无人机图像目标定位是指通过建立像点和地面点之间的几何关系,实现从图像中读取地面指定目标坐标的过程。目标定位是无人机图像定量化处理的主要内容,是无人机图像处理与通常图像处理的重要区别所在,也是无人机信息提取的重要主题。按照图像获取传感器的不同,可分为航空像片目标定位、视频图像目标定位和机载 SAR 图像目标定位。

1.2.3 无人机图像的获取和描述

1.无人机图像的获取

根据无人机获取图像的传感器的基本构造和成像原理不同,可将无人机图像的获取分为摄影成像、扫描成像和雷达成像三类。

(1)摄影成像。摄影成像是根据 CCD(或者 CMOS)成像器件感光原理,通过光学镜头以及放置在焦平面的光敏元件实现物体影像记录。通常将摄影时通过镜头将地面物体反射或发射的电磁波聚焦在焦平面上的这一过程,称为曝光。曝光实现了光能量的获取,并通过光电转换、图像转移等过程生成一幅数字图像。图像的亮度与曝光的多少有关,曝光量越大,图像越白;曝光量越小,图像越黑。图像黑和白的变化与地物反射和发射电磁波强弱有密切关系,或者说与地物反射率和发射率紧密相关。典型的摄影成像是无人机航空相机拍摄的图像,如图1-1所示。

图 1-1 摄影成像图像

(2)扫描成像。扫描成像是依靠探测元件和扫描镜对目标物体以瞬时视场为单位进行的逐点、逐行取样,以得到目标地物电磁辐射特征信息,形成一定谱段的影像。它有两种主要形式:一是光学/机械扫描成像,光学/机械扫描成像系统一般在扫描仪前方安装光学镜头,依靠机械传动装置使镜头摆动,完成对目标地物的逐点、逐行扫描。扫描仪由一个四方棱镜、若干反射镜和探测元件组成,四方棱镜旋转一次,完成四次光学扫描。入射的平行波束经四方棱镜的两个反射面反射后,被分成两束,每束光经平面发射后,汇成一束平行光投射到聚焦反射镜,使能量汇聚到探测器的探测元件上。探测元件把接收到的电磁波能量转换成电信号,形成影像。二是固体自扫描成像,固体自扫描是用固定的探测元件,通过无人机平台的运动对目标进行扫描的一种成像方式。典型的扫描成像是无人机前视红外仪获取的图像,如图1-2所示。

图1-2 前视红外仪图像

　　(3)雷达成像。雷达成像是由发射机向侧面发射一束窄脉冲,地物反射的微波脉冲由天线收集后,被接收机接收。由于地面各点到飞机的距离不同,接收机收到的信号先后不同,并依序记录,而信号的强度与窄脉冲带内各种地物的特性、形状和波向等有关。接收机接收到的信号经电子处理器的处理,形成一条相应窄脉冲带内各种地物反射特征的图像线,并通过无人机的飞行,生成连续的脉冲条带,即形成连续图像。典型的雷达成像是无人机机载SAR图像,如图1-3所示。

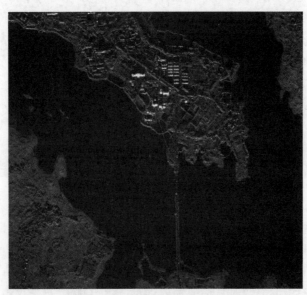

图1-3 无人机机载 SAR 图像

2.无人机图像的确定性表示

若用数学方法来描述一幅无人机图像,则可以用函数表达式来表示,对于处理使用的无人机数字图像,则可以用矩阵或向量来表示,这种表示实际上记录的是地物辐射能量的平面分布,函数表达式为 $f(x,y,t,\lambda)$。

对于无人机视频图像(包括电视图像和红外视频图像)来说,函数 $f(x,y,t,\lambda)$ 表达的是运动图像(活动视频),t 是时间变量,λ 是光谱变量,彩色电视图像 $\lambda=3$,黑白电视图像 $\lambda=1$(由于只有 1 个波段,即灰度图像,此时也可省略 λ 变量)。

对于无人机黑白航空像片或者 SAR 图像来说,省略函数光谱变量 λ,$f(x,y,t)$ 表示的是平面坐标与时间有关的图像。对于已经获取的单幅图像,时间又是一个常量,可以省略该变量,这样,图像函数由 3 个变量减少为 2 个变量,即图像是关于平面坐标点的函数 $f(x,y)$。

对于无人机彩色航空像片来说,观察到的像场是对光谱响应的加权积分模拟,因而对第 i 个波段来说,图像函数可简化表示成平面坐标 (x,y) 与时间 t 的函数。

无人机图像处理中常用图像类别的确定性表示方式见表 1-1。

表 1-1　常用图像类别的确定性表示方式

图像类别	确定性表示	说明
黑白航空像片	$0 \leqslant f(x,y) \leqslant 2^n-1$	也称灰度图像,n 为量化位数,一般为 8 位
SAR 图像		
彩色航空像片	$\{f_i(x,y)\}$, $i=R,G,B$	R,G,B 代表红绿蓝三分量
可见光电视图像	$\{f_i(x,y)\}$, $i=1,\cdots t$	t 为时间
红外视频图像		
二值图像	$f(x,y)=0,1$	图像只有 2 个灰度级,即黑和白
平面图像	$f_{LR}(x,y)$	用于平面判读使用,L 和 R 代表左右图像

(1)图像的矩阵表示。无人机数字图像是一个整数阵列,设图像数据为 M 行 N 列,则在数学上可将它描述成一个矩阵 $\boldsymbol{F}$。数字图像中的每一个像素就是矩阵中相应的元素,用矩阵来表达数字图像主要是便于应用矩阵理论对图像进行处理分析。

图像矩阵形式为

$$\boldsymbol{F}=\begin{bmatrix} f_{11} & f_{12} & \cdots & f_{1N} \\ f_{21} & f_{22} & \cdots & f_{2N} \\ \vdots & \vdots & & \vdots \\ f_{M1} & f_{M2} & \cdots & f_{MN} \end{bmatrix} \tag{1-1}$$

数据满足有界非负的约束条件,即 $0 \leqslant f_{ij} \leqslant 2^n$。对于彩色图像或多光谱图像,则有 K 个波段,这样就要有 K 个如式(1-1)的矩阵。

二值图像是指每个像素的取值为 0 或 1 的图像(见图 1-4)。二值图像中没有颜色的概念,数值仅包括 0 和 1。在无人机图像处理中,二值图像是逻辑运算后的结果,0 用来表示背景(假),1 用来表示前景目标(真)。在处理问题时,往往习惯用白色表示背景,用黑色表示前景。

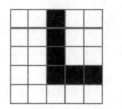

$$\begin{bmatrix} 0 & 0 & 1 & 0 & 0 \\ 0 & 0 & 1 & 0 & 0 \\ 0 & 0 & 1 & 0 & 0 \\ 0 & 0 & 1 & 1 & 1 \\ 0 & 0 & 0 & 0 & 0 \end{bmatrix}$$

图 1-4　二值图像的矩阵表示

灰度图像是指每个像素由一个量化的灰度级来描述的图像(见图 1-5)。对于 8 位量化而言,灰度值 0 为黑色,255 为白色。

$$\begin{bmatrix} 113 & 231 & 25 & 197 & 210 \\ 142 & 220 & 38 & 250 & 169 \\ 156 & 254 & 27 & 255 & 180 \\ 180 & 175 & 52 & 43 & 32 \\ 177 & 169 & 182 & 175 & 251 \end{bmatrix}$$

图 1-5　灰度图像的矩阵表示

彩色图像是指每个像素由红(R)、绿(G)、蓝(B)三原色构成的图像,而 R,G,B 三分量各自由不同的灰度级分别描述(见图 1-6)。

$$\begin{bmatrix} 209 & 173 & 25 & 100 & 148 \\ 218 & 225 & 38 & 192 & 122 \\ 170 & 235 & 27 & 142 & 86 \\ 192 & 238 & 52 & 43 & 32 \\ 125 & 148 & 151 & 165 & 201 \end{bmatrix}$$

(a)

$$\begin{bmatrix} 206 & 191 & 25 & 140 & 168 \\ 224 & 233 & 38 & 212 & 156 \\ 198 & 238 & 27 & 175 & 120 \\ 207 & 243 & 52 & 43 & 32 \\ 150 & 180 & 169 & 176 & 196 \end{bmatrix}$$

(b)

$$\begin{bmatrix} 207 & 190 & 25 & 137 & 162 \\ 209 & 219 & 38 & 205 & 160 \\ 176 & 238 & 27 & 164 & 132 \\ 218 & 248 & 52 & 43 & 32 \\ 161 & 203 & 173 & 169 & 190 \end{bmatrix}$$

(c)

图 1-6　彩色图像的矩阵表示

(a)R 分量;(b)G 分量;(c)B 分量

在大多数图像处理和分析中,用矩阵来表达图像是很方便的,例如,读入图像时就相当于将图像矩阵映射到计算机某一块内存块之中。但是,在有些分析中,用矩阵表示不方便,此时,需使用图像的向量表示方式。例如,对于数字图像的能量等特征,用图像的向量表示会比矩阵表示更方便。

（2）图像的向量表示。按行的顺序排列像素,使图像下一行第一个像素紧接上一行最后一个像素,图像可以表示成 $1 \times MN$ 的列向量 $\boldsymbol{F}$,即

$$\boldsymbol{F} = \begin{bmatrix} \boldsymbol{f}_1 & \boldsymbol{f}_2 & \cdots & \boldsymbol{f}_N \end{bmatrix} \tag{1-2}$$

式中

$$\boldsymbol{f}_i = \begin{bmatrix} f_{1i} & f_{2i} & \cdots & f_{Mi} \end{bmatrix}^{\mathrm{T}}, \quad i = 1, 2, \cdots, N \tag{1-3}$$

向量表示的优点在于可以直接利用向量分析的有关理论和方法。向量既可以按列也可以按行来构造,选定一种顺序后,只要后面的数字排列与之保持一致即可。

3. 无人机图像的统计性表示

无人机图像的表示除了采用上述的确定性方法以外,还可以采用统计性方法。一般来说,无人机图像中某一灰度级内像素出现的频率是服从高斯分布的,即密度函数是正态的,故在图像处理中,经常将图像的灰度级看作是随机变量;同时,又可以将图像作为一个随机向量 $\boldsymbol{X}$,这样就又可以统计学方法对图像进行统计描述。

在将灰度级看作是随机变量的情况下,虽然图像的概率分布难以用某一分析式来表达,但通过分析灰度级直方图,灰度级内的像素频数总是可以找出来的,并通过直方图来实现图像的处理与分析。

将图像作为随机变换的情况下,则可以用像素的统计特征参数来表示,并进而实现图像的处理与分析。

（1）均值。均值是指图像所有像素值的算术平均值,反映的是图像中地物的平均反射强度,大小由图像中主体地物的光谱信息决定。计算公式为

$$\bar{f} = \frac{\sum_{j=0}^{M-1} \sum_{i=0}^{N-1} f(i, j)}{MN} \tag{1-4}$$

式中,$f(i, j)$ 为图像灰度函数;M 为图像行数;N 为图像列数。

（2）中值。中值是指图像所有灰度级中处于中间的值,当灰度级数为偶数时,取中间两灰度值的平均值。由于一般无人机图像的灰度级都是连续变化的,因而大多数情况下,中值可通过最大灰度值和最小灰度值来获得。计算公式为

$$f_{med}(i, j) = \frac{f_{\max}(i, j) + f_{\min}(i, j)}{2} \tag{1-5}$$

式中,$f_{\max}(i, j)$ 为图像中最大灰度值;$f_{\min}(i, j)$ 为图像中最小灰度值。

（3）方差。方差是指图像中像素值与平均值差异的二次方和,表示像素值的离散程度。方差是衡量图像信息量大小的重要度量。计算公式为

$$\sigma^2 = \frac{\sum_{j=0}^{M-1} \sum_{i=0}^{N-1} \left[f(i, j) - \bar{f} \right]^2}{MN} \tag{1-6}$$

（4）反差。反差反映图像的显示效果和可分辨性,又称对比度,是描述图像中像素最大值

和最小值之间的差异统计特征。反差可用像素值的最大值和最小值之比、最大值和最小值之差来表示。反差小,地物之间的可分辨性小。因此,无人机图像处理中的一个基本处理是以提高图像反差为图像的增强处理。计算公式为

$$\Delta D = f_{\max}/f_{\min} \qquad (1-7)$$

$$\Delta D = f_{\max} - f_{\min} \qquad (1-8)$$

(5)协方差、相关系数。在无人机图像处理中,除了针对单幅、单波段图像处理,还有多源图像、多波段图像处理,如多源图像融合等,因此,在处理中不仅要考虑单个波段图像的统计特征,有时也要考虑图像间、波段间存在的关联。多源图像、多波段图像之间的统计特征不仅是图像分析的重要参数,而且也是图像匹配、拼接、融合等处理的主要依据。

如果多源图像或各个波段的空间位置可以相互比较,那么,可以计算它们之间的统计特征。协方差和相关系数是两个基本的统计量,其值越高,表明两幅图像或两个波段图像之间的相关性越强。

设 $f(i,j)$ 和 $g(i,j)$ 是大小均为 M 行 N 列的两幅图像。

1)协方差。两幅图像之间的协方差为

$$C_{fg}=C_{gf}=\frac{\sum_{j=0}^{M-1}\sum_{i=0}^{N-1}[f(i,j)-\overline{f}][g(i,j)-\overline{g}]}{MN} \qquad (1-9)$$

式中, $\overline{f}$ 和 $\overline{g}$ 分别为图像 $f(i,j)$ 和 $g(i,j)$ 的均值。

2)相关系数。相关系数是描述多源图像或多波段图像间相关程度的统计量,反映两幅图像所包含信息的重叠程度。计算公式为

$$\rho_{fg}=\rho_{gf}=\frac{C_{fg}}{\sqrt{\sum_{j=0}^{M-1}\sum_{i=0}^{N-1}(f(i,j)-\overline{f})^2\sum_{j=0}^{M-1}\sum_{i=0}^{N-1}(g(i,j)-\overline{g})^2}} \qquad (1-10)$$

(6)直方图。

1)概念。直方图反映一幅图像中各灰度级与各灰度级像素出现的频率之间的关系。以灰度级为横坐标、灰度级出现的频率或频次为纵坐标,绘制的统计图即为灰度直方图。频率的计算公式为

$$H(i)=\frac{n_i}{n} \qquad (1-11)$$

式中, n_i 是图像中灰度为 i 的像素数, n 为图像的总像素数。

图像灰度直方图是图像的重要统计特征之一,反映了图像灰度分布的情况。若将直方图中各个灰度级的像素数连成一条线,纵坐标的比例值即为某灰度级出现的概率密度,该线可近似看成连续函数的概率分布曲线。

图 1-7(a)所示为 9×9 的数字图像,灰度最大值为 16,最小值为 0,取灰度间隔为 1,图 1-7(b)所示为生成的灰度直方图。

2)直方图的性质。

a. 直方图仅仅能够反映的是图像灰度分布情况,是图像灰度级的统计分布,而不能反映图像像素的位置信息。

b. 一幅特定的图像对应唯一的灰度直方图,但是不同的图像可以有相同的直方图。图 1-

8 给出了三幅不同图像具有相同的直方图的例子。

0	15	7	9	15	13	12	15	14
14	1	13	5	14	11	2	3	3
13	11	2	13	10	5	8	4	5
15	10	3	4	14	6	4	6	
7	8	5	4	4	13	12	7	10
14	4	6	3	9	7	1	8	12
13	11	6	5	14	10	2	5	9
14	5	7	6	4	11	3	4	8
15	12	2	8	9	12	6	6	7

（a）

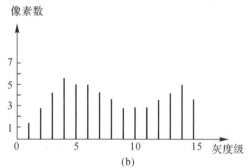

（b）

图 1-7　图像及对应的灰度直方图

（a）数字图像；（b）灰度直方图

图 1-8　不同图像对应相同的直方图

　　c.一幅图像被分成多个不相连的区域,多个区域的直方图之和即为原图像的直方图。

　　3）直方图的应用。

　　a.图像反差调整。图像直方图反映的是图像灰度分布的统计特性,依据直方图可粗略推断图像的反差。若图像的直方图形态接近正态分布,这样的图像反差适中;若图像的直方图峰值位置偏向灰度值大的一侧,图像偏亮;若图像的直方图峰值位置偏向灰度值小的一侧,图像偏暗;峰值变化过陡、过窄,则说明图像的灰度值过于集中,反差小。通过直方图可对图像反差进行判断,并进而采用图像增强方法进行反差调整,也可以通过直接调整图像直方图的方法实现反差增强,如直方图修正。

b.图像阈值的确定。阈值分割是图像分割的主要方法之一,特别是二值图像分割中,可以采用基于直方图分析的方法确定阈值。在背景目标相对简单的图像中,目标和背景在图像直方图中会形成两个峰,如图1-9所示,两个峰中间产生了一个谷,在这样图像的二值分割过程中,可选择谷对应的灰度值作为阈值进行二值化。

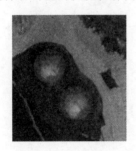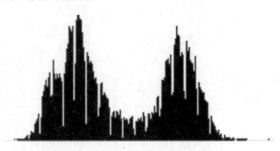

图1-9 基于直方图的二值化阈值确定

c.图像拼接匀光处理。在无人机图像拼接处理中,匀光问题是讨论比较多的一个问题,对于拼接的重叠区图像,可生成两幅局部图像直方图,进而通过直方图匹配实现两幅图像拼接过程中的匀光处理。

1.2.4 无人机图像格式

无人机图像包括静止图像和运动图像。具体来说,静止图像主要是指直接获取的是单幅图像,如航空像片、SAR 图像等;运动图像主要是指无人机视频图像,包括可见光视频图像和红外视频图像。目前,无人机图像格式大多采用国际上通用的图像格式,如 BMP,TIFF 等。

1.BMP 格式

BMP 文件由位图文件头、位图信息头、位图颜色表和位图像素数据 4 个部分组成,结构见表1-2。

表 1-2 BMP 文件组成部分表

组成部分	结构名称
位图文件头	BITMAPFILEHEADER
位图信息头	BITMAPINFOHEADER
位图颜色表	RGBQUAD
位图像素数据	

(1)位图文件头。位图文件头结构含有 BMP 文件的类型、文件大小和位图起始位置等信息。其结构定义如下:

```
typedef struct tagBITMAPFILEHEADER
{
    // 位图文件的类型,必须为 BMP
    WORD bfType;
    // 位图文件的大小,以字节为单位
```

DWORD bfSize；

// 位图文件保留字，必须为 0

WORD bfReserved1；

// 位图文件保留字，必须为 0

WORD bfReserved2；

// 位图数据起始位置，以相对于文件头的偏移量表示，以字节为单位

DWORD bfOffBits；

}BITMAPFILEHEADER；

(2)位图信息头。位图信息头结构用于说明位图的尺寸等信息。其结构定义如下：

typedef struct tagBITMAPINFOHEADER

{

// 本结构所占用字节数

DWORD bisize；

// 位图的宽度，以像素为单位

LONG biwidth；

// 位图的高度，以像素为单位

LONG biHeight；

// 目标设备的级别，必须为 1

WORD biPlanes；

// 每个像素所需的位数，数值可选为 1(双色)、4(16 色)、8(256 色) 或 24(真彩色)

WORD biBitCount；

// 位图压缩类型，数值可选为 0(不压缩),1(BI_RLE8 压缩) 或 2(BI_RLE4 压缩)

DWORD biCompression；

// 位图的大小，以字节为单位

DWORD biSizeImage；

// 位图水平分辨率，以像素/米为单位

LONG biXPelsPerMeter；

// 位图垂直分辨率，以像素/米为单位

LONG biYPelsPerMeter；

// 位图实际使用的颜色表中的颜色数

DWORD biClrUsed；

// 位图显示过程中重要的颜色数

DWORD biClrImportant；

}BITMAPINFOHEADER

(3)位图颜色表。8 位位图文件中，每个像素占 8 位，可表示 256 种颜色。8 位位图文件含有颜色表，而真彩色位图文件中不含颜色表。颜色表用于说明位图中的颜色，它有若干个表项，每一个表项是一个 RGBQUAD 类型的结构，定义一种颜色。RGBQUAD 结构的定义如下：

typedef structagRGBQUAD

```
{
    // 蓝色的亮度(取值范围为 0~255)
    BYTE rgbBlue;
    // 绿色的亮度(取值范围为 0~255)
    BYTE rgbGreen;
    // 红色的亮度(取值范围为 0~255)
    BYTE rgbRed;
    // 保留
    BYTE rgbReserved;
}RGBQUAD;
```

颜色表中 RGBQUAD 结构数据的个数由 biBitCount 来确定,见表 1-3。

表 1-3　RGBQUAD 结构数

biBitCount 值	RGBQUAD 结构数
1	2
4	16
8	256
24	0

位图信息头和颜色表组成位图信息,BITMAPINFO 结构定义如下:

```
typedef struct tagBITMAPINFO
{
    // 位图信息头
    BITMAPINFOHEADER bmiHeader;
    // 颜色表
    RGBQUAD bmiColors[1];
}BITMAPINFO;
```

(4)位图像素数据。位图数据记录了位图的每一个像素值,记录顺序在扫描行内是从左到右,扫描行之间是从下到上。位图的一个像素值所占的字节数见表 1-4。

表 1-4　像素所占字节数表

biBitCount 值	字节数
1	8 个像素占 1 个字节
4	2 个像素占 1 个字节
8	1 个像素占 1 个字节
24	1 个像素占 3 个字节

位图像素的位数可为 1,4,8 和 24,其图像的颜色数分别为 2,16,256 和真彩色。其中前 3

种为对应的颜色表,而 24 为位图的颜色表为空,其像素值就是颜色值。

2. TIFF 格式

TIFF(Tag Image File Format)是由 Aldus 公司与微软公司共同开发设计的图像文件格式。

TIFF 图像文件主要由三部分组成:文件头、标识信息区和图像数据区。文件规定只有一个文件头,且一定要位于文件前端。文件头有一个标志参数指出标识信息区在文件中的存储地址,标识信息区内有多组标识信息,每组标识信息长度固定为 12 个字节。前 8 个字节分别代表标识信息的代号(2 字节)、数据类型(2 字节)、数据量(4 字节),最后 4 个字节则存储数据值或标志参数。文件有时还存放一些标识信息区容纳不下的数据,例如调色板数据就是其中的一项。

由于应用了标志的功能,TIFF 图像文件才能够实现多幅图像的存储。若文件内只存储一幅图像,则将标识信息区内容置 0,表示文件内无其他标识信息区。若文件内存放多幅图像,则在第一个标识信息区末端的标志参数,将是一个非 0 的长整数,表示下一个标识信息区在文件中的地址,只有最后一个标识信息区的末端才会出现值为 0 的长整数,表示图像文件内不再有其他的标识信息区和图像数据区。

3. GeoTIFF 格式

GeoTIFF(Geographically registered Tagged Image File Format)格式是一种标准的遥感图像格式,也常常被用于无人机图像处理和图像产品存储之中。GeoTIFF 是利用了 TIFF 格式的可扩展性,在其基础上添加了一系列标志地理信息的标签(Tag),来描述卫星成像系统、航空摄影、地图信息和 DEM(数字高程模型)等。一个 GeoTIFF 文件其实也就是一个 TIFF 6.0 文件,它的结构继承了 TIFF 6.0 标准,其结构上严格符合 TIFF 的要求。所有 GeoTIFF 特有的信息都编码在 TIFF 的一些预留标签中,它没有自己的图像文件目录、二进制结构以及其他一些对 TIFF 来说不可见的信息。

GeoTIFF 目前支持 3 种坐标空间:栅格空间(raster space)、设备空间(device space)和模型空间(model space)。栅格空间和设备空间是 TIFF 格式定义的,它们实现了图像的设备无关性及其在栅格空间内的定位。为了支持影像和 DEM 数据的存储,GeoTIFF 又将栅格空间细分为描述"面像素"和"点像素"的两类坐标系统。设备空间通常在数据输入/输出时发挥作用,与 GeoTIFF 的解析无关。GeoTIFF 增加了一个模型坐标空间,准确实现了对地理坐标的描述,根据不同需要可选用地理坐标系、地心坐标系、投影坐标系和垂直坐标系。

4. JPEG 格式

联合图像专家小组(Joint Photographic Experts Group,JPEG)中"联合"是指国际电报电话咨询委员会(CCITI)和国际标准化协会(ISO)联合组成的一个图像专家小组。该小组多年来一直致力于标准化工作,开发研制出连续色调、多级灰度、静止图像的数字图像压缩编码方法,这个方法称为 JPEG 算法。以该算法压缩存储的图像格式命名为 JPEG 格式,文件后缀名为.jpg 或.jpeg,是最常用的图像文件格式之一。该图像压缩格式是一种有损压缩格式,能够将图像压缩在很小的储存空间,图像中重复或不重要的信息会被去除,因此容易造成图像数据的损伤。尤其是使用过高的压缩比例,将使最终解压缩后恢复的图像质量明显降低,如果追求高品质图像,不宜采用过高的压缩比例。但是 JPEG 压缩技术十分先进,它用有损压缩方式去除冗余的图像数据,在获得极高的压缩率的同时能展现十分丰富生动的图像。

JPEG 图像格式具有以下优点。

(1)达到或接近当前压缩比与图像保真度的技术水平,能覆盖一个较宽的图像质量等级范围,能达到"很好"到"极好"的评估,与原始图像相比,人的视觉难以区分。

(2)能适合于任何种类的连续色调的图像,且长宽比都不受限制,同时也不受限于景物内容、图像的复杂程度和统计特性等。

(3)计算的复杂性是可控制的,其软件可在各种 CPU 上完成,算法也可用硬件实现。

JPEG 图像格式的压缩过程:①把 RGB 图像转换成"亮度/颜色"的彩色空间,也就是转换成灰度图像加上两个通道的颜色差别信息,光栅数据可以二次抽样,把相邻的像素组合成一个值;②用离散余弦变换(Discrete Cosine Transform,DCT)将光栅数据转化成变化率信息,量化过程把 DCT 编码产生的结果截断到一个较小压缩的值范围之内,这就是造成 JPEG 有损的一步;③量化系数决定了丢失的数据量以及压缩的程度和重建图像的质量;④量化的结果用 Huffman 或算术编码来压缩,以产生最终的输出。

还原压缩是上述步骤的逆过程,即还原量化结果,使用一个逆 DCT 来重建图像;量化时丢失的低序位是不可重建的,所以还原程序要相应插入 0。

5.RAW 格式

RAW 图像文件由两个部分组成:第一部分称为图像头文件,字节数通常由用户自己定义,主要包含图像大小、每个像素的位数、图像数据起始位置等信息。第二部分为图像数据,按照头文件中指定的图像大小、每个像素包含的字节数来存储图像数据。一个 RAW 文件只能存储一幅图像。

6.MPEG 格式

MPEG(Moving Picture Experts Group,动态图像专家组)是 ISO(International Standardization Organization,国际标准化组织)与 IEC(International Electrotechnical Commission,国际电工委员会)于 1988 年成立的专门针对运动图像和语音压缩制定国际标准的组织。MPEG 标准主要有以下五个:MPEG-1,MPEG-2,MPEG-4,MPEG-7 及 MPEG-21。

MPEG 主要是为了解决低比特率下的多媒体通信等问题,同时试图建立一种能够在多行业得以广泛应用的标准。MPEG 标准具有节省存储空间、图像质量好、广泛的兼容性、综合考虑将来技术发展等优点。

1.2.5 无人机图像处理系统

无人机图像处理的对象是图像,处理采用的设备主要是计算机等设备,处理产品是图像或信息,处理核心组成部分是方法或算法,因此,一套完整的无人机图像处理系统主要由硬件和软件组成。

1.硬件

图 1-10 所示为一个无人机图像处理系统硬件的基本组成。它包括图像采集、计算机、输入输出、存储、共享与转发 5 个部分。

(1)计算机。早期受计算机处理速度影响,对用于图像处理的计算机具有较高的要求,往往采用配置较高的大型计算机、小型机、图形工作站等;近年来,随着计算机技术的迅猛发展,往往采用图形工作站、便携笔记本、个人 PC 等,足以满足无人机图像处理需求,且系统成本低、设备紧凑、灵活、实用。

（2）图像采集设备。任何图像采集设备都是由两个部件组成的：一个是对某个电磁能量波谱段（如 X 射线、可见光等）敏感的物理器件，它能产生与所受到的电磁能量成比例的电信号；另一个是模/数转换部件，它能够将电信号转换为数字的形式。目前，常用的无人机图像采集设备主要是扫描仪和图像采集卡。

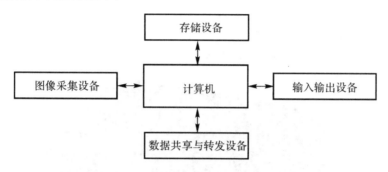

图 1-10　无人机图像处理系统硬件组成

1）扫描仪。扫描仪主要由上盖、光学成像部分、光电转换部分、机械传动部分组成。上盖主要是将要扫描的对象压紧，防止扫描光线泄露。与普通上盖不同，用于扫描胶片的上盖称为 TMA，它与扫描仪其他部分配合可完成透扫，在早期的无人机胶片相机图像处理中常常使用。光学成像部分也称为扫描头，即图像信息读取部分，它主要包括灯管、反光镜、镜头以及 CCD（电荷耦合器件）。光电转换部分是扫描仪内部的主板，主要完成 CCD 信号的输入处理、步进电机的控制、读取图像等功能。机械传动部分主要包括步进电机、驱动皮带、滑动导轨和齿轮组。

常用的扫描仪主要有平板式扫描仪、手持式扫描仪等，常用于无人机图像数字化扫描的平板式扫描仪如图 1-11 所示。

图 1-11　平板式扫描仪外观

2）图像采集卡。又称图像卡，是一种可以获取数字化视频图像信息，并将其存储和播放出来的硬件设备。大多数图像采集卡能在捕捉视频信息的同时获得伴音，使音频部分和视频部分在数字化时同步保存、同步播放。

图像采集卡主要用于无人机视频图像的采集，既可以对模拟视频图像进行采集生成数字视频，也可以对视频图像进行采集生成单帧图像（单幅图像），进而用于无人机图像处理与分析使用。

图像采集卡按照其用途可分为广播级图像采集卡、专业级图像采集卡、民用级图像采集卡;按照视频信号输入输出接口,可分为 1394 卡、USB 采集卡、HDMI 采集卡、DVI/VGA 视频采集卡、PCI 视频卡。

无人机图像处理采集设备主要采用专业级图像采集卡,这种图像卡可支持标准和非标准视频信号采集、高级别的空间分辨率和灰度分辨率采集、复合视频输入与 Y/C 和 RGB 分量输入、数字解码与高精度模拟解码、单屏采集与可双屏工作的带帧存卡等,且支持软件二次开发。图 1-12 所示为一款 USB 接口的专业图像采集卡。

图 1-12 USB 接口专业图像采集卡

(3)输入输出设备。图像处理过程与产品输出均需要借助显示、输入和输出设备来实现,所以显示、输入和输出设备是无人机图像处理系统的重要组成部分之一。

常用的图像输入输出设备主要有显示器、投影仪、打印机、立体眼镜等。

1)显示器。显示器,也称监视器,是一种将一定的电子文件通过特定的传输设备显示到屏幕上再反射到人眼的显示工具。显示器主要分为阴极射线管显示器(CRT)、等离子显示器(PDP)和液晶显示器(LCD),目前常用的是液晶显示器。

显示器除了具有平面图像的显示功能,还具有立体显示功能。用于立体显示的显示器需要具有大于 120Hz 的超高频率刷新,同时还需要立体眼镜配合使用。

2)投影仪。投影仪,又称投影机,是一种可以将图像或视频投射到幕布上的设备,可以通过不同的接口与计算机、VCD、DVD、BD、游戏机、DV 等相连播放相应的视频信号。

投影仪主要分为便携式投影仪、教育会议型投影仪、主流工程型投影仪、专业剧院型投影仪、家庭影院型和测量投影仪,用于图像显示输出的主要采用前 4 种。

3)打印机。打印机主要分为热敏、喷墨和激光打印机三类,随着电子技术的发展,打印输出的精度越来越高。目前,常常用打印机输出符合分辨率要求的原始图像和产品图像,如正射影像等。

4)立体眼镜。立体眼镜是配合立体显示器完成立体图像显示与立体观察的输出设备,是无人机图像处理系统中常用的设备之一。

按照立体显示原理不同,立体眼镜可分为互补色、偏振光、时分式三类。图 1-13 所示为 NVIDIA 公司生产的时分式立体眼镜。

(4)存储设备。无人机图像的数据往往很大,需要大容量存储器。在图像处理与分析过程中,大容量和快速的图像存储器是必不可少的。在计算机中,图像数据最小的度量单位是比特

(bit)。存储器的存储量常用字节（1byte＝8bit）、千字节（Kbyte）、兆（10^6）字节（Mbyte）、吉（10^9）字节（Gbyte）、太（10^{12}）字节（Tbyte）等表示。

图 1-13 立体眼镜

例如，存储一幅 1 024×1 024 的 8bit 图像就需要 1Mbyte 的存储器。

计算机内存就是一种提供快速存储功能的存储器。目前微型计算机的内存常为 1～3Gbyte。

另外一种提供快速存储功能的存储器是特制的硬件卡，也叫帧缓存。目前常用的帧缓存容量在几十到上百兆节。

比较通用的在线存储器是磁盘、光盘和光盘塔。常用的磁盘已可存储几百吉字节到几太字节的数据；光盘可存吉字节的数据；一个光盘塔可放几十到几百个光盘，使用时可用机械装置插入或从光盘驱动器中抽取光盘。

除了与计算机相关的常用存储设备以外，还有磁带。磁带具有存储信息成本低、容量大、标准化程度高的优点。目前，主要使用磁带来存储无人机视频图像。

（5）数据共享与转发设备。无人机原始图像数据和产品数据往往是需要共享和转发的，共享和转发主要采用通信手段来实现，用于图像和数据共享转发的方式主要有综合业务网、计算机局域网、广域网以及微波通信等。

2. 软件

无人机图像处理软件是系统的核心，各种图像处理算法均需要通过软件来实现，并最终完成特定的处理功能。按照处理图像的级别，无人机图像处理软件可分为通用软件和专业软件两类。

（1）通用软件。通用软件是指软件本身并非专门为无人机图像处理设计开发，但其能够实现一些简单的无人机图像处理功能。这里简要介绍 2 种比较常用的通用软件。

1）Adobe Photoshop。Adobe Photoshop，简称 PS，是由 Adobe Systems 开发和发行的图像处理软件，主要处理以像素所构成的数字图像，已发行多个版本，目前最新版本为 Adobe Photoshop CC2015。

从功能上说，该软件可分为图像编辑、图像合成、校色调色及功能色效制作部分等。图像编辑是图像处理的基础，可以对图像做各种变换，如放大、缩小、旋转、倾斜、镜像、透视等；也可进行复制、去除斑点、修补、修饰图像的残损等。图像合成则是将几幅图像通过图层操作、工具应用合成完整的、传达明确意义的图像。

2）会声会影。会声会影是一款功能强大的视频编辑软件，具有图像抓取和编修功能，可以抓取、转换 MV,DV,V8,TV 和实时记录抓取画面文件，并提供有超过 100 多种的编辑功能与效果，可导出多种常见的视频格式，甚至可以直接制作成 DVD 和 VCD 光盘。

会声会影可完成捕获、剪接、转场、特效、覆叠、字幕、配乐、刻录等功能，具有功能丰富、操作简单、处理速度快等优点。可以使用会声会影完成对无人机视频图像的处理。

（2）专业软件。

1）VirtuoZo。VirtuoZo 是适普软件有限公司与武汉大学遥感学院共同研制的全数字摄影测量系统，属世界同类产品的五大名牌之一。VirtuoZo 从原始资料、中间成果到最后产品等都是数字形式的，克服了传统摄影测量只能生产单一线画图的缺点，可生产出多种数字产品，如数字高程模型、数字正射影像、数字线划图、景观图等，并提供各种工程设计所需的三维信息和各种信息系统数据库所需的空间信息。

虽然 VirtuoZo 本质上并不是针对无人机开发的图像处理系统，但因其可以出色的完成无人机航空像片数字定位等功能，故可以将其归为专业的无人机图像处理软件。

2）UAVImagePro。UAVImagePro 是由陆军军官学院无人机信息处理实验室开发的无人机专业图像处理系统，包括图像数据管理模块、图像处理模型、航空像片全数字定位模块、航空像片自动拼接模块、电视图像快速定位模块、SAR 图像定位模块、多源图像融合模块、数据处理与误差分析模块、正射图像提取模块、立体图像提取模块、图像判读模块 11 个部分，可完成无人机图像快速数字化、图像增强、图像拼接、图像立体判读、目标定位、图像融合等功能，处理对象涵盖了无人机航空像片、电视图像、红外图像以及 SAR 图像，具有针对性强、处理精度高、速度快、方便信息共享等优点。

该系统已在多个无人机应用单位和教学单位应用。

习　题

1. 简述无人机发展历程。
2. 论述无人机图像处理内容。
3. 简述无人机图像获取方式，并结合实际论述不同获取方式的优缺点。
4. 无人机图像有哪两种确定性表达方法？
5. 简述图像直方图的定义及其性质。
6. 简述无人机图像的统计性表示方法。
7. 常用的无人机图像格式有哪些？各自的特点是什么？
8. 简述无人机图像处理系统的组成，并简要描述各部分的功能。

参 考 文 献

[1]　樊邦奎,段连飞. 无人机侦察目标定位技术[M]. 北京:国防工业出版社,2014.
[2]　都基焱,段连飞. 无人机电视侦察目标定位原理[M]. 合肥:中国科学技术大学出版

社,2013.

[3] Paul Gerin Fahlstrom，Thomas James Gleason. Introduction to UAV Systems Fourth Edition[M].北京：国防工业出版社,2015.

[4] 沈怀荣,等. 无人机气象探测技术[M]. 北京：清华大学出版社,2010.

[5] 韦玉春,汤国安,等. 遥感数字图像处理教程[M]. 北京：科学出版社,2007.

[6] 贾永红. 数字图像处理[M]. 武汉：武汉大学出版社,2003.

[7] 常庆瑞,蒋平安,等. 遥感技术导论[M]. 北京：科学出版社,2004.

[8] 敬忠良,肖刚,李振华. 图像融合理论与应用[M].北京：高等教育出版社,2007.

[9] 章毓晋. 图像工程[M]. 北京：清华大学出版社,2006.

第2章 无人机图像增强

在无人机图像获取过程中,由于传感器、光线变化、相对运动、大气湍流、飞行器振动等多种因素的影响,导致图像质量的退化,从而影响到无人机图像的显示与视觉效果和可解译性。无人机图像增强就是对获取的原始无人机图像施以某种变换,使图像分析人员易于从经过增强处理的图像上获得感兴趣的信息,从而实现无人机图像到有用信息的转化。

无人机图像增强不是以图像保真度为原则,而是通过处理设法有选择地突出便于人或机器分析某些感兴趣的信息,抑制一些无用的信息,以提高图像的使用价值。图像增强的效果是否能够符合实际要求,目前还缺乏统一的评价标准,必须结合具体情况考虑需要增强的要素,也可以说,增强的效果还主要靠应用目的和处理者对增强效果的主观判断。

图像增强方法从增强的作用域出发,可分为空间域增强和频率域增强两种。

空间域增强是直接对图像像素灰度进行操作;频率域增强是对图像经傅里叶变换后的频谱成分进行操作,然后经傅里叶逆变换获得所需结果。

本章主要介绍无人机图像处理过程中常见的噪声抑制、图像灰度反差调整、边缘突出、彩色增强技术。

2.1 图 像 平 滑

无人机图像传感器在获取图像过程中以及图像在无线传输过程中,会受到各种噪声的干扰,使图像质量下降,影响图像的判读与计算机处理效果,图像平滑的目的就是减少图像噪声。本节介绍几种常用的图像平滑方法以及针对 SAR 图像特有的平滑方法。

2.1.1 邻域平均

邻域平均法是一种直接在空间域上进行平滑处理的技术。假设图像是由许多灰度恒定的小块组成,相邻像素间存在很高的空间相关性,而且噪声是统计独立的,则可用像素邻域内的各像素的灰度平均值代替该像素原来的灰度值,实现图像的平滑。

最简单的邻域平均法就是均等地对待邻域中的每个像素,即将各个像素灰度平均值作为中心像素的输出值。设有一幅 $N \times N$ 的图像 $f(x,y)$,用非加权邻域平均法所得的平滑图像为 $g(x,y)$,则有

$$g(x,y) = \frac{1}{M} \sum_{i,j \in s} f(i,j) \qquad (2-1)$$

式中,$x,y = 0,1,\cdots,N-1$;s 为不包括 (x,y) 的邻域中各像素坐标的集合,即去心邻域;M 表

示集合 s 内像素的总数。

　　常用的邻域为 4 - 邻域和 8 - 邻域。p 点的 4 - 邻域由它的水平(左、右)和垂直(上、下)共 4 个近邻像素组成,如图 2 - 1(a)所示;p 点的 8 - 邻域由它的 4 - 邻域和它的对角(左上、右上、左下、右下)共 8 个近邻像素组成,如图 2 - 1(b)所示。

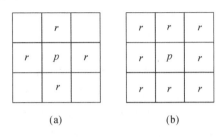

(a)　　　　　　　　(b)

图 2 - 1　像素邻域

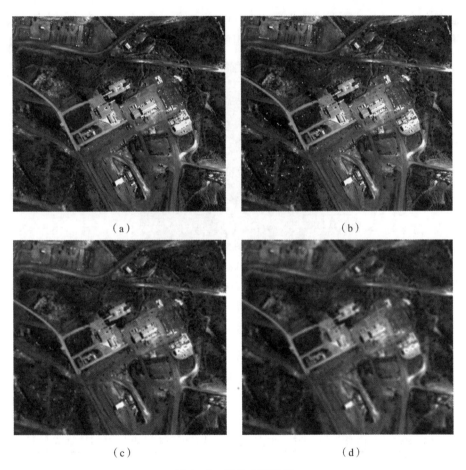

（a）　　　　　　　　　　　　　　（b）

（c）　　　　　　　　　　　　　　（d）

图 2 - 2　图像去噪示例

(a)原始图像;(b)原始图像加椒盐噪声的图像;(c)3×3 邻域平均;(d)5×5 邻域平均

　　设图像中的噪声是随机不相关的加性噪声,窗口内各点噪声是独立同分布的,经过上述平滑后,信号与噪声的方差比可提高 M 倍(见图 2 - 2(a)和(b))。

　　邻域平均法图像平滑具有算法简单、处理速度快等优点,但它的主要缺点是在降低噪声的同时使图像模糊,特别是在边缘和细节处。而且邻域越大,在去噪能力增强的同时模糊程度越严重。比较图 2-2(c)和(d),就发现 5×5 的邻域平滑图像比 3×3 的邻域平滑图像更模糊。

为克服简单局部平滑法的弊病,目前已提出许多保边缘、保细节的局部平滑算法。它们的出发点都集中在如何选择邻域的大小、形状、方向、参加平均的像素数以及邻域各像素的权重系数等。

2.1.2 中值滤波

中值滤波是对以每个像元为中心的 $M \times N$ 邻域内的所有像元按灰度值大小排序,用其中值作为中心像元新的灰度值,是一种非线性的图像平滑法。中值滤波以中值代替均值,起到滤波器的作用,对脉冲干扰及椒盐噪声的抑制效果好,在抑制随机噪声的同时能有效保护边缘少受模糊,但它不适合对点、线等细节较多的图像进行平滑处理。为了方便处理问题,在窗口尺寸选择上,往往选择奇数个窗口。

下面以一个实例来说明中值滤波的处理。图 2-3(a)所示为一幅 7×7 的图像,采用 3×1 的模板进行中值滤波处理,需要说明的是,超出图像边界的最上排和最下排保留原值。

(a)

133	142	196	141	123	113	120
135	145	185	115	109	105	104
149	162	187	131	119	101	104
156	170	255	139	123	101	106
148	184	170	124	112	109	115
140	190	142	122	119	117	109
163	202	149	132	114	117	137

(b)

133	142	196	141	123	113	120
135	145	187	131	119	105	104
149	162	187	131	119	101	104
148	170	187	139	119	101	106
148	184	170	124	119	109	109
148	190	149	124	114	117	115
163	202	149	132	114	117	137

(c)

图 2-3 中值滤波处理实例
(a)7×7 图像;(b)图像原始灰度值;(c)3×1 中值滤波后图像灰度值

从中值滤波结果图像来看,噪声 255 被 187 取代,该噪声为一个点状脉冲干扰,中值滤波后将被有效抑制,而其他灰度平坦区域的图像变化也不大,有效地减少由于去噪而造成的图像模糊。

图 2-4 所示为一维中值滤波的几个例子，取 1×5 的模板。

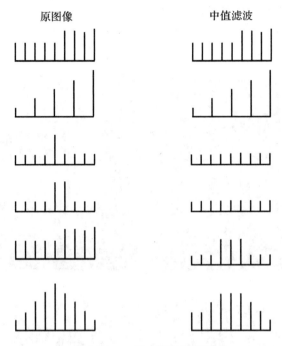

图 2-4　一维中值滤波实例

由图 2-4 中可以看出，离散阶跃信号、斜升信号没有受到影响。离散三角信号的顶部则变平了。对于离散的脉冲信号，当其连续出现的次数小于窗口尺寸的一半时，将被抑制掉，否则将不受影响。由此可见，正确选择窗口尺寸的大小是用好中值滤波器的重要环节。

从一维中值滤波的概念很容易推广到二维。二维中值滤波器比一维滤波器抑制噪声的效果更好，其窗口形状可以有很多种，例如线状、方形、十字形、菱形等，不同形状的滤波器产生的效果不同，使用时可根据图像的内容和不同的要求加以选择，如图 2-5 所示。

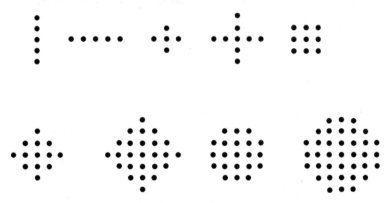

图 2-5　中值滤波器常用窗口

使用中值滤波器滤除噪声的方法有多种，且十分灵活。一种方法是先使用小尺度窗口，后逐渐加大窗口尺寸进行处理；另一种方法是一维滤波器和二维滤波器交替使用。此外还有迭代操作，就是对输入图像反复进行同样的中值滤波，直到输出不再有变化为止。

图 2-6 给出了一个中值滤波法示例。图(a)为原图像,图(b)为加椒盐噪声的图像,图(c)和图(d)分别为用 3×3 和 5×5 窗口进行中值滤波得到的结果。可见中值滤波法能有效削弱椒盐噪声,且比邻域平均法更有效。但在抑制随机噪声能力方面,中值滤波要比邻域平均法差一些。

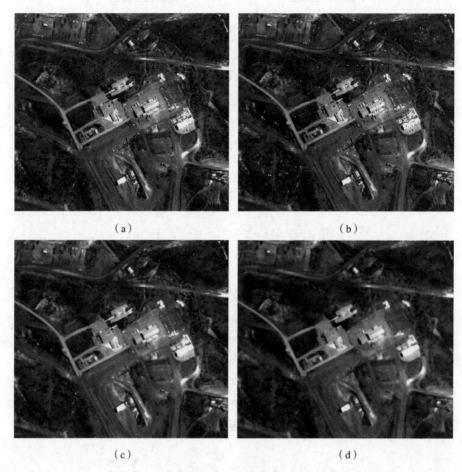

（a）　　　　　　　　　　　　　（b）

（c）　　　　　　　　　　　　　（d）

图 2-6　二维中值滤波实例

2.1.3　梯度倒数加权

梯度倒数加权法图像平滑是在邻域平均基础之上发展起来的一种加权平均算法,其算法思想是:在一幅数字图像中,相邻区域的变化大于区域内部的变化,在同一区域中中间像素的变化小于边缘像素的变化。梯度值正比于邻近像素灰度级差,即图像变化缓慢区域,梯度值小,反之则大。在这里,将相邻像素灰度差的绝对值称为梯度。在一个 $n×n$ 的窗口内,若把中心像素与其各相邻像素之间梯度倒数定义为各相邻像素的权,则在区域内部的相邻像素权大,而在一条边缘近旁的和位于区域外的那些相邻像素权小。采用加权平均值作为中心像素的输出值可使图像得到平滑,又不至使边缘和细节有明显模糊。

具体算法如下:

第一步,建立归一化权矩阵 W 作为平滑的掩模。

设点 (x,y) 的灰度值为 $f(x,y)$。在 3×3 的邻域内的像素梯度倒数为

$$g(x,y,i,j)=\frac{1}{|f(x+i,y+j)-f(x,y)|} \qquad (2-2)$$

这里 $i,j=-1,0,1$，但 i 和 j 不能同时为 0。若 $f(x+i,y+j)=f(x,y)$，梯度为 0，则定义 $g(x,y,i,j)=2$，因此，$g(x,y,i,j)$ 的值域为 $(0,2]$。

设归一化的权矩阵为

$$\boldsymbol{W}=\begin{bmatrix} w(x-1,y-1) & w(x-1,y) & w(x-1,y+1) \\ w(x,y-1) & w(x,y) & w(x,y+1) \\ w(x+1,y-1) & w(x+1,y) & w(x+1,y+1) \end{bmatrix} \qquad (2-3)$$

规定中心像素 $w(x,y)=\frac{1}{2}$，其余 8 个像素权之和为 $\frac{1}{2}$，这样使 $\boldsymbol{W}$ 各元素总和等于 1。
于是有

$$w(x+i,y+j)=\frac{1}{2}\frac{g(x,y\ ;i,j)}{\sum_i\sum_j g(x,y\ ;i,j)} \qquad (2-4)$$

第二步，将权矩阵中心与待处理像素对准，进行窗口卷积运算，得到平滑输出值。对图像其余各像素作类似处理，就得到一幅输出图像。

例如：3×3 图像灰度值如图 $2-7$(a)所示。

依据式(2-3)和式(2-4)计算权矩阵为

$$\boldsymbol{W}=\begin{bmatrix} 0.062\ 5 & 0.062\ 5 & 0.062\ 5 \\ 0.062\ 5 & 0.500\ 0 & 0.062\ 5 \\ 0.062\ 5 & 0.062\ 5 & 0.062\ 5 \end{bmatrix}$$

中间像素 10 的输出结果为

$$f'(1,1)=0.062\ 5\times6+0.062\ 5\times6+0.062\ 5\times6+0.062\ 5\times6+0.500\ 0\times10+$$
$$0.062\ 5\times6+0.062\ 5\times6+0.062\ 5\times6+0.062\ 5\times6\approx6$$

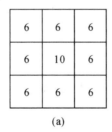

图 $2-7$　梯度倒数加权法图像平滑实例
(a)原始图像灰度值；(b)平滑处理后图像灰度值

2.1.4　选择式掩模平滑

邻域平均法图像平滑在噪声抑制的同时，不可避免地带来平均化的缺憾，从而使尖锐变化的边缘或线变得模糊。选择式掩模平滑旨在追求既完成滤波操作，又不破坏区域边界的细节。

该方法以方差作为各个邻域灰度均匀性的测度。若邻域含有尖锐的边缘，它的灰度方差必定很大，而不含边缘或灰度均匀的邻域，它的方差就小，那么最小方差所对应的邻域就是灰

度最均匀邻域。

该方法对图像上任一像素 (x,y) 的 5×5 邻域,在窗口内以中心像素 $f(i,j)$ 为基准点,制作 1 个 3×3 正方形、4 个五边形和 4 个六边形共 9 个掩模(见图 2-8),计算各掩模的均值和方差。

$$a_i = \frac{1}{N} \sum_{l=1}^{N} f(i+m, j+n) \tag{2-5}$$

$$\sigma_i^2 = \frac{1}{N} \sum_{l=1}^{N} \{ [f(i+m, j+n)]^2 - a_i^2 \} \tag{2-6}$$

式中, $i = 1, 2, \cdots, 9$; N 为各掩模对应的像素个数; m, n 为掩模内像素相对于中心像素的位移量。

按方差 σ_i^2 进行排序,最小方差所对应的掩模的灰度均值就是像素 (x,y) 的输出值。

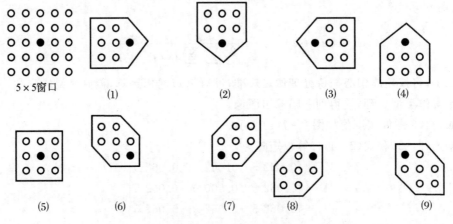

图 2-8 窗口及 9 个掩模模板

7	5	7	6	5
3	6	5	6	4
6	5	**2**	6	5
3	5	5	8	6
1	4	3	7	7

(a)

7	5	7	6	5
3	6	5	6	4
6	5	**5**	6	5
3	5	5	8	6
1	4	3	7	7

(b)

图 2-9 选择式掩模图像平滑实例

例如,已知一幅 5×5 图像灰度分布如图 2-9(a)所示,运用选择式掩模对中心像素进行平滑处理。

计算以中心像素(2,2)周围的 9 个掩模的均值和方差,得

$a_i = \{4.3, 5.3, 5.3, 4.9, 5.0, 4.7, 4.9, 3.6, 5.9\}$

$\sigma_i^2 = \{15.4, 15.4, 21.4, 26.9, 12.0, 17.4, 12.9, 15.7, 22.9\}$

最小方差为 12.0,因此取该方差对应模板的均值 5 作为平滑输出值,处理后图像如图 2-9(b)所示。

2.1.5　频率域平滑

图像平滑除了在空间域处理外,还可以在频率域中处理。由于噪声频谱能量多集中在高频,因此采用衰减高频的低通滤波器可以平滑噪声。设采用的低通滤波器为 $H(u,v)$,首先对带有噪声的图像进行傅里叶变换,其次变换后的函数经过 $H(u,v)$ 的低通滤波处理,最后再进行傅里叶逆变换获得滤波图像,从而达到平滑图像的目的。

需要说明的是,图像噪声和图像细节的谱能均处在高频段,低通滤波同样会对图像细节带来模糊,因此需要注意选择合适的滤波特性。

常用的频率域平滑滤波器有以下四种。

1. 理想低通滤波器

设在频率域平面内,理想低通滤波器距原点的截止频率为 D_0,某一点到原点的距离为

$$D(u,v) = \sqrt{u^2 + v^2} \tag{2-7}$$

则理想低通滤波器的传递函数为

$$H(u,v) = \begin{cases} 1, & D(u,v) \leqslant D_0 \\ 0, & D(u,v) > D_0 \end{cases} \tag{2-8}$$

理想低通滤波器的传递函数剖面图如图 2-10 所示。D_0 的大小根据需要可具体确定。在理论上,$D \leqslant D_0$ 的低频分量全部无损通过,$D > D_0$ 的高频分量则全部去除,然后经傅里叶逆变换得到平滑图像。由于高频部分包含大量边缘信息,因此使用该滤波器处理后会导致边缘损失,使图像边缘模糊。

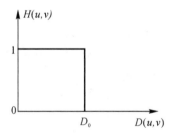

图 2-10　理想低通滤波器

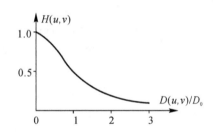

图 2-11　Butterworth 低通滤波器

2. Butterworth 低通滤波器

n 阶 Butterworth 低通滤波器的传递函数为

$$H(u,v) = \frac{1}{1 + \left[\dfrac{D(u,v)}{D_0}\right]^{2n}} \tag{2-9}$$

Butterworth 低通滤波器的传递函数剖面图如图 2-11 所示。它的特点是连续衰减,不像理想低通滤波器那样陡峭和具有明显的不连续性。因此采用该滤波器滤波在抑制图像噪声的同时,图像边缘的模糊程度大大减小,没有振铃效应产生,但计算量大于理想低通滤波器。

3. 指数低通滤波器

指数低通滤波器的传递函数为

$$H(u,v) = e^{-\left[\frac{D(u,v)}{D_0}\right]^n} \tag{2-10}$$

指数低通滤波器的传递函数剖面图如图 2-12 所示。指数低通滤波器中参数 n 决定指数

衰减率。采用此滤波器在抑制噪声的同时，图像中边缘的模糊程度比 Butterworth 滤波器大。

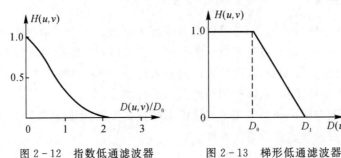

图 2-12　指数低通滤波器　　　　图 2-13　梯形低通滤波器

4. 梯形低通滤波器

梯形低通滤波器的传递函数为

$$H(u,v)=\begin{cases}1, & D(u,v)<D_0\\\dfrac{D(u,v)-D_1}{D_0-D_1}, & D_0\leqslant D(u,v)\leqslant D_1\\0, & D(u,v)>D_1\end{cases} \quad (2-11)$$

式中，D_0 为截止频率，D_1 是大于 D_0 的任意正数。

梯形低通滤波器的传递函数剖面图如图 2-13 所示。它介于理想低通滤波器和指数低通滤波器之间，处理后的图像有一定的模糊。

2.1.6　SAR 图像平滑

由于成像机理原因，SAR 图像固有的斑点噪声是与生俱来的，且对后期的图像分析与应用产生了较大的影响，因此，在 SAR 成像过程中，就考虑了噪声抑制问题。早期的方法是通过降低处理器的带宽形成多视处理子图像，进而对多视子图像进行非相干叠加来降低斑点噪声。近些年随着数字图像处理技术的发展，研究人员提出了许多 SAR 图像平滑算法，这既包括前面章节介绍的通用图像平滑方法，也包括一些专门针对 SAR 图像斑点噪声的图像平滑方法。本节将介绍几种常用的 SAR 图像斑点噪声平滑方法。

1. Lee 滤波

Lee 滤波图像平滑的基本思想是利用图像的局部统计特性来决定滤波器的输出，使滤波器自适应于图像的变化。Lee 滤波是基于乘性噪声模型（式（2-12））并采用最小均方误差（MMSE）准则推导而得到的。

$$Y=XN \quad (2-12)$$

式中，X 是未受相干斑污染的图像信号，N 是相干斑噪声。

由于 SAR 图像的相干斑是由回波信号中均值为 0 的随机相位干扰产生的，因此 N 的均值为 1，方差为 σ_N^2，与图像的等效视数有关，而与图像场景无关。

由于图像信号与噪声不相关，则 Y 的均值 $\bar{Y}$ 和方差 σ_Y^2 满足

$$\bar{Y}=\bar{X}\bar{N}=\bar{X} \quad (2-13)$$

$$\sigma_Y^2=E[(XN-\bar{X}\bar{N})^2]=E[X^2]E[N^2]-\bar{X}^2\bar{N}^2 \quad (2-14)$$

在均匀区域内 $E[X^2]=\bar{X}^2$，有

$$\sigma_Y^2 = \bar{X}^2 \sigma_N^2 = \bar{Y}^2 \sigma_N^2 \qquad (2-15)$$

基于最佳线性估计法,可以得到 X 的最佳线性估计值 $\hat{X}$ 为

$$\hat{X} = \bar{Y} + \frac{(Y - \bar{Y})[1 - (\bar{Y}^2 \sigma_N^2 / \sigma_Y^2)]}{(1 + \sigma_N^2)} \qquad (2-16)$$

利用式(2-16),即可实现对 SAR 图像进行平滑处理。

Lee 滤波是在假设 SAR 图像均质区域的前提下推导得到的,因此,该方法对同质区比较有效,但是对于在保持边缘等细节信息方面不是十分理想。

针对 Lee 滤波的缺陷,Lopes 提出根据图像不同区域采用不同滤波器的增强 Lee 滤波算法。增强 Lee 滤波算法是把一个图像分为 3 类不同区域:第 1 类为均匀区域,采取邻域平均方法;第 2 类为不均匀区域,在去除噪声时保留纹理信息,采取 Lee 滤波方法;第 3 类是包含分离点目标的区域,采取保留原始值策略。以上分类基于两个标准差 C_N 和 $C_{\max}$,$C_N = \sigma_N / \bar{N}$,$C_{\max} = \sqrt{3} C_N$,由此增强 Lee 滤波为

$$\hat{X} = \begin{cases} \bar{Y}, & C_X < C_N \\ \bar{Y} + (Y - \bar{Y})K, & C_N \leqslant C_X \leqslant C_{\max} \\ Y, & C_X > C_{\max} \end{cases} \qquad (2-17)$$

式中,$K = \dfrac{1 - (\bar{Y}^2 \sigma_N^2 / \sigma_Y^2)}{1 + \sigma_N^2}$。

增强 Lee 滤波算法对 SAR 图像区域进行了区分,不同区域采用不同的滤波方法,这样能较好地去除同质区域的噪声,保留边缘信息。

2. Kuan 滤波

Kuan 滤波也是基于局部的线性最小均方误差滤波器,它是将乘性噪声转换为加性噪声,并进而计算最佳估计值。它是在假设图像的模型是非平稳均值和非平稳方差的基础上,通过最小均方差对 SAR 图像进行估计。

Kuan 滤波与 Lee 滤波一致,也存在着保持边缘等细节信息不佳的问题。常用的 Kuan 增强滤波器与增强 Lee 滤波器也基本一致,其为

$$\hat{I}(i,j) = \begin{cases} \bar{I}, & C_I < C_N \\ \bar{I} + K(I - \bar{I}), & C_N \leqslant C_I \leqslant C_{\max} \\ I(i,j), & C_I > C_{\max} \end{cases} \qquad (2-18)$$

不同的是对权重因子 K 有了更准确的表达,其为

$$K = \frac{1 - C_N^2 / \sigma_N^2}{1 + C_N^2} \qquad (2-19)$$

式中,$\sigma_N^2 = \dfrac{\sigma_I^2}{\bar{I}^2}$,$C_N^2 = \dfrac{1}{L}$,$L$ 为图像的等效视数,σ_I 和 $\bar{I}$ 分别表示滤波窗口内图像像素的标准差和均值。

3. Gamma MAP 滤波

对于多视 SAR 图像,通过假设图像概率密度函数为 Gamma 分布,应用最大后验概率(MAP)滤除相干斑噪声,可得到 Gamma MAP 滤波器为

$$\hat{X}=[(\alpha-L-1)\overline{I}+\sqrt{\overline{I}^2(\alpha-L-1)^2+4\alpha L\overline{I}}]/2\alpha \tag{2-20}$$

式中,异质参数 α 为

$$\alpha=(1+C_N^2)/(\sigma_N^2-C_N^2) \tag{2-21}$$

值得注意的是,式(2-20)只适用于多视 SAR 图像,处理单视图像时会存在估计偏差,必须对式(2-20)作无偏修正。单视图像的无偏 MAP 估计为

$$\hat{X}'=[(\alpha-2)\overline{I}+\sqrt{\overline{I}^2(\alpha-2)^2+8\alpha\overline{I}}]/2\alpha \tag{2-22}$$

2.2 图像灰度增强

由于平台、天气、传感器等各种因素的影响,无人机获取的图像往往不尽如人意。在所有图像增强处理中,灰度增强是简便而实用的处理,本部分将介绍三种常用的灰度级校正方法。

2.2.1 灰度级校正

在无人机成像传感器成像过程中,由于诸如光照条件变化、感光部件灵敏度、光学系统不均匀性、元器件特性不稳定等原因,造成图像亮度分布的不均匀,进而导致图像某些部分亮,某些部分暗。灰度级校正就是在图像采集系统中对图像像素进行修正,使整幅图像成像均匀。

令理想输入系统输出的图像为 $f(i,j)$,实际获得的降质图像为 $g(i,j)$,有

$$g(i,j)=e(i,j)f(i,j) \tag{2-23}$$

式中, $e(i,j)$ 为降质函数或观测系统的灰度失真系数。

从式(2-23)容易看出,只要知道了 $e(i,j)$,就可求出不失真图像 $f(i,j)$。确定降质函数的方法之一就是采用一个标准来标定系统的失真系数,若已知一幅图像的灰度级为均匀常数 C,经成像系统的实际输出为 $g_C(i,j)$,则有

$$g_C(i,j)=e(i,j)C \tag{2-24}$$

从而可得降质函数

$$e(i,j)=g_C(i,j)C^{-1} \tag{2-25}$$

将式(2-25)代入式(2-23),就是由降质图像 $g(i,j)$ 经校正后所恢复的原始图像 $f(i,j)$。

$$f(i,j)=C\frac{g(i,j)}{g_c(i,j)} \tag{2-26}$$

需要说明的是,经灰度级校正后的图像为连续图像,由于乘了一个系数 $C/g_C(i,j)$,所以校正后的图像 $f(i,j)$ 有可能出现"溢出"现象,即灰度值可能超过某些记录器件或显示器的灰度输入范围,这时需要作适当修正,而后对修正后的图像进行量化。

2.2.2 灰度变换

目前几乎所有无人机图像都没有充分使用成像传感器的全部敏感范围,各种地物目标影像的灰度值往往局限在一个比较小的范围内,使得图像看起来不鲜明清晰。许多地物目标和细节彼此相互遮掩,不利于辨认,通过灰度变换,扩大图像灰度值动态变化范围,可增加图像像元之间的灰度对比度,有助于提高图像的可解译性。

1. 线性变换

在曝光不足或过度的情况下,图像灰度可能会局限在一个很小的范围内,这时在显示器上

看到的将是一个模糊不清、似乎没有灰度层次的图像。采用线性变换对图像每一个像素灰度作线性拉伸,将有效地改善图像视觉效果。

设原图像 $f(i,j)$ 的灰度范围为 $[a,b]$,线性变换后图像 $g(i,j)$ 的范围为 $[a',b']$,如图 2-14 所示。$g(i,j)$ 与 $f(i,j)$ 之间的关系式为

$$g(i,j) = a' + \frac{b' - a'}{b - a}[f(i,j) - a] \qquad (2-27)$$

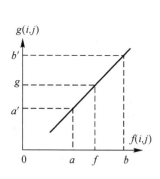

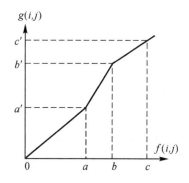

图 2-14　线性变换　　　　图 2-15　分段线性变换

2. 分段线性变换

将图像灰度区间分成两段甚至多段分别进行线性变换称为分段线性变换。分段线性变换的主旨是充分利用有限的图像显示范围,突出感兴趣的目标或灰度区间,抑制那些不感兴趣的灰度区间。常用的是三段线性变换,如图 2-15 所示。变换关系式为

$$g(i,j) = \begin{cases} \dfrac{a'}{a}f(i,j), & 0 \leqslant f(i,j) \leqslant a \\ \dfrac{b' - a'}{b - a}(f(i,j) - a) + a', & a \leqslant f(i,j) \leqslant b \\ \dfrac{c' - b'}{c - b}(f(i,j) - b) + b', & b \leqslant f(i,j) \leqslant c \end{cases} \qquad (2-28)$$

从图 2-15 中可以看出,该图示变换是对灰度区间 $[a,b]$ 进行了线性拉伸,而灰度区间 $[0,a]$ 和 $[b,c]$ 则被压缩。通过调整分段直线交点的位置及控制分段直线斜率,可对任一灰度区间进行拉伸或压缩。

3. 非线性灰度变换

线性变换是等比例地变换指定动态范围内的像素灰度值,在图像处理中,有时会发现对整个灰度值的动态范围进行不等权变换,即对暗区、亮区进行不同比例的扩展,往往会产生更好的增强效果,使图像具有更鲜明、更符合要求的对比度,许多不同地物目标的影像差异更加显著。

常用的非线性灰度变换有指数变换、对数变换、直方图调整等,本部分介绍前两种,直方图调整将在 2.2.3 中介绍。

(1)指数变换。指数变换适合待分析解译的地物目标主体分布在亮区,或者目标本身比较明亮的情况,通过指数变换能突出亮区的差异而抑制暗区。指数变换表达式为

$$g(i,j) = be^{a \cdot f(i,j)} + c \qquad (2-29)$$

式中, $g(i,j)$ 和 $f(i,j)$ 分别代表变换后和变换前的像素灰度值; a,b,c 为可调参数,通过参数调整可实现不同的拉伸或压缩比例。指数变换曲线如图 2-16 所示。

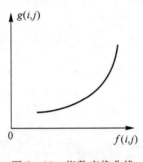

图 2-16 指数变换曲线

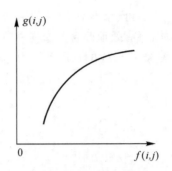

图 2-17 对数变换曲线

（2）对数变换。对数变换与指数变换相反，主要用于扩展低亮区、压缩高亮区的对比度，使暗区影像层次增多，清晰度改善，以突出隐伏于暗区影像中的某些地物目标。例如对比较潮湿的地区或山体阴影区内的地物目标，采取对数变换常可获得较好的增强效果。

对数变换关系式为

$$g(i,j) = b\lg[af(i,j)+1]+c \tag{2-30}$$

式中符号含义同式（2-29），对数变换曲线如图 2-17 所示。

2.2.3　直方图修正

在无人机图像获取中，原始图像的灰度分布往往集中在较窄的范围内，使图像的细节不够清晰，对比度较低。有时也会遇到图像曝光过度和曝光不足的情况，图像灰度级集中在高亮度范围内或低亮度范围内，造成图像的解译分析困难。为了使图像的灰度范围拉开或使灰度均匀分布，从而增加图像反差，使图像细节清晰，通常可采用直方图修正方法。

直方图修正可分为直方图均衡化和直方图规定化两类。

1. 直方图均衡化

直方图均衡化是将原图像的直方图通过变换函数变为均匀的直方图，然后按照均匀直方图修改原图像，从而获得一幅灰度分布均匀的新图像。

下面首先讨论连续图像的均衡化问题，然后推广应用到离散的数字图像上。

在实际应用中，往往使用归一化直方图，即让原图像灰度级范围 $[r_0, r_{L-1}]$ 归一化为 $[0, 1]$。设 r 和 s 分别表示归一化了的原图像灰度和经直方图修正后的图像灰度。即

$$0 \leqslant r, \quad s \leqslant 1 \tag{2-31}$$

在 $[0,1]$ 区间内的任一个 r，经变换 $T(r)$ 都可产生一个 s，且

$$s = T(r) \tag{2-32}$$

式中，$T(r)$ 为变换函数，它必须满足下列条件：① $T(r)$ 在 $0 \leqslant r \leqslant 1$ 内为单调递增函数；② $T(r)$ 在 $0 \leqslant r \leqslant 1$ 内满足 $0 \leqslant T(r) \leqslant 1$。

条件①保证灰度级从黑到白的次序不变，条件②确保映射后的像素灰度在允许的范围内。

逆变换关系式为

$$r = T^{-1}(s) \tag{2-33}$$

$T^{-1}(s)$ 对 s 同样满足上述两个条件①和②。

由概率论理论可知，如果已知随机变量 r 的概率密度为 $p_r(r)$，而随机变量 s 是 r 的函数，

则 s 的概率密度 $p_s(s)$ 可以由 $p_r(r)$ 求出。假定随机变量 s 的分布函数用 $F_s(s)$ 表示,根据分布函数定义,有

$$F_s(s) = \int_{-\infty}^{s} p_s(s)\mathrm{d}s = \int_{-\infty}^{r} p_r(r)\mathrm{d}r \qquad (2-34)$$

根据密度函数是分布函数的导数的关系,上式两边对 s 求导得

$$p_s(s) = \frac{\mathrm{d}}{\mathrm{d}s}\left[\int_{-\infty}^{r} p_r(r)\mathrm{d}r\right] = p_r(r)\frac{\mathrm{d}r}{\mathrm{d}s} = p_r(r)\frac{\mathrm{d}}{\mathrm{d}s}\left[T^{-1}(s)\right] \qquad (2-35)$$

从该式可以看出,通过变换函数 $T(r)$ 可以控制图像灰度级的概率密度函数,从而改善图像的灰度层次,这就是直方图修正技术的基础。

$T(r)$ 可以根据实际问题需要进行选择,但是为了能从图像中获得尽可能多的信息量,也就是使图像熵尽可能大,常常要求 $p_s(s)$ 为常数,即所谓直方图均衡化,这样做能够使图像中所有灰度出现频率相等的图像,所包含的信息量最大。

因为归一化假定

$$p_s(s) = 1 \qquad (2-36)$$

由式(2-35)可得

$$\mathrm{d}s = p_r(r)\mathrm{d}r$$

两边积分得

$$s = T(r) = \int_{0}^{r} p_r(r)\mathrm{d}r \qquad (2-37)$$

该式就是所求得的变换函数。它表明当变换函数 $T(r)$ 是原图像直方图累积分布函数时,能达到直方图均衡化的目的。

对于灰度级为离散的数字图像,用频率代替概率,则变换函数 $T(r_k)$ 的离散形式可表示为

$$\left.\begin{array}{c} s_k = T(r_k) = \displaystyle\sum_{i=0}^{k} p_r(r_i) = \sum_{i=0}^{k} \frac{n_i}{n} \\ 0 \leqslant r_k \leqslant 1, \quad k = 0,1,2,\cdots,L-1 \end{array}\right\} \qquad (2-38)$$

可见,均衡后各像素的灰度值 s_k 可直接由原图像的直方图算出。

为了进一步说明数字图像直方图均衡的过程,下面举一实例。

假定有一幅总像素为 $n = 64 \times 64$ 的图像,灰度级数为 8,各灰度级分布列于表 2-1 中。

表 2-1　直方图均衡化计算

r_k	n_k	$p_r(r_k) = n_k/n$	s_{kc}	s_{km}	s_k	n_{s_k}	$p_s(s_k)$
0	790	0.19	0.19	1/7	1/7	790	0.19
1/7	1 023	0.25	0.44	3/7	3/7	1 023	0.25
2/7	850	0.21	0.65	5/7	5/7	850	0.21
3/7	656	0.16	0.81	6/7	6/7	985	0.24
4/7	329	0.08	0.89	6/7			
5/7	245	0.06	0.95	1	1	448	0.11
6/7	122	0.03	0.98	1			
1	81	0.02	1.00	1			

对其进行直方图均衡化的计算过程如下：

(1)求变换函数 s_{kc}。

$$s_{0c} = T(r_0) = \sum_{j=0}^{0} p_r(r_j) = 0.19$$

$$s_{1c} = T(r_1) = \sum_{j=0}^{1} p_r(r_j) = p_r(r_0) + p_r(r_1) = 0.19 + 0.25 = 0.44$$

类似地计算出 $s_{2c} = 0.65, s_{3c} = 0.81, s_{4c} = 0.89, s_{5c} = 0.95, s_{6c} = 0.98, s_{7c} = 1$。

(2)计算 s_{km}。

考虑输出图像灰度是等间隔的，且与原图像灰度范围一样取8个等级，即要求 $s_k = i/7$，因而需对 s_{kc} 加以修正，得到

$$s_{0m} = 1/7, s_{1m} = 3/7, s_{2m} = 5/7, s_{3m} = 6/7, s_{4m} = 6/7, s_{5m} = 1, s_{6m} = 1, s_{7m} = 1$$

(3) s_k 的确定。

由 s_{km} 可知，输出图像的灰度级仅为5个级别，它们是

$$s_0 = 1/7 \quad s_1 = 3/7 \quad s_2 = 5/7 \quad s_3 = 6/7 \quad s_4 = 1/7$$

(4)计算对应每个 s_k 的 n_{s_k}。

将映射前和映射后的对应像素灰度对应，计算映射后的灰度出现个数，见表 2-1。

(5)计算 $p_s(s_k)$。

见表 2-1。

以上各步计算结果填在表 2-1 中。图 2-18 给出了原图像直方图以及均衡化的结果。

图 2-18(b)就是按公式(2-38)计算的变换函数。由于采用离散公式，其概率密度函数

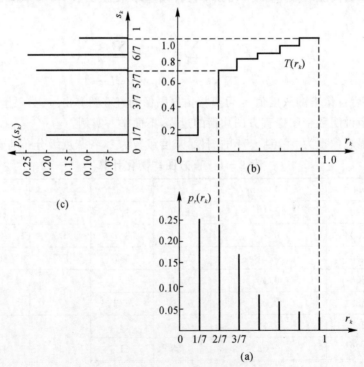

图 2-18 直方图均衡化

是近似的,原直方图上频数较小的某些灰度级被合并到一个或几个灰度级中,频率小的部分被压缩,频率大的部分被增强。虽然变换不是完全均匀的,但是经过变换,含有像素多的几个灰度级间隔被拉大了,压缩的只是像素少的几个灰度级,比原图像直方图平坦多了,而且动态范围也得到了扩大,实际视觉能够接收的信息量大大增加了,而且这样做简单易行。

图 2-19 给出了一个直方图均衡化示例。图 2-19(a)和图 2-19(a′)分别为一幅 256 灰度级的图像及其直方图。原图像较暗且动态范围小,其直方图表现为大部分像素灰度集中在小灰度值一边。图 2-19(b)和图 2-19(b′)分别是经均衡化得到的图像及其直方图。比较图 2-19(b)和图 2-19(a)可以看出,图 2-19(b)的反差增大了,很多细节更加清晰,对应的直方图也更平坦。

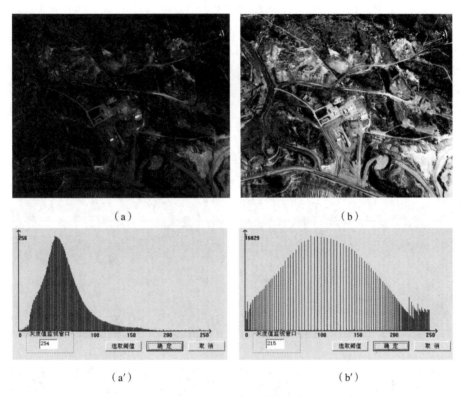

图 2-19　直方图均衡化示例

2. 直方图规定化

直方图规定化是指使原图像灰度直方图变成规定形状的直方图而对图像进行修正的增强方法。规定的直方图可以是一幅参考图像的直方图,通过变换,使两幅图像的亮度变化规律尽可能地接近;也可以是给定的某种函数形式,通过变换,使变换后图像的亮度尽可能地服从这种函数分布。

为了便于问题研究,下面从灰度连续的概率密度函数出发进行分析。

假设 $p_r(r)$ 和 $p_z(z)$ 分别表示已归一化的原图像灰度概率密度函数和希望得到的图像的灰度概率密度函数。

首先对原图像进行直方图均衡化处理,即求变换函数

$$s = T(r) = \int_0^r p_r(r) \, \mathrm{d}r \qquad (2-39)$$

假定已得到了所规定的图像,也对它进行均衡化处理,即

$$v = G(z) = \int_0^z p_z(z) \, \mathrm{d}z \qquad (2-40)$$

式(2-40)的逆变换为

$$z = G^{-1}(v) \qquad (2-41)$$

即由均衡化后的灰度级得到规定图像的灰度级。因为对原图像和规定图像都作了均衡化处理,因而 $p_s(s)$ 和 $p_v(v)$ 具有相同的密度函数。因此,如果用原图像均衡得到的灰度级 s 来代替逆变换中的 v,其结果为

$$z = G^{-1}(s) \qquad (2-42)$$

即为所求的规定图像的灰度级。

假定 $G^{-1}(s)$ 是单值的,根据上述思想,总结直方图规定化处理的步骤如下:

(1)对原图像作直方图均衡化处理;

(2)按照规定得到的图像的灰度概率密度函数 $p_z(z)$,由式(2-40)求得变换函数 $G(z)$;

(3)用步骤(1)得到的灰度级 s 作逆变换 $z = G^{-1}(s)$。

经过以上处理得到的图像的灰度级分布将具有规定的概率密度函数 $p_z(z)$ 的形状。

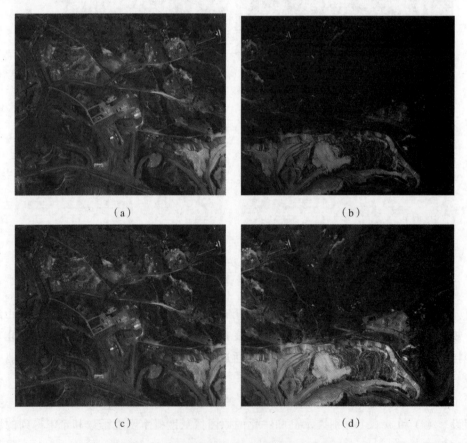

（a） （b）

（c） （d）

图 2-20 图像拼接中直方图规定化的应用

在上述处理过程中包含了两个变换函数 $T(r)$ 和 $G^{-1}(s)$，可将这两个函数简单地组合成一个函数关系,得到

$$z = G^{-1}[T(r)] \tag{2-43}$$

当 $G^{-1}[T(r)] = T(r)$ 时,直方图规定化处理就简化为直方图均衡化处理了。

对于灰度离散的数字图像,直方图规定化处理可参照均衡化的处理。

需要说明的是,与直方图均衡化类似,由于图像是离散函数,同时近似运算存在误差,故规定化变换后的直方图只是尽可能地接近参考直方图的形状,而不可能完全相同。在实际处理中,虽然得到与规定直方图近似的直方图,但是仍能得到明显的增强效果。

直方图规定化也称直方图匹配,通过直方图匹配可以减小由于太阳高度角或大气影响造成的相邻图像的色调差异,在无人机图像拼接中常常用到该方法。在多幅图像拼接过程中,使一幅图像与另一幅(相邻)图像的色调尽可能保持一致。例如,在进行两幅图像的拼接时,由于两幅图像的时相季节不同会引起图像间色调的差异,这就需要在镶嵌前进行直方图匹配,以使两幅图像的色调尽可能保持一致,消除由于成像条件不同造成的不利影响,做到无缝拼接。图2-20 给出了两幅图像直方图规定化的示例图像。其中,图(a)(b)是未经过匀光处理的拼接力像对拼接后,中间会有明显的接缝;图(c)(d)是经过直方图匹配匀光处理的图像时,拼接后中间的接缝会变得很不明显。

2.3　图像边缘增强

图像锐化处理的目的是使边缘和轮廓线模糊的图像变得清晰,并使其细节清晰。换句话说,锐化处理可以突出轮廓、线状目标信息,并使图像上边缘与线状目标的反差提高,因此称为图像边缘增强。

2.3.1　梯度锐化

图像锐化是通过对邻域窗口内的图像微分使图像边缘突出、清晰。常用的微分方法是梯度运算。对于图像 $f(x,y)$,在 (x,y) 处的梯度定义为

$$\mathbf{grad}(x,y) = \begin{bmatrix} f'_x \\ f'_y \end{bmatrix} = \begin{bmatrix} \dfrac{\partial f(x,y)}{\partial x} \\ \dfrac{\partial f(x,y)}{\partial y} \end{bmatrix} \tag{2-44}$$

梯度是一个矢量,其大小和方向分别为

$$\left. \begin{aligned} \mathrm{grad}(x,y) &= \sqrt{f'^2_x + f'^2_y} = \sqrt{\left(\frac{\partial f(x,y)}{\partial x}\right)^2 + \left(\frac{\partial f(x,y)}{\partial y}\right)^2} \\ \theta &= \arctan(f'_y/f'_x) = \arctan\left(\frac{\partial f(x,y)}{\partial y} \middle/ \frac{\partial f(x,y)}{\partial x}\right) \end{aligned} \right\} \tag{2-45}$$

梯度的方向是 $f(x,y)$ 在该点灰度变化率最大的方向。

从梯度的定义可以看出,梯度实际上反映了相邻像素之间灰度的变化率,图像中的边缘(例如道路、河流、水系的边界)处灰度变化率大,因此在边缘处必然有较大的梯度值;而对于大面积的沙漠、海洋等灰度变化较小,则具有较小的梯度值。

在数字图像处理中,为了简化梯度计算,常用基于偏导数的计算,并且一阶偏导数常采用

一阶差分近似表示,即

$$\left.\begin{array}{l} f'_x = f(x+1,y) - f(x,y) \\ f'_y = f(x,y+1) - f(x,y) \end{array}\right\} \qquad (2-46)$$

因此,也就有梯度运算的常用近似表达式:

$$\mathrm{grad}(x,y) = \max(|f'_x|, |f'_y|) \qquad (2-47)$$

或

$$\mathrm{grad}(x,y) = |f'_x| + |f'_y| \qquad (2-48)$$

图2-21显示了一幅二值图像和采用式(2-48)计算的梯度图像。

（a）　　　　　　　　　　　　　（b）

图2-21　梯度运算

(a)二值图像;(b)梯度图像

梯度运算对应的模板为

$$f'_x = \begin{array}{|c|c|} \hline 1 & 0 \\ \hline -1 & 0 \\ \hline \end{array} \qquad\qquad f'_y = \begin{array}{|c|c|} \hline 1 & -1 \\ \hline 0 & 0 \\ \hline \end{array}$$

除梯度算子以外,还可采用 Roberts,Prewitt 和 Sobel 算子计算梯度,来增强边缘。

Roberts 梯度采用交叉差分的方法,其一阶差分表达式为

$$\left.\begin{array}{l} f'_x = f(x,y) - f(x+1,y+1) \\ f'_y = f(x+1,y) - f(x,y+1) \end{array}\right\} \qquad (2-49)$$

Roberts 梯度运算对应的模板为

$$f'_x = \begin{array}{|c|c|} \hline 1 & 0 \\ \hline 0 & -1 \\ \hline \end{array} \qquad\qquad f'_y = \begin{array}{|c|c|} \hline 0 & -1 \\ \hline 1 & 0 \\ \hline \end{array}$$

Prewitt 梯度较多地考虑了邻域点的关系,扩大了模板,其一阶差分表达式为

$$\left.\begin{array}{l} f'_x = f(x+1,y-1) + f(x+1,y) + f(x+1,y+1) - \\ \qquad f(x-1,y-1) - f(x-1,y) - f(x-1,y+1) \\ f'_y = f(x-1,y+1) + f(x,y+1) + f(x+1,y+1) - \\ \qquad f(x-1,y-1) - f(x,y-1) - f(x+1,y-1) \end{array}\right\} \qquad (2-50)$$

Prewitt 梯度运算对应的模板为

$$f'_x = \begin{array}{|c|c|c|} \hline -1 & -1 & -1 \\ \hline 0 & 0 & 0 \\ \hline 1 & 1 & 1 \\ \hline \end{array} \qquad f'_y = \begin{array}{|c|c|c|} \hline -1 & 0 & 1 \\ \hline -1 & 0 & 1 \\ \hline -1 & 0 & 1 \\ \hline \end{array}$$

Sobel 梯度在 Prewitt 梯度基础上,对 4 邻域采用加权方法进行差分,因此对边缘的增强效果更佳,其一阶差分表达式为

$$\left. \begin{aligned} f'_x &= f(x+1,y-1) + 2f(x+1,y) + f(x+1,y+1) - \\ & \quad f(x-1,y-1) - 2f(x-1,y) - f(x-1,y+1) \\ f'_y &= f(x-1,y+1) + 2f(x,y+1) + f(x+1,y+1) - \\ & \quad f(x-1,y-1) - 2f(x,y-1) - f(x+1,y-1) \end{aligned} \right\} \tag{2-51}$$

Sobel 梯度运算对应的模板为

$$f'_x = \begin{array}{|c|c|c|} \hline -1 & -2 & -1 \\ \hline 0 & 0 & 0 \\ \hline 1 & 2 & 1 \\ \hline \end{array} \qquad f'_y = \begin{array}{|c|c|c|} \hline -1 & 0 & 1 \\ \hline -2 & 0 & 2 \\ \hline -1 & 0 & 1 \\ \hline \end{array}$$

无论采用哪种梯度运算一阶差分,最终均是按照式(2-47)或式(2-48)计算梯度值,一旦梯度值算出后,就可根据不同的需要生成不同的增强图像。常用的有以下 5 种情况。

(1)增强图像是使其各点 (x,y) 的灰度 $g(x,y)$ 等于梯度,即

$$g(x,y) = \mathrm{grad}(x,y) \tag{2-52}$$

此法的缺点是增强的图像仅显示灰度变化比较陡的边缘轮廓,而灰度变化比较平缓或均匀的区域则呈黑色。图 2-22 所示为这种增强图像的实例,其中图 2-22(a)为一幅航空影像,而图 2-22(b)是用此法处理的结果。

(2)增强图像是使

$$g(x,y) = \begin{cases} \mathrm{grad}(x,y), & \mathrm{grad}(x,y) \geqslant T \\ f(x,y), & \mathrm{grad}(x,y) < T \end{cases} \tag{2-53}$$

式中,T 是一个非负的阈值。适当选取 T,既可使明显的边缘轮廓得到突出,又不会破坏原来灰度变化比较平缓的背景。图 2-22(c)是用此法处理的结果。

(3)增强图像是使

$$g(x,y) = \begin{cases} L_G, & \mathrm{grad}(x,y) \geqslant T \\ f(x,y), & \mathrm{grad}(x,y) < T \end{cases} \tag{2-54}$$

式中,L_G 是根据需要指定的一个灰度级,它将明显边缘用一固定的灰度级 L_G 来表现。图 2-22(d)是用此法处理的结果。

(4)增强图像是使

$$g(x,y) = \begin{cases} \mathrm{grad}(x,y), & \mathrm{grad}(x,y) \geqslant T \\ L_B, & \mathrm{grad}(x,y) < T \end{cases} \tag{2-55}$$

此法将背景用一个固定的灰度级如来表现,便于研究边缘灰度的变化。图 2-22(e)是用此法处理的结果。

（5）增强图像是使

$$g(x,y)=\begin{cases}L_G, & \mathrm{grad}(x,y)\geqslant T\\ L_B, & \mathrm{grad}(x,y)<T\end{cases} \tag{2-56}$$

此法将明显边缘和背景分别用灰度级 L_G 和 L_B 表示，生成二值图像，便于研究边缘所在的位置。图 2-22(f)是用此法处理的结果。

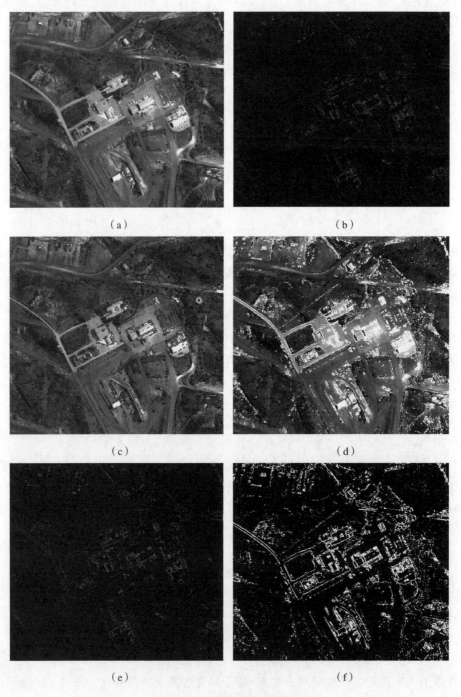

（a）　　　　　　　　　（b）

（c）　　　　　　　　　（d）

（e）　　　　　　　　　（f）

图 2-22　梯度增强图像示例

2.3.2　Laplacian 锐化

Laplacian 算子是线性二阶微分算子,即

$$\nabla^2 f(x,y) = \frac{\partial^2 f(x,y)}{\partial x^2} + \frac{\partial^2 f(x,y)}{\partial y^2} \qquad (2-57)$$

对数字图像而言,二阶偏导数用二阶差分近似,由此可推导出 Laplacian 算子表达式为

$$\nabla^2 f(x,y) = f(x+1,y) + f(x-1,y) + f(x,y+1) + f(x,y-1) - 4f(x,y)$$

$$(2-58)$$

Laplacian 增强算子为

$$g(x,y) = f(x,y) - \nabla^2 f(x,y) =$$
$$5f(x,y) - \left[f(x+1,y) + f(x-1,y) + f(x,y+1) + f(x,y-1) \right] \qquad (2-59)$$

Laplacian 增强运算对应的模板为

$$g(x,y) = \begin{array}{|c|c|c|} \hline 0 & -1 & 0 \\ \hline -1 & 5 & -1 \\ \hline 0 & -1 & 0 \\ \hline \end{array}$$

其特点:

(1)拉普拉斯运算是偏导数运算的线性组合,具有旋转不变性即各向同性特点;

(2)由于灰度均匀的区域或斜坡中间 $\nabla^2 f(x,y)$ 为 0,Laplacian 增强算子起不到作用;

(3)在斜坡底或低灰度侧形成"下冲",而在斜坡顶或高灰度侧形成"上冲",说明 Laplacian 增强算子具有突出边缘的特点。

采用 Laplacian 增强算子对图 2 - 22(a)增强的结果如图 2 - 23 所示。

图 2 - 23　Laplacian 算子图像增强

2.3.3 频率域滤波增强

在频率域,图像的边缘、细节主要体现在高频部分,为了突出图像的边缘和细节,采用高通滤波器让高频分量通过,阻止削弱低频分量,以达到图像锐化的目的。

常用的频率域高通滤波器有以下四种。

1.理想高通滤波器

设在频率域平面内,理想高通滤波器距原点的截止频率为 D_0,某一点到原点的距离为

$$D(u,v) = \sqrt{u^2 + v^2} \tag{2-60}$$

则理想高通滤波器的传递函数为

$$H(u,v) = \begin{cases} 0, & D(u,v) \leqslant D_0 \\ 1, & D(u,v) > D_0 \end{cases} \tag{2-61}$$

理想高通滤波器的传递函数剖面图如图 2-24 所示。$D > D_0$ 的高频分量全部无损通过,$D \leqslant D_0$ 的低频分量则全部去除。

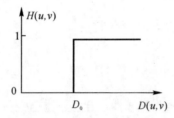

图 2-24 理想高通滤波器

2.Butterworth 高通滤波器

n 阶 Butterworth 高通滤波器的传递函数为

$$H(u,v) = \cfrac{1}{1 + \left[\cfrac{D_0}{D(u,v)}\right]^{2n}} \tag{2-62}$$

Butterworth 高通滤波器的传递函数剖面图如图 2-25 所示。

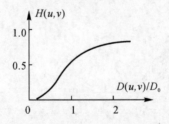

图 2-25 Butterworth 高通滤波器

3.指数高通滤波器

指数高通滤波器的传递函数为

$$H(u,v) = e^{-\left[\frac{D_0}{D(u,v)}\right]^n} \tag{2-63}$$

指数高通滤波器的传递函数剖面图如图 2-26 所示。

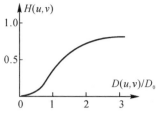

图 2-26　指数高通滤波器

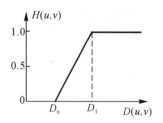

图 2-27　梯形高通滤波器

4. 梯形高通滤波器

梯形高通滤波器的传递函数为

$$H(u,v)=\begin{cases}0, & D(u,v)<D_0 \\ \dfrac{D(u,v)-D_0}{D_1-D_0}, & D_0 \leqslant D(u,v) \leqslant D_1 \\ 1, & D(u,v)>D_1\end{cases} \tag{2-64}$$

式中，D_0 为截止频率，D_1 为大于 D_0 的任意正数。

梯形高通滤波器的传递函数剖面图如图 2-27 所示。

以上 4 种高通滤波器的选用类似于低通滤波器。理想高通滤波器锐化处理的图像中边缘有抖动现象；Butterworth 高通滤波器锐化效果较好，但计算复杂；指数高通滤波器锐化效果比 Butterworth 效果差些，边缘抖动现象不明显；梯形高通滤波器会产生轻微抖动现象，但计算简单，故较常用。

2.4　图像彩色增强

图像彩色增强技术是从可视性角度实现无人机图像增强的有效方法之一。众所周知，人眼识别和区分灰度差异的能力是有限的，一般只能区分十几到二十几级，而识别和区分色彩的能力却大得多，可达到百种甚至上千种，两者相差甚远。显然，利用人类视觉系统的这一特性，将灰度图像变成彩色图像，或者改变已有彩色的分布，无疑都会改善图像的可视性，并大大提高无人机图像的目视分析解译能力。

2.4.1　伪彩色增强

伪彩色增强是针对灰度图像提出的，是把一幅黑白图像的不同灰度按照线性或非线性映射成不同彩色，得到一幅彩色图像的技术。伪彩色增强可提高图像内容的可辨识度，目标更容易识别。

常用的伪彩色增强的方法主要有以下两种。

1. 密度分割法

密度分割法或称强度分层法，是伪彩色增强中原理最简单、操作最简便的一种方法，如图 2-28(a)(b)所示。它是把黑白图像的灰度级从 0（黑）到 L（白）分成 N 个区间 I_i（$i=1,2,\cdots,N$），并给每个处理区间 I_i 指定一种彩色 C_i，这样，便可以把一幅灰度图像变换成一幅伪彩色图像。

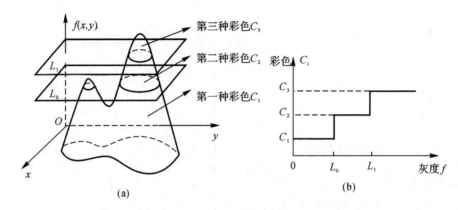

图 2-28　密度分割原理

(a)密度分割空间示意图；(b)密度分割平面示意图

2.变换-合成法

这是一种更为常用的、比密度分割法更有效的伪彩色增强法。处理过程如图 2-29 所示。

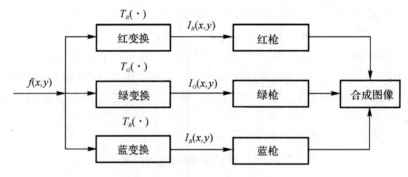

图 2-29　变换-合成法变换过程

它是根据色度学的原理，将原图像 $f(x,y)$ 的灰度分段经过红、绿、蓝三种不同变换 $T_R(\cdot),T_G(\cdot)$ 和 $T_B(\cdot)$，变成三基色分量 $I_R(x,y),I_G(x,y)$ 和 $I_B(x,y)$，然后用它们分别去控制彩色显示器的红、绿和蓝电子枪，便可以在彩色显示器的屏幕上合成一幅彩色图像。彩色的含量由变换函数 $T_R(\cdot),T_G(\cdot)$ 和 $T_B(\cdot)$ 的形状而定。典型的变换函数如图 2-30 所示，其中图(a)(b)(c)分别为红、绿、蓝三种变换函数，而图(d)是把三种变换合成在一起的表示。由图(d)可见，只有在灰度为零时呈蓝色，灰度为 1/2 时呈绿色，灰度为 L 时呈红色，灰度为其他值时将由三基色混合成不同的色调。

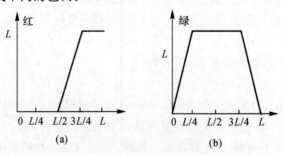

图 2-30　典型的变换函数

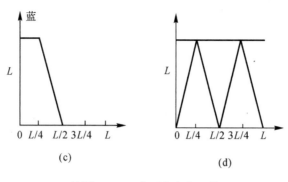

(c)　　　　　　　　　　　　　　(d)

续图 2 - 30　典型的变换函数

2.4.2　假彩色增强

假彩色处理的对象是三基色描绘的自然图像或同一景物的多光谱图像。对自然图像,主要由两种出发点来进行处理:其一,将目标物映射为假彩色—与原色不同的颜色,例如,绿色草原置成红色,蓝色海洋置成绿色等,这样做的目的是使目标物置于奇特的环境中以引起观察者的注意;其二,根据人的眼睛的色觉灵敏度,重新分配图像成分的颜色,如视网膜中视锥体和视杆体对可见光的绿色波长比较敏感,于是可将原来非绿色描述的图像细节或目标物经假彩色处理变成绿色,来达到提高目标分辨率的目的。

假彩色增强的一个重要应用是用于无人机多光谱图像。多光谱图像中除了可见光波段图像外,还包括一些非可见光波段,如红外成像,由于它们的夜视和全天候能力,可得到可见光波段无法获得的信息。因此若将可见光与非可见光波段结合起来,通过假彩色处理,就能获得更丰富的信息,便于对地物识别。多光谱图像的假彩色增强可表示为

$$\left.\begin{array}{l} R_F = f_R\{g_1, g_2, \cdots, g_i, \cdots\} \\ G_F = f_G\{g_1, g_2, \cdots, g_i, \cdots\} \\ B_F = f_B\{g_1, g_2, \cdots, g_i, \cdots\} \end{array}\right\} \qquad (2-65)$$

式中, g_i 表示第 i 波段图像; f_R, f_G 和 f_B 表示通用的函数运算; R_F, G_F 和 B_F 为经增强处理后送往彩色显示器的三基色分量。

对于自然景色图像,通用的线性假彩色映射可表示为

$$\begin{bmatrix} R_F \\ G_F \\ B_F \end{bmatrix} = \begin{bmatrix} a_1 & b_1 & c_1 \\ a_2 & b_2 & c_2 \\ a_3 & b_3 & c_3 \end{bmatrix} \begin{bmatrix} R_f \\ G_f \\ B_f \end{bmatrix} \qquad (2-66)$$

它是将原图像的三基色 R_f, G_f 和 B_f 转换成另一组新的三基色分量 R_F, G_F 和 B_F 。例如若采用以下的映射关系:

$$\begin{bmatrix} R_F \\ G_F \\ B_F \end{bmatrix} = \begin{bmatrix} 0 & 1 & 0 \\ 0 & 0 & 1 \\ 1 & 0 & 0 \end{bmatrix} \begin{bmatrix} R_f \\ G_f \\ B_f \end{bmatrix} \qquad (2-67)$$

则原图中绿色物体呈红色,蓝色物体呈绿色以及红色物体呈蓝色。

2.4.3 彩色变换

在色度学中,红(Red)、绿(Green)、蓝(Blue)光称为色光的三原色,将 R,G 和 B 按不同比例组合可以构成自然界中的任何色彩,因此,任何颜色可以用 R,G,B 三分量来表示。颜色也可以用亮度(Intensitiy)、色别(Hue)和饱和度(Satuation)来表示,称为颜色的三要素。RGB 和 IHS 两种色彩模式可以相互转换,有些处理在某个彩色系统中可能更方便。把 RGB 系统变换为 IHS 系统称为 IHS 正变换;IHS 系统变换为 RGB 系统称为 IHS 逆变换。IHS 变换有多种方法,下面主要介绍常用的两种方法。

1. 球体变换

在 IHS 色彩系统中,亮度、色度、饱和度的具体含义如下。

(1)亮度是指整个图像的亮度,其值从 0(黑)到 1(白)变化。

(2)饱和度代表颜色的纯度,是从 0 到 1 线性变化。

(3)色别表示像元的颜色或波长,它的变化从红色的中心点 0 经过绿色和蓝色回到红色的中心点 360,形成一个圆周(见图 2-31)。

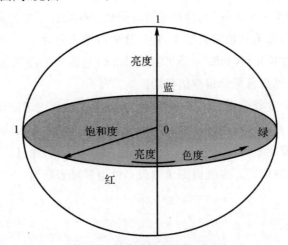

图 2-31 球体彩色空间

RGB 到 IHS 的转换算法:设

$$\left. \begin{aligned} R &= \frac{M-r}{M-m} \\ G &= \frac{M-g}{M-m} \\ B &= \frac{M-b}{M-m} \end{aligned} \right\} \tag{2-65}$$

式中,$R,G,B \in [0,1]$;$r,g,b \in [0,1]$;$M = \max[R,G,B]$;$m = \min[R,G,B]$。

需要说明的是,R,G,B 中至少有一个值为 0,与最大值的颜色对应,并且至少有一个值为 1,与最小值的颜色对应。进而给出亮度、色别、饱和度的计算公式。

(1)I(亮度)的计算公式为

$$I = \frac{M+m}{2} \tag{2-66}$$

I 的取值范围为$[0,1]$。

（2）H（色别）的计算公式为

$$\left.\begin{array}{l} \text{若 } M = m, \text{则 } H = 0 \\ \text{若 } R = M, \text{则 } H = 60(2 + b - g) \\ \text{若 } G = M, \text{则 } H = 60(4 + r - b) \\ \text{若 } B = M, \text{则 } H = 60(6 + g - r) \end{array}\right\} \tag{2-67}$$

H 的取值范围为$[0,360]$。

（3）S（饱和度）的计算公式为

$$\left.\begin{array}{l} \text{若 } M = m, \text{则 } S = 0 \\ \text{若 } I \leqslant 0.5, \text{则 } S = \dfrac{M - m}{M + m} \\ \text{若 } I > 0.5, \text{则 } S = \dfrac{M - m}{2 - M - m} \end{array}\right\} \tag{2-68}$$

S 的取值范围为$[0,1]$。

2. 圆柱体变换

I, H, S 三个色彩参数也可以定义在一个柱形彩色空间中（见图 2-32），亮度 I 沿着轴线以底部的黑变到顶部的白。具有最高亮度、最大饱和度的颜色位于圆柱上顶面的圆周上。

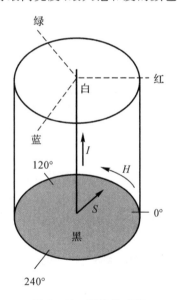

图 2-32　圆柱体变换

RGB 到 IHS 的转换算法为

$$\left.\begin{array}{l} I = \dfrac{1}{\sqrt{3}}(R + G + B) \\ H = \arctan\left[\dfrac{2R - G - B}{\sqrt{3}(G - B)}\right] + C \quad \begin{cases} C = 0, G \geqslant B \\ C = \pi, G > B \end{cases} \\ S = \dfrac{\sqrt{6}}{3}\sqrt{R^2 + G^2 + B^2 - RG - RB - GB} \end{array}\right\} \tag{2-69}$$

通过以上算法可以把 RGB 模式转换到 IHS 模式,实现对色彩特性的定量表示。经过各种图像处理以后,再经过逆变换将整个 IHS 图像变换回原始的 RGB 空间中。

习　题

1. 简述无人机图像增强的几种方法。

2. 简述无人机图像增强的目的和意义。

3. 试给出将图像灰度范围(0,10),拉伸为(0,15),灰度范围(10,20)移到(15,25),及灰度范围(20,30)压缩为(25,30)的变换方程,并将变换在坐标系中画出。

4. 简要论述图像直方图修正的目的。

5. 简述梯度倒数加权平滑和选择式掩模平滑的处理思想,并对比二者的优缺点。

6. 有一幅图像如图 1 所示,由于干扰,在接收图中有若干个亮点,试问此类图像如何处理?将处理后的图像画出来,并说出该种处理方法的优点。

1	1	1	8	7	4
2	255	2	3	3	3
3	3	255	4	3	3
3	3	3	255	4	6
3	3	4	5	255	8
2	3	4	6	7	8

图 1　已知图像

7. 简述彩色增强技术的应用背景。

8. 论述无人机图像边缘增强的几种方法,并对比优缺点。

9. 对比分析无人机可见光图像与 SAR 图像在增强处理方法采用上的区别与联系。

10. 写出用于 SAR 图像滤波的 Lee,Kuan,Gamma MAP 模型。

参 考 文 献

[1]　段连飞. 无人机信息处理技术[M]. 合肥:炮兵学院,2010.

[2]　韦玉春,汤国安,等. 遥感数字图像处理教程[M]. 北京:科学出版社,2007.

[3]　常庆瑞,蒋平安,等. 遥感技术导论[M]. 北京:科学出版社,2004.

[4]　吴俐民,左小清,等. 卫星遥感影像专题信息提取技术与应用[M]. 成都:西南交通大学出版社,2013.

[5]　戴昌达,等. 遥感图像应用处理[M]. 北京:清华大学出版社,2004.

[6]　朱述龙,张占睦. 遥感图象获取与分析[M]. 北京:科学出版社,2002.

[7]　夏良正,李久贤. 数字图像处理[M]. 南京:东南大学出版社,2006.

[8]　章晋. 图像工程[M]. 北京:清华大学出版社,2006.

[9]　汤国安,等. 遥感数字图像处理[M]. 北京:科学出版社,2005.

[10]　夏德深,傅德胜. 现代图像处理技术与应用[M]. 南京:东南大学出版社,1997.

[11]　贾永红. 数字图像处理[M]. 武汉:武汉大学出版社,2003.

[12]　张艳宁,李映. SAR 图像处理的关键技术[M]. 北京:电子工业出版社,2014.

第3章 无人机图像拼接

3.1 概　　述

3.1.1 无人机图像拼接作用意义

随着无人机成像传感器技术的迅猛发展,通过无人机获取的图像类型也日趋多样化,图像的分辨率越来越高,图像的数据量越来越大,如何更有效地使用图像并克服成像传感器本身存在的弊端就显得尤为重要,无人机图像拼接正是在这样的背景下产生并发展起来的,而且在无人机图像处理领域得到了广泛应用。

虽然当前图像传感器的分辨率可以做到很高,但是有一个不可回避的问题,就是无法同时实现高图像分辨率和大收容面积。在民用摄影中,为了获得大的收容面积,可以采用广角镜头的方法,但是广角镜头会带来图像的严重畸变,且分辨率有限,因此,这种方法不适于用无人机图像获取和应用之中,能够解决该问题的最好方法就是图像拼接。图像拼接就是将一组具有重叠度的图像经过计算机自动配准、几何校正、图像匀光等处理,拼接合成一幅无缝的、高清晰的大视场图像的过程。

无人机图像拼接的优点主要有以下几点。

1. 扩大了图像视场范围

通过图像拼接,可以获得有关地面场景的大幅面高分辨率图像,扩大了视场范围,可以保证无人机信息处理人员全面准确地掌握地面目标情况。特别是对于低空飞行的无人机而言,由于飞行高度的因素,获取的单幅图像往往范围很小,这极大地限制了图像的使用。

2. 提高了目标宏观分析和解译能力

与仅仅依靠单幅图像进行判读和分析相比,拼接后的图像的宏观性更强,可进一步提高图像解译的准确性。对于无人机视频图像而言,图像拼接可以将连续时间的图像序列合成在一起,达到实时性和宏观性的完美结合,从而可以极大地发挥无人机图像获取、处理和使用效能。

3. 提高了图像处理的实时性和自动化水平

由于无人机图像拼接是基于图像处理自动实现的,图像拼接可以做到近实时,这与使用一般的图像处理工具(如 Photoshop)手动拼接相比,处理速度优势明显。而且,图像拼接过程中充分考虑拼接图像间的几何校正和色调匀光自动化处理问题,从而极大减小了图像间的缝隙效果。

3.1.2　无人机图像拼接流程

从目前无人机图像使用角度来说,图像拼接的对象主要有两种:一种是数字航空相机拍摄的航空像片;另一种是视频序列图像(包括可见光视频图像和红外视频图像)。图像拼接的流程如图 3-1 所示。

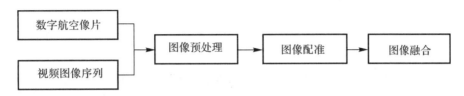

图 3-1　无人机图像拼接流程

（a）

（b）

图 3-2　数字航空像片及辅助数据
（a)数字航空像片；(b)辅助数据

1. 拼接图像及数据输入

对于数字航空像片而言,可直接输入具有重叠的待拼接多幅航空像片,在输入像片同时也需要输入像片获取相关辅助数据,如像片获取时的飞行姿态、飞机位置参数、飞行高度等,这些数据可以参加到拼接计算过程之中,图3-2(a)为具有重叠度的两幅数字航空像片,图3-2(b)记录本文件中记载的是相关辅助数据;对于可见光视频图像和红外视频图像,需要使用数字化设备对其进行数字化处理,生成视频图像序列,在可能条件下,生成序列对应的辅助数据(同数字航空像片)。需要说明的是,输入的多幅待拼接图像需要具有一定的重叠度,以便于后期的配准与图像合成使用。

2.图像预处理

图像预处理主要是为了提高后期图像配准和图像合成质量而做的预备工作,主要包括以下4项内容。

(1)图像平滑。图像噪声往往会影响后期图像拼接处理的质量,因此在正式拼接解算之前,需要对待拼接的多幅图像分别进行图像平滑,以提高图像质量。图像平滑方法详见第2章中所述。

(2)图像灰度调整。由于无人机在获取图像时光学系统、天气、光照等内在和外在因素的影响,曝光过度、曝光不足、图像灰度分布不均等现象是不可避免的,因此需要对各自图像进行灰度调整,减小因图像质量不佳而进行图像拼接所造成的误匹配。图像灰度调整方法详见第2章中所述。

(3)几何粗纠正。在图像配准常用的方法中,对图像之间的几何变形往往比较敏感,大的几何变形会造成严重的误匹配。为了提高图像配准的精度,在图像预处理环节可依据图像辅助数据对图像进行简单的旋转和缩放运算。几何纠正方法同本章拼接图像合成中的纠正。

(4)图像间相互关系粗略定位。与普通的数码相机等设备获取的图像拼接不同,无人机图像拼接在预处理环节可以粗略确定图像间的相关位置关系,找到图像间大致重合的区域。这主要是因为无人机在获取图像时有相应的辅助数据,充分利用这些辅助数据,可大大提高无人机图像处理的速度和质量,对于图像拼接,粗略定位可缩小图像配准计算的范围,从而可以有效地提高图像拼接处理的速度。

3.图像配准

无人机成像传感器在不同位置获取地面景物,图像之间往往具有一定的重叠度,通过图像配准,建立相邻图像之间的几何关系,满足图像几何纠正和拼接处理需要。

4.图像融合

通过图像配准建立了待拼接图像之间的几何关系,通过相互几何关系可解算变换模型参数,并在确定场景的基础上,进行匀光和合成处理。

3.1.3 无人机图像拼接特点

与普通地面拍摄的几幅图像拼接不同,无人机在空中执行任务飞行,将获取大量的图像数据,并受无人机飞行速度、高度、图像传感器的物理参数等因素影响,无人机图像拼接有其不同的特点,主要体现在以下4个方面。

1.图像数据量大

无人机可装载可见光、红外、微波等多种成像设备,获取的图像种类多,且由于其在空中飞行中的连续成像,使得获得的图像数据量较大。大数据量图像拼接是无人机图像拼接的显著特点,需要针对该特点研究旨在提高处理速度的相关算法,进而提高无人机图像处理效率。

2.图像排列的无序性

由于无人机视频图像获取设备往往是装载在转台之中,转台在其自由度范围内旋转,再加上成像设备视场的变换,就造成了无人机视频图像序列排列的无序性。这种无序性会加大图像拼接的处理难度,其一是使拼接图像难以完整覆盖某一区域,甚至会形成拼接图像漏洞;其二是无序性给图像配准造成困扰,影响图像配准的精度。

3.拼接算法的针对性

由于无人机图像拼接处理的图像对象的种类多样性、场景多样性等因素,造成了图像拼接技术中处理对象的复杂性和不确定性,因此,需要使用不同的处理方法来处理不同类型的图像。没有一种通用的方法可以解决不同类型无人机图像拼接技术的所有问题,换句话说,无人机图像拼接算法都具有很强的针对性。

4.误差传播的分散性

由于无人机图像拼接处理的对象是大量的图像,拼接中往往选择一幅图像为基准坐标系或固定的坐标系,多图像与其配准、几何纠正并拼接,由于多图像内在的几何和辐射条件的不同,造成了图像拼接误差的分散性。大量图像的拼接意味着分散误差的大量积累,这往往会降低整体图像拼接的精度,在某种极端的情况下还会造成图像拼接的失败,因此,误差是无人机图像拼接需要高度重视的问题。

3.2　图 像 配 准

3.2.1　图像配准定义

纵观无人机图像处理与应用相关技术,虽然图像配准没有单独作为一个主题,但是图像配准却是无人机图像处理中非常关键的技术之一。无人机多源图像融合、图像拼接、图像目标定位等主题研究均离不开图像配准,所以本节所阐述的内容不单单适用于无人机图像拼接,其它信息处理中均涂及图像配准问题,在后面章节中涉及图像配准时就不再重复阐述。当然,就图像拼接而言,图像配准是整个拼接流程中的一个非常关键的环节,也是拼接解算需要解决的核心问题之一。

图像传感器在获取图像过程中,由于拍摄时间、角度和环境的不同,使得多幅图像的重叠区在各自图像中的表现有所差异,需要通过某种方法确定重叠区域中哪些像素是对应的,即图像配准。图像配准对象的多幅图像既可以是相同传感器不同时间或不同视角拍摄获取的,也可以是不同传感器、不同时间或不同视角拍摄获取的。

图像配准是将同一场景拍摄的不同图像进行对齐的技术,即找到图像之间的点对点映射关系,或者对某种感兴趣的特征建立关联,也可看作是在多幅图像之间识别同名点。

以同一场景拍摄而成的两幅图像为例。假如实际的三维世界点 P 在两幅图像中分别对应着 p_1 和 p_2 两个一维图像点。图像配准要做的就是找到 p_1 和 p_2 的映射关系,或者 p_1, p_2 跟 P 的关系。p_1 和 p_2 被称为对应点、匹配点或控制点。

从无人机图像应用的角度可将图像配准问题概括为以下 4 类情况。

(1)同一传感器、同一场景从不同角度拍摄形成的不同图像的配准问题。这一类图像配准主要应用在视频图像实时拼接、航空像片拼接、航空像片数字定位解算等方面。

（2）同一传感器、不同时间拍摄的不同图像的配准问题。这一类图像配准主要应用在变化检测方面，由于是同一传感器，地物目标成像特性相同，不同时间的图像经过配准处理后，很容易探测到地物目标的变换特性。

（3）不同传感器所拍摄图像的多源图像配准问题。这一类图像配准主要应用在无人机多源图像融合方面。

（4）关于多源图像融合内容见本书第 4 章中所述。

一个典型的图像配准系统包括以下 4 个部分。

（1）特征检测。这里的特征指的是广义的特征，包括灰度特征（如像素的灰度值）、视觉特征（如曲率不连续点、符号化语言等）、几何特征（如图像的边缘、线条、区域等）、统计特征（如直方图、不变矩、符号语言等）。

（2）特征匹配。使用特征描述算子（即特征向量）和相似性策略对特征进行匹配。特征匹配涉及匹配搜索空间、搜索策略以及相似性测度评价问题。搜索空间是指在多幅待配准图像中提取特征点之间建立对应关系的所有变换的集合，图像间的几何变换决定了搜索空间的组成，如两幅图像之间只存在平移变换，则搜索空间是二维的。搜索策略主要是为了解决图像配准的处理速度问题，性能良好的搜索策略可在保持良好的配准精度的同时有效地减少图像配准的计算量，常用的有穷举法、多尺度搜索、层次性搜索、启发式搜索、松弛算法、动态规划等。相似性测度是衡量搜索空间里得到的不同点的对齐匹配程度，常用的有相关系数、互信息量、欧式距离等。

（3）变换模型参数估算。变换模型又称映射模型，即将输入图像向参考图像映射的坐标变换函数。

（4）图像重采样与变换。这一步就是由输入图像经变换模型向参考图像进行对齐的过程。变换后图像的坐标将不再是整数，这就涉及重采样与插值处理。

3.2.2　图像配准方法概述

虽然图像配准方法都是面向一定范围的应用领域，没有一种通用的方法可以解决所有问题，但是依据图像配准中利用的图像信息的不同和从目前无人机图像配准的应用情况来看，常用的方法主要分为基于灰度信息方法、基于特征方法和基于变换域方法 3 大类。

1. 基于灰度信息的图像配准方法

基于灰度信息的图像配准方法直接利用图像的灰度信息，根据对应关系模型将每个像素点变换成对应点，采用一定的搜索方法，寻找使相似性评价函数值达到极值的变换模型参数值，根据所确定的参数值计算图像变换矩阵，从而实现图像拼接。

2. 基于特征的图像配准方法

基于特征的图像配准方法首先要对待配准图像进行预处理，即进行特征提取，再完成两幅图像特征之间的匹配，再次通过特征的匹配关系建立图像之间的配准映射关系。

基于特征的图像配准方法将需要对整幅图像进行的分析转变成对图像特征的分析，大幅度降低了图像处理的运算量；此外，由于在选取图像特征时，要求图像特征对图像空间变换、尺度变换不敏感，使得该类方法对图像变形、遮挡和灰度变化等问题有较好的鲁棒性。由于图像中有很多种可以使用的特征，因而产生了多种基于特征的方法。常用的特征包括边缘、区域、线的端点、线交叉点、区域中心及曲率不连续点等。

(1)区域特征。若能较好地进行区域分割,则可以使用区域统计特征作为特征匹配的基元。它的优点是选取灰度值作为匹配基元不需要额外地计算抽取图像的特征,可以避免由于特征提取过程所导入的参数估计误差。它所利用的信息是最大的,区分不同对象的能力强、精度高,特别是在十分复杂的图像环境和要求高精度的应用领域能够有效地工作。但是基于区域特征的图像拼接也存在缺点,例如受光强影响大,对灰度变化比较敏感,而且对于匹配中的旋转、尺度变换以及遮掩等极为敏感。

(2)边缘特征。在基于图像特征的匹配方法中,边缘是最常用的图像特征之一。边缘无疑是图像中最显著和直观的特征,它存在于图像的目标区域和背景之间,对应着图像更抽象的信息和匹配时比区域匹配更少的计算量。采用边缘线段作为特征匹配基元的优点是孤立边缘点的位置偏差对边沿线段的影响很小,另外还显式地加入边缘连接性约束。

(3)点特征。点特征配准中常用到的图像特征之一是图像中的角点。图像中的角点在计算机视觉、模式识别以及图像配准领域都有非常广泛的应用。

直观地讲,角点就是图像上所显示的物体边缘拐角所在的位置点。人们可以很直接地根据经验判断出一个像素点是否是角点。但是,在计算机视觉和图像处理的领域内,至今关于角点还没有很好的数学定义,存在多种数学描述方法。因为角点本身的含义就比较模糊,所以在有关的文献中涌现出很多角点检测方法。不同的角点检测方法对于"什么是角点"有自己的定义,由此引出各种检测角点的数学方法。目前关于角点的具体定义和描述主要有以下几种:

1)角点是一阶导数(即灰度的梯度)的局部最大所对应的像素点。

2)角点是指两条以上边缘的交点。

3)角点指示了物体边缘变化小连续的方向。

4)角点处的一阶导数最大,而且二阶导数为零。

5)角点处不仅梯度的数值大,而且梯度方向的变化速率也很大。也就是说,角点指示了图像在二维空间内灰度变化剧烈的位置,是和周围的邻点有着明显差异的像素点。

3.基于变换域方法

基于变换域的图像配准的一个经典方法是相位相关法,即利用傅里叶变换的方法,将图像由空间域变换到频率域,根据傅里叶变换平移特性来实现图像的配准。

傅里叶变换具有平移不变性特点,这个性质就是如果图像存在平移对傅里叶变换的幅值没有影响,即无论图像沿横轴方向还是纵轴方向平移,或者同时在两个方向上存在平移,经过平移后的图像对应的傅里叶幅值谱没有变化,即与原始图像的傅里叶幅值谱完全相同。

设 $f(x,y)$ 为模板图像(从待配准图像中取得的一块局部图像),$g(x,y)$ 为基准图像,x_0,y_0 为模板图像相对基准图像的平移量,即有

$$f(x,y)=g(x-x_0,y-y_0) \tag{3-1}$$

F 和 G 分别是 $f(x,y)$ 和 $g(x,y)$ 的傅里叶变换,根据傅里叶变换的平移性有

$$F=Ge^{\frac{-j2\pi(ux_0+vy_0)}{N}} \tag{3-2}$$

式中,u,v 为频率域坐标,N 为图像宽度。

从式(3-2)可以看出,两幅图像相差一个平移量 (x_0,y_0),在频率域只发生相移,而傅里叶变换的幅值不变。

基于变换域方法具有方法简单,抵抗对独立或者与频域无关的噪声的鲁棒性好,计算效率高,有成熟的快速算法(FFT 算法)和易硬件实现等优点,但配准精度不高,一般来说,可以采

用基于变换域方法为图像拼接提供一个良好的初始配准参数。

3.2.3 基于灰度信息的图像配准方法

在基于灰度信息的图像配准方法中,最常用的是模板匹配方法。模板匹配方法与所拼接的图像内容无关。虽然模板匹配有计算量大、准确率不太高等缺点,但在目前的图像拼接领域仍然广泛使用。

设待配准的两幅图像分别称为基准图像和待配准图像,那么模板匹配就是在待配准图像的已知重叠区域中裁剪出一块矩形区域作为模板,而后在基准图像中同样大小的一块区域进行对比,根据相似程度来确定最佳的匹配位置。从定义中可以看出,模板匹配关键的两个问题是搜索策略和相似性测度。

1. 搜索策略

(1) 逐行逐列搜索。逐行逐列搜索也称穷举法,即在基准图像中可预测的重叠区内逐个像素搜索,寻找最佳匹配点。设以模板中心为基准选取 $m \times n$(可取 $m = n$)个像素的灰度阵列,为了在基准图像搜索匹配点,必须估计出该匹配点可能存在的范围,建立一个 $k \times l$($k > m$,$l > n$)个像素的灰度阵列作为搜索区,模板匹配的过程就是依次在搜索区中取出 $m \times n$ 个像素灰度阵列(搜索窗口通常取 $m = n$),计算其与模板的相似性测度 ρ_{ij}($i = i_0 - \dfrac{l}{2} + \dfrac{n}{2}, \cdots, i_0 + \dfrac{l}{2} - \dfrac{n}{2}$,$j = j_0 - \dfrac{k}{2} + \dfrac{m}{2}, \cdots, j_0 + \dfrac{k}{2} - \dfrac{m}{2}$),$(i_0, j_0)$ 为搜索区中心像素(见图 3-3)。当 ρ 取得最大值时,该搜索窗口的中心像素被认为是匹配点。

$$\rho_{(c,r)} = \max \left\{ \rho_{ij} \left| \begin{array}{l} i = i_0 - \dfrac{l}{2} + \dfrac{n}{2}, \cdots, i_0 + \dfrac{l}{2} - \dfrac{n}{2} \\ j = j_0 - \dfrac{k}{2} + \dfrac{m}{2}, \cdots, j_0 + \dfrac{k}{2} - \dfrac{m}{2} \end{array} \right. \right\} \qquad (3-3)$$

则 (c,r) 为匹配点(有的相似性测度可能是取最小值)。

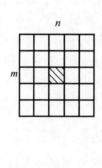
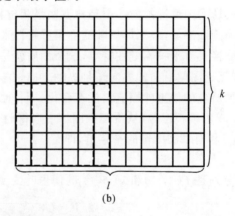

图 3-3 图像模板与搜索区

(a)图像模板;(b)搜索区

(2) 变灰度级相关。变灰度级相关是将整个匹配的像素整数运算转换为二进制计算,进而提高匹配搜索速度。假设基准图像为 $t(j,k)$,总灰度级为 $L = 2^P$,即每个像素的灰度级由 P 位二进制数表示。该算法的步骤为:

1)产生 P 个二值图形式的参考图像序列 $t_i(i=1,2,\ldots,P)$，将 $t(j,k)$ 中每个像素的灰度值表示为 P 位的二进制数，由各像素中最高位的二进制数码 $(0,1)$ 构成二值图 $t_1(j,k)$，以此类推直到最低位构成 $t_p(j,k)$。

2)进行逐级相关运算。先用 $t_1(j,k)$ 同输入图像作相关运算，即

$$\Phi_1(x,y)=\sum_{j=1}^{J}\sum_{k=1}^{K}t_1(j,k)g(j+x,k+y)=\sum_j\sum_k g(j+x,k+y) \tag{3-4}$$

式中，$\Phi_1(x,y)$ 为基本相关面，它反映了最粗糙的参考图同输入实时图像的相似度量，设定阈值为 T_1，若 $\Phi_1(x,y)<T_1$，则舍弃该窗位置 (x,y)。

在 $\Phi_1(x,y)>T_1$ 的诸位置上，用 $t_2(j,k)$ 同输入实时图像作进一步的相关运算，即

$$\Phi_2(x,y)=\Phi_1(x,y)+(1/2)\sum_j\sum_k g(j+x,k+y) \tag{3-5}$$

设定阈值 T_2，若 $\Phi_2(x,y)<T_2$，则舍弃 (x,y)。

由此逐级计算，直至 $\Phi_P(x,y)$，即

$$\Phi_P(x,y)=\Phi_{P-1}(x,y)+(1/2^{P-1})\sum_j\sum_k g(j+x,k+y) \tag{3-6}$$

$\Phi_P(x,y)$ 的最大值对应的 (x^*,y^*) 即为匹配位置。

各门限值有如下关系：

$$T_{P-1}>T_{P-2}>\cdots>T_2>T_1 \tag{3-7}$$

逐级相关运算减少了总的运算量，从而提高了匹配速度。

(3)序贯相似性检测法(SSDA)。这种方法是一种有效的快速算法，运算速度可以达到数量级的提高。

其基本原理如下：

在 $t_1(x,y)$ 与 $t_2(x,y)$ 进行匹配的窗口内，按像素逐个累加误差：

$$\varepsilon(x,y)=\sum_j\sum_k|t_1(j,k)-t_2(j+x,k+y)| \tag{3-8}$$

如果在窗口内全部点被检验完之前该误差很快就达到预定的门限值，便认为该窗位置不是匹配点，无须检验窗口内的剩余点，而转向计算下一窗口位置，从而节省大量的在非匹配位置处的无用运算量；如果在窗口内误差累积值上升很慢，便记录累加的总点数，当检验完毕时，取最大累加点的窗口位置为匹配点。

序贯相似性检测算法的要点：

1)定义绝对误差值：

$$\varepsilon(i,j,m_k,n_k)=|S^{ij}(m_k,n_k)-\hat{S}(i,j)-T(m_k,n_k)+\hat{T}| \tag{3-9}$$

2)取一不变阈值 T_k。

3)在实时图像中随机选取像点，计算它同基准图像中对应点的误差值，然后将该差值同其他点对的差值累加起来，当累加 r 次误差超过阈值时，则停止累加，并记下次数 r。

定义 SSDA 的检测曲面为

$$I(i,j)=\begin{cases}r\mid\max[\sum_{k=1}^{r}\varepsilon(i,j,m_k,n_k)\geqslant T_k]\\ 1\leqslant r\leqslant m^2\end{cases} \tag{3-10}$$

4)把 $I(i,j)$ 值大的 (i,j) 点作为匹配点。

(4)变分辨率相关算法。在变灰度级相关算法中,相关运算是按灰度级的分层由粗到细进行的。以此类推,所谓变分辨率相关算法就是将相关运算从粗的空间分辨率到细的空间分辨率逐步进行的。

具体做法如下:

1)产生变分辨率的图像塔形结构。塔形结构可以采用 2×2 区域进行平均,也可以采用 3×3 区域进行平均,逐步对得到图像进行处理,从而得到一个塔形图像序列,对基准图和实时图均作上述处理。

2)逐层进行相关运算。从塔形结构的最高层开始,将基准图像和实时输入图像进行相关运算,因为此时图像的像素很少,运算量很小。在此层作粗分辨率相关时,可排除掉明显的不匹配位置,得到一定数量的候选匹配点,逐层进行相关运算,最终找到最佳匹配点位置。

变分辨率相关算法是通过减少每个窗口的相关运算量来提高匹配速度的。

2. 相似性测度

(1)差绝对值和测度。差绝对值和的计算公式为

$$S(c,r) = \sum_{i=0}^{m-1} \sum_{j=0}^{n-1} | f(i,j) - g(i+c,j+r) | \tag{3-11}$$

式中,$f(i,j)$ 为模板图像(从待配准图像中取得的一块局部图像);$g(i,j)$ 为基准图像,c,r 为偏移量。

若 $S(c_0,r_0) < S(c,r)(c \neq c_0, r \neq r_0)$,则 c_0,r_0 为待配准图像中心点相对于基准图像位移的行、列数参数。即差绝对值和测度是以最小值作为匹配最优位置的。该测度在图像灰度值变化不大时,能够取得良好的匹配效果,且定位精度高、计算量小;当图像灰度值变化较大时,匹配效果并不理想。

(2)相关系数测度。相关系数是标准化的协方差函数,协方差函数除以两信号的方差即得相关系数。相关系数计算公式为

$$\rho(c,r) = \frac{\sum_{i=0}^{m-1} \sum_{j=0}^{n-1} (f(i,j) - \bar{f})(g(i+c,j+r) - \bar{g})}{\sqrt{\sum_{i=0}^{m-1} \sum_{j=0}^{n-1} (f(i,j) - \bar{f})^2 \sum_{i=0}^{m-1} \sum_{j=0}^{n-1} (g(i+c,j+r) - \bar{g})^2}} \tag{3-12}$$

式中,$\bar{f} = \frac{1}{mn} \sum_{i=0}^{m-1} \sum_{j=0}^{n-1} f(i,j)$;$\bar{g} = \frac{1}{mn} \sum_{i=0}^{m-1} \sum_{j=0}^{n-1} g(i+c,j+r)$;$f(i,j)$ 为模板图像;$g(i,j)$ 为基准图像;c,r 为偏移量;m,n 为模板图像的行列数。

若 $\rho(c_0,r_0) < \rho(c,r)(c \neq c_0, r \neq r_0)$,则 c_0,r_0 为待配准图像中心点相对于基准图像位移的行、列数参数。即相关系数测度是以最小值作为匹配最优位置的。

由于相关系数是标准化协方差函数,因而当模板图像的灰度与基准图像的灰度之间存在线性畸变时,仍然能较好地评价它们之间的相似性程度。

(3)互信息测度。互信息测度是把图像数据当作一个二维数组,通过计算模板图像与基准图像这两组数据的统计相关特性,作为相似性测度,进行图像配准相似性计算。将需要匹配的两幅图像的灰度值近似为随机变量 A 和 B,两幅图像之间的互信息定位为

$$h_i(A,B) = H(A) + H(B) - H(A,B) \tag{3-13}$$

式中,$H(A) = -E(\lg(p(A)))$ 为模板图像的熵,$p(A)$ 为图像 A 的统计直方图;$H(B) =$

$-E(\lg(p(B)))$ 为基准图像的熵，$p(B)$ 为图像 B 的统计直方图；$H(A,B)$ 为图像 A 和 B 联合直方图 $p(A,B)$ 对应的熵。

取互信息值最大的位置作为匹配最优位置。

3. 基于灰度信息的配准方法特点

模板匹配法简单易行，具有精度高、可靠性高以及抗干扰性强等优点，但计算量将随着模板和待匹配图像的增大而迅速增大，难以达到实时性的要求。

优点：基于图像灰度的方法直接利用图像的灰度信息进行配准，通过像素对间的某种相似性度量（如互信息、相关系数等）的全局最优化实现配准，这种方法不需要对图像进行分割和特征提取，所以算法简单、可靠性高、精度高、鲁棒性好。

缺点：对灰度变化非常敏感，没有充分利用灰度统计特性，对每一点的灰度信息依赖较大；受图像几何变形因素影响也比较大；计算量大。

考虑到无人机同一传感器获取图像的连续性，且图像间的配准计算范围可依据辅助数据进行较为精确的估计，因此，在无人机同一传感器图像拼接、目标定位解算过程中常常使用基于灰度信息的图像配准方法。

3.2.4 基于特征点图像配准

在所有基于特征的图像配准方法中，基于特征点的图像配准是可行性最高的一种方法，所以在无人机图像拼接中，常常采用基于特征点图像配准方法。特征点就是能够代表边界曲线特征的一些点（如拐点、角点），并且从人的视觉角度考虑，这些特征点能够表达曲线上足够的信息来描述物体轮廓的特征。目前边缘点、角点、交叉点等均可作为特征点进行图像配准。

下面首先介绍几种典型的点检测算法。

1. Moravec 算子

该算子是 Moravec 提出的利用灰度方差提取点特征的算子。其步骤为：

(1)计算各像元的兴趣值。以像素 (c,r) 为中心的 $w \times w$ 的图像窗口中，计算如图 3-4 所示的四个方向的相邻像素灰度差的平方和，即

$$\left.\begin{array}{l} V_1 = \displaystyle\sum_{i=-k}^{k-1} (g_{c+i,r} - g_{c+i+1,r})^2 \\[2ex] V_2 = \displaystyle\sum_{i=-k}^{k-1} (g_{c+i,r+i} - g_{c+i+1,r+i+1})^2 \\[2ex] V_3 = \displaystyle\sum_{i=-k}^{k-1} (g_{c,r+i} - g_{c,r+i+1})^2 \\[2ex] V_4 = \displaystyle\sum_{i=-k}^{k-1} (g_{c+i,r-i} - g_{c+i+1,r-i-1})^2 \end{array}\right\} \tag{3-14}$$

式中，$k = \text{INT}(w/2)$。取其中最小者作为该像素 (c,r) 的兴趣值，可得

$$IV_{c,r} = \min\{V_1, V_2, V_3, V_4\} \tag{3-15}$$

(2)给定一经验值，将兴趣值大于该阈值的点作为候选点。阈值的选择应以候选点中包含所需要的特征点而又不含过多的非特征点为原则。

(3)选取候选点中的极值点作为特征点。在一定的窗口内，将候选点中兴趣值不是最大者

均去掉,仅留下一个兴趣值最大者,该像素即为一个特征点。

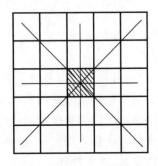

图 3 - 4　Moravec 算子

综上所述,Moravec 算子是在四个主要方向上,选择具有最大-最小灰度方差的点作为特征点,Moravec 算子研究图像中的一个局部窗口在不同方向进行少量的偏移后,窗口内的图像亮度值的平均变化。在计算中还需要考虑如下三种情况。

1)假如窗口内的图像块的亮度值是恒定的,那么所有不同方向的偏移仅导致一个小的变化。

2)假如窗口跨越一条边,那么沿着边的偏移将导致一个小的变化,但是与边垂直的偏移将导致一个大的变化。

3)假如窗口块包含特征点或者是一个孤立的点,那么所有不同方向的偏移将导致一个大的变化。

Movarec 算子具有思想简单、计算快速等优点,但是它对噪声也很敏感,容易把孤立的点检测出来,因此在具体处理问题时可考虑与平滑滤波结合使用。图 3 - 5 所示为采用 Moravec 算子对一幅无人机图像进行点特征提取的结果图。

图 3 - 5　Movarec 算子点特征提取

2. Förstner 算子

该算子实质是一个加权算子,它是通过计算各像素的 Robert 梯度和像素 (c,r) 为中心的一个窗口的灰度协方差矩阵,在图像中寻找具有尽可能小而接近圆的误差椭圆的点作为特征点。其步骤:

(1)计算各像素的 Robert 梯度(见图 3-6)。

$$\left.\begin{array}{l} g_u = \dfrac{\partial g}{\partial u} = g_{i+1,j+1} - g_{i,j} \\[3mm] g_v = \dfrac{\partial g}{\partial v} = g_{i,j+1} - g_{i+1,j} \end{array}\right\} \tag{3-16}$$

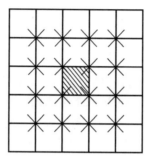

图 3-6　Förstner 算子

(2)计算 $l \times l$ 窗口中灰度的协方差矩阵。

$$\boldsymbol{Q} = \boldsymbol{N}^{-1} = \begin{bmatrix} \sum g_u^2 & \sum g_u g_v \\[2mm] \sum g_u g_v & \sum g_v^2 \end{bmatrix}^{-1} \tag{3-17}$$

式中

$$\sum g_u^2 = \sum_{j=c-k}^{c+k-1} \sum_{j=r-k}^{r+k-1} (g_{i+1,j+1} - g_{i,j})^2$$

$$\sum g_v^2 = \sum_{j=c-k}^{c+k-1} \sum_{j=r-k}^{r+k-1} (g_{i,j+1} - g_{i+1,j})^2$$

$$\sum g_u g_v = \sum_{j=c-k}^{c+k-1} \sum_{j=r-k}^{r+k-1} (g_{i+1,j+1} - g_{i,j})(g_{i,j+1} - g_{i+1,j})$$

(3)计算兴趣值 q 与 w。

$$q = \frac{4 \text{Det} \boldsymbol{N}}{(\text{tr} \boldsymbol{N})^2} \tag{3-18}$$

$$w = \frac{1}{\text{tr} \boldsymbol{Q}} = \frac{\text{Det} \boldsymbol{N}}{\text{tr} \boldsymbol{N}} \tag{3-19}$$

式中,$\text{Det} \boldsymbol{N}$ 代表矩阵 $\boldsymbol{N}$ 的行列式;$\text{tr} \boldsymbol{N}$ 代表矩阵 $\boldsymbol{N}$ 的迹。

可以证明,q 即像素 (c,r) 对应误差椭圆的圆度:

$$q = 1 - \frac{(a^2 - b^2)^2}{(a^2 + b^2)^2} \tag{3-20}$$

式中,a 与 b 为椭圆长短半轴。如果 a,b 中任一个为零,则 $q=0$,表明该点可能位于边缘上;如果 $a=b$,则 $q=1$,表明为一圆。w 为该像元的权。

(4)确定待选点。如果兴趣值大于给定的阈值,则该像元为待选点。阈值为经验值,可参

考下列值

$$
\left.\begin{array}{l}
T_q = 0.5 \sim 0.75 \\
T_w = \begin{cases} f\bar{w} & (f = 0.5 \sim 1.5) \\ c\bar{w}_c & (c = 5) \end{cases}
\end{array}\right\} \tag{3-21}
$$

式中,$\bar{w}$ 为权平均值;w_c 为权的中值。

当 $q > T_q$ 同时 $w > T_w$ 时,该像元为待选点。

(5)选取极值点。以权值为依据,选择极值点,即在一个适当窗口中选择 w 最大的待选点而去掉其余的点。

相比于 Moravec 算子,Förstner 算子具有精度高、能给出特征点类型等优点,但计算复杂。

3. Harris 算子

Harris 算子是 C. Harris 和 M. J. Stephens 于 1988 年提出的一种基于图像灰度梯度的点特征提取算子,它使用图像的局部自相关函数来检测图像局部区域在某一方向上作微小平移时的局部强度变化,这种局部变化可以理解为图像灰度的变化。

Harris 算法的核心思想是:在图像中设计一个局部检测窗口,当该窗口沿各个方向作微小移动时,考察窗口的平均灰度变化,当该灰度变化值超过设定的阈值时,就将窗口的中心像素点提取为角点。

设所有方向上的灰度变化值总和(也即局部互相关函数)E_{xy},其反映的是所有方向上小的偏移,值为

$$
E_{xy} = \sum_{u,v} W_{u,v} \left[I(x+u, y+v) - I(x, y) \right]^2 \tag{3-22}
$$

式中,$I(x,y)$ 表示原始图像图像灰度值;$I(x+u, y+v)$ 表示窗口平移后的灰度值;$W_{u,v}$ 表示在 (u,v) 处的系数。

对局部互相关函数 E_{xy} 进行一阶泰勒开展得

$$
\begin{aligned}
E_{xy} &= \sum_{u,v} W_{u,v} \left[xI_x + yI_y + o(x^2, y^2) \right]^2 = \\
&\quad (x, y) \boldsymbol{M}(x, y)^{\mathrm{T}}
\end{aligned} \tag{3-23}
$$

式中,I_x 和 I_y 表示一阶灰度梯度;$\boldsymbol{M}(x,y)$ 表示图像的自相关函数矩阵。

$$
\left.\begin{array}{l}
I_x = \dfrac{\partial I}{\partial x} = I \otimes (-1, 0, 1) \\[2mm]
I_y = \dfrac{\partial I}{\partial y} = I \otimes (-1, 0, 1)
\end{array}\right\} \tag{3-24}
$$

同时,为了降低噪声的影响,采用高斯滤波器对图像窗口进行滤波,其中高斯函数的圆形窗口函数为

$$
W_{u,v} = \mathrm{e}^{-\frac{u^2 + v^2}{2\sigma^2}} \tag{3-25}
$$

通过计算自相关函数的一阶曲率,即矩阵 $\boldsymbol{M}(x,y)$ 的特征值来判定角点,$\boldsymbol{M}(x,y)$ 定义为

$$
\boldsymbol{M}(x, y) = \begin{bmatrix} A & C \\ C & B \end{bmatrix} \tag{3-26}
$$

式中

$$
\left.
\begin{array}{l}
A = I_x^2 \otimes W(u,v) \\
B = I_y^2 \otimes W(u,v) \\
C = I_x I_y \otimes W(u,v)
\end{array}
\right\}
\tag{3-27}
$$

设 α,β 为矩阵 $\boldsymbol{M}(x,y)$ 的两个特征值,则 α,β 与局部自相关函数的主曲率成比例,都可以用来描述 $\boldsymbol{M}(x,y)$ 的旋转不变性。依据两个特征值的数值,可分为 3 种情况。

1)若二个特征值都是小的,以致于局部自相关函数是平的,那么图像中的窗口区域为近似不变的灰度,即窗口所处区域为平坦区域。

2)若一个特征值比较大,而另一个比较小,以致于局部自相关函数呈现山脊的形状,那么意味着该点位图像上的边缘点。

3)若两个特征值都比较大,以致于局部自相关函数是突变的山峰形状,那么在任何方向的偏移都将增加 E 的值,意味着该点为图像上的角点。

通过以上分析可知,可以由 α,β 的值判断是否是特征点。为了不对 $\boldsymbol{M}(x,y)$ 进行分解求特征值,可以采用 $\mathrm{tr}(\boldsymbol{M})$ 和 $\mathrm{Det}(\boldsymbol{M})$ 来代替 α,β,即有

$$
\left.
\begin{array}{l}
\mathrm{tr}(\boldsymbol{M}) = \alpha + \beta = A + B \\
\mathrm{Det}(\boldsymbol{M}) = \alpha\beta = AB - C^2
\end{array}
\right\}
\tag{3-28}
$$

进而,就可使用如下特征点响应函数:

$$
R = \mathrm{Det}(\boldsymbol{M}) - k\,\mathrm{tr}\,(\boldsymbol{M})^2
\tag{3-29}
$$

式中,$k = \dfrac{t}{(1+t)^2}$ 且 $\dfrac{1}{t} < \dfrac{\alpha}{\beta} < t$,$k$ 是随高斯函数和微分模板变化的变常量,k 值越大,R 值越小,则检测到的特征点越少;相反,k 值越小,R 值越大,则检测到的特征点越多,通常推荐取值为 $0.04 \sim 0.06$。

式(3-29)中角响应准则 R 在角的区域是个正值,在边的区域是负值,在不变化的区域是个很小的值。在实践中,往往太多的特征点被提取。因此有必要在尝试匹配这些特征点之前限制一下特征点的数量。可行的方法就是选择那些对应特征点响应函数值在某个特定的阈值上的特征点。取定阈值 R_{thr} 当 $R(x,y) \geqslant R_{\mathrm{thr}}$ 时,该点即为特征点。

由于对于某些场景,大多数特征点都分布在相同的区域,因此可以采取一定的措施来保证检测到的特征点在图像中均匀分布。

综上所述,Harris 特征点检测算法归纳如下。

步骤 1:对操作图像中的每个点,计算其在 x 和 y 方向的一阶导数各自的平方以及二者的

乘积。具体操作时,采取类似卷积的方式,分别使用模板 $\begin{bmatrix} -1 & 0 & 1 \\ -1 & 0 & 1 \\ -1 & 0 & 1 \end{bmatrix}$($x$ 方向)和模板

$\begin{bmatrix} -1 & -1 & -1 \\ 0 & 0 & 0 \\ 1 & 1 & 1 \end{bmatrix}$($y$ 方向)在图像上移动,并在每个位置计算对应中心像素的梯度值,得到 x

方向和 y 方向的两幅梯度图像。计算每个像素位置对应的 x 方向和 y 方向梯度的乘积,得到一幅新的图像。三幅图像中的每个像素对应的属性值分别代表 I_x^2,I_y^2 和 $I_x I_y$。

步骤 2:对步骤 1 所得到的三幅图像分别进行高斯滤波(标准差为 σ)。即采用高斯模板分别与这三幅图像进行卷积。

步骤 3：计算原图像上对应每个像素的特征点响应函数值，即

$$R = \mathrm{Det}(\boldsymbol{M}) - k\mathrm{tr}(\boldsymbol{M})^2 = (AB - C^2) - k(A + B)^2 =$$
$$\{I_x^2 I_y^2 - (I_x I_y)^2\} - k\{I_x^2 + I_y^2\}^2 \qquad (3-30)$$

步骤 4：设置 R 的阈值，对提取的特征点个数进行限制。局部极值点的数目往往很多，通过设置 R 的阈值，根据实际需要提取一定数量的最优点作为最后的结果。

Harris 算子是一种有效的特征点提取算子，其优点总结起来有以下几点。

（1）计算简单，算法中只用到灰度的一阶差分以及滤波。

（2）提取的特征点均匀而且合理，对图像中的每个点都计算其特征点响应函数值，然后在邻域中选择最优点。

（3）在纹理信息丰富的区域，该算法可以提取出大量有用的特征点。

（4）检测得到的特征点对于视点的变化，照明的不同，旋转和尺度变化都有较好的鲁棒性。

图 3-7(a)图像显示了 Harris 算子在没有噪声影响的情况下能够很好地检测出图像中的特征点；图 3-7(b)图像是在图像中加入噪声后，再利用 Harris 算子进行角点检测的结果，从结果来看，由于 Harris 算子对图像进行了高斯滤波，所以就是在有噪声影响的情况下，仍然能够很好地检测出特征点。

（a）　　　　　　　　　　　　（b）

图 3-7　Harris 算子点特征提取

4. 相似性测度

关于特征匹配的相似性测度，除了可以采用 3.2.3 节中的诸如相关系数等相似性测度以外，还可以采用距离作为相似性测度，常用的距离有欧氏距离、马哈拉诺比斯距离，本节仅以欧氏距离来阐述距离作为相似性测度的方法。

距离度量是一种最简单、应用最广泛的相似性测度。计算两个物体间的距离有很多方法，其中，欧氏距离是最常见的一种，表示式为

$$d = \sqrt{\sum_{i=1}^{n}(F_i - G_i)} \qquad (3-31)$$

式中，F_i 为参考图像中某一关键点的特征向量分量值；G_i 为待匹配图像中对应点特征向量的分量值。

欧氏距离越小,则认为两个图像区域越相似,反之则认为两个图像区域越不相似。这种方法通常是把参考图像与待匹配图像中所有区域的欧氏距离都计算出来,取其中最小值对应的点对作为匹配对。

3.3　图像拼接与融合

3.3.1　变换模型参数解算

经过图像配准后,在基准图像和待配准图像之间构建了多个同名点对,接下来的工作就是通过同名点对解算待配准图像相对基准图像的几何关系,即变换模型参数解算。常用的方式有两种:一种是全局变换,将两幅图像之间的空间对应关系用同一个函数表示,这种变换方式为大多数图像配准方法所采用,无人机图像拼接大多数采用的是全局变换;另一种是当全局变换形式不能满足需要时,需要采用局部变换形式,采用这种方式时,两幅图像中不同部分的空间对应关系用不同的函数来描述,适用于在图像中存在非刚性形变的情形,例如医学图像的配准。

常用的变换模型有刚体变换模型、仿射变换模型和投影变换模型。

1. 刚体变换模型

刚体变换能够保持区域中两个点间的所有距离,是平移、旋转与缩放的组合。它适用于配准具有相同视角,但拍摄位置不同的来自同一传感器的两幅图像。刚体变换模型下,若点 (x, y),(x', y') 分别为待配准图像和基准图像中对应的两点,则它们之间满足以下关系,即

$$\begin{bmatrix} x' \\ y' \end{bmatrix} = s \begin{bmatrix} \cos\theta & -\sin\theta \\ \sin\theta & \cos\theta \end{bmatrix} \begin{bmatrix} x \\ y \end{bmatrix} + \begin{bmatrix} t_x \\ t_y \end{bmatrix} \tag{3-32}$$

从式(3-32)可以看出,经过刚体变换,图像上物体的形状和相对大小保持不变。

2. 投影变换模型

投影变换确定的是投影中的坐标变换,将一个点 $p(x, y, z)$ 投影到另一个点 $q(x', y', z')$ 的投影变换可定义为

$$\begin{bmatrix} x' \\ y' \\ z' \end{bmatrix} = \begin{bmatrix} h_{11} & h_{12} & h_{13} \\ h_{21} & h_{22} & h_{23} \\ h_{31} & h_{32} & h_{33} \end{bmatrix} \begin{bmatrix} x \\ y \\ z \end{bmatrix} \tag{3-33}$$

式中,h_{ij}($i=1,2,3$;$j=1,2,3$)为变换参数。

在图像拼接使用过程中,往往将投影变换限于在被拍摄场景是平面的情况。例如当相机距离被拍摄场景足够远时,可以将被拍摄场景近似为一个平面,常用的投影变换数学描述为

$$\left. \begin{aligned} x' &= \frac{a_3 x + a_5 y + a_1}{a_7 x + a_8 y - 1} \\ y' &= \frac{a_4 x + a_6 y + a_2}{a_7 x + a_8 y - 1} \end{aligned} \right\} \tag{3-34}$$

3. 仿射变换模型

仿射变换是配准中最常用的一类转换模型。当场景与像机间的距离较大时,被拍摄的图像可认为满足仿射变换模型。仿射变换数学描述为

$$\begin{bmatrix} x' \\ y' \end{bmatrix} = \begin{bmatrix} \alpha_1 & \alpha_2 \\ \beta_1 & \beta_2 \end{bmatrix} \begin{bmatrix} x \\ y \end{bmatrix} + \begin{bmatrix} \alpha_0 \\ \beta_0 \end{bmatrix} \tag{3-35}$$

可以用矩阵形式表示为

$$X' = AX + t \qquad (3-36)$$

式中，$X' = \begin{bmatrix} x' & y' \end{bmatrix}^{\mathrm{T}}$，$A = \begin{bmatrix} \alpha_1 & \alpha_2 \\ \beta_1 & \beta_2 \end{bmatrix}$，$X = \begin{bmatrix} x & y \end{bmatrix}^{\mathrm{T}}$，$t = \begin{bmatrix} \alpha_0 & \beta_0 \end{bmatrix}^{\mathrm{T}}$。

式(3-35)也可以用一次多项式描述为

$$\left.\begin{array}{l} x' = \alpha_0 + \alpha_1 x + \alpha_2 y \\ y' = \beta_0 + \beta_1 x + \beta_2 y \end{array}\right\} \qquad (3-37)$$

仿射变换具有平行线转换成平行线和有限点映射到有限点的一般特性。在无人机图像配准技术中，通常假定配准处理的两幅图像间满足刚性平面变换关系，即两幅图像间满足仿射变换关系。

3.3.2　拼接场景生成

根据基准图像和待配准图像对应的特征点坐标，可通过选定的变换模型公式(如仿射变换模型)分别得到变换参数矩阵，之后便可以进行两幅图像的拼接了。要从两幅图像构造完整的拼接图像，需要确定拼接图像的布局位置。设采用图像 1 作为拼接图像的基准系，将图像 2 中的点对应到第 1 幅图像所在的坐标系中去，拼接过程如下：

首先，根据参数模型的逆变换，得到图像 2 的 4 个角上像素点的对应点坐标。

其次，得到覆盖图像 1 矩形区域以及图像 2 对应区域的最小矩形，将它作为新的图像大小。

最后，确定新的图像中的每一个像素点的颜色值(灰度值)，并最终生成一幅拼接图像。

从中可以看出，拼接场景的确定和拼接生成的新图像的像素值确定是两个关键问题。

1. 确定拼接场景

令 (x_{1i}, y_{1i}) 为图像 1 的顶点坐标，(x_{2i}, y_{2i}) 为图像 2 的顶点坐标，(x'_{2i}, y'_{2i}) 为经坐标变换后的图像 2 的顶点坐标，即图像 2 在图像 1 坐标系中的顶点坐标，则有

$$\begin{bmatrix} x'_{2i} \\ y'_{2i} \end{bmatrix} = T^{-1} \begin{bmatrix} x_{2i} \\ y_{2i} \end{bmatrix}, \qquad i = 1, 2, 3, 4 \qquad (3-38)$$

式中，T 表示对应的变换模型参数矩阵。

令 $(x_{\max}, y_{\max})$，$(x_{\min}, y_{\min})$ 分别表示图像 1 和图像 2 变换后的 8 个顶点坐标中的最大值和最小值，则有

$$\left.\begin{array}{l} x_{\min} = \mathrm{INT}(\min_i\{x_{1i}, x'_{2i}\}) \\ x_{\max} = \mathrm{INT}(\max_i\{x_{1i}, x'_{2i}\}) \\ y_{\min} = \mathrm{INT}(\min_i\{y_{1i}, y'_{2i}\}) \\ y_{\max} = \mathrm{INT}(\max_i\{y_{1i}, y'_{2i}\}) \end{array}\right\} \qquad (3-39)$$

式中，INT( ) 为取整函数，$i = 1, 2, 3, 4$。

则拼接成的新图像为点 $\{(x_{\min}, y_{\min}), (x_{\max}, y_{\min}), (x_{\max}, y_{\max}), (x_{\min}, y_{\max})\}$ 所决定的矩形区域。考虑数字图像左上角坐标为 $(0,0)$，经常做法是设左上角坐标为

$$\begin{cases} x_{\min} = 0 \\ y_{\min} = 0 \end{cases}$$

2.确定新图像中的像素值

上步生成的拼接场景中的像素可分为 4 个区域,如图 3-8 所示。

第 1 种是既不属于图像 1 也不属于图像 2 的像素点,称之为背景点;第 2 种是只属于图像 1 的像素点,称之为图像 1 点;第 3 种是既属于图像 1 也属于图像 2 的像素点,称之为重叠点;第 4 种是只属于图像 2 的像素点,称之为图像 2 点。

由于这 4 个区域的像素的特点不一样,设定颜色值(灰度值)将要采用不同的策略。

(1)对于背景点,将它的像素颜色值赋为黑色。

(2)对于图像 1 点,颜色值不变。

(3)对于图像 2 点,由于以图像 1 点为坐标系,根据参数变换的计算结果不一定是整数,这就是一个在图像 2 中重新采样的问题。在实际中,一种最简单的方式是取最近的像素点的颜色值(灰度值)作为该点的颜色值(灰度值)。

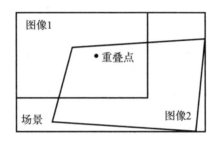

图 3-8　拼接场景的确定

(4)对于重叠点,由于它是从图像 1 点向图像 2 点的过渡区域,需要额外处理,使得最终的场景图像表现出完整性和平滑过渡性。常用的方法有直接平均法、最佳缝合线法、渐入渐出法(加权平均法)、多分辨率法等。

3.3.3　图像重采样

如 3.3.2 中所述,在确定新图像中的像素值时,经过变换在源图像中坐标并不是整数,因此涉及像素点灰度值如何选取问题,即图像重采样。

常用的插值方法主要有最近邻插值、双线性插值和三次卷积插值。

1.最近邻插值

最近邻插值是取距离要取得图像灰度值那一点(见图 3-9 中 P 点)最近的像素(见图 3-9 中 11 点)的灰度值作为该点的灰度值。

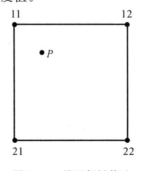

图 3-9　最近邻插值法

最近邻插值是最简单有效的插值方法,它直接取某个最邻近整数网格上的点的灰度值作为插值点的灰度值,这样就会有多个位置的灰度值取到同一个点的灰度值,使处理后的灰度值具有不连续性。但这种插值方法的运算量最小,其运算速度是最快的。

2.双线性插值

双线性插值克服了最近邻插值方法固有的弱点,提高了图像插值的均匀程度。双线性插值方法假定内插点(P)周围4个点11,12,21,22(灰度分别用 I_{11},I_{12},I_{21},I_{22} 表示)的灰度变化是线性的,进而用线性内插方法,根据4个邻近像素的灰度值,内插出该点的灰度值 I_P,如图 3-10 所示。

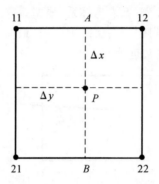

图 3-10　双线性插值法示意图

设 A,B 为插值计算的中间点,其灰度可分别由 11 点、12 点和 21 点、22 点内插获得,即

$$\left.\begin{array}{l} I_A = (1-\Delta y)I_{11} + \Delta y I_{12} \\ I_B = (1-\Delta y)I_{21} + \Delta y I_{22} \end{array}\right\} \qquad (3-40)$$

进而,有 A 点和 B 点灰度内插点 P 的灰度值 I_P 为

$$I_P = (1-\Delta x)I_A + \Delta x I_B =$$
$$(1-\Delta x)(1-\Delta y)I_{11} + (1-\Delta x)\Delta y I_{12} + \Delta x(1-\Delta y)I_{21} + \Delta x \Delta y I_{22} \qquad (3-41)$$

式中,Δx 和 Δy 分别表示 P 点到像素点 11 的距离在 x 和 y 方向的投影,即

$$\left.\begin{array}{l} \Delta x = x_P - \text{INT}(x_P) \\ \Delta y = y_P - \text{INT}(y_P) \end{array}\right\} \qquad (3-42)$$

式中,INT( ) 为取整函数。

双线性插值能够使整数坐标上的点的灰度值比较平滑地过渡,落在同一网格内的多个不同的非整数坐标点所取得的灰度值都不相同,因此图像中插值后不会出现灰度不连续的情况,从而增加了图像的平滑程度。但该插值对于图像数据中的高频信息具有一定的平滑效应,会使图像局部产生模糊现象。

在实际使用过程中,无论是本章的图像拼接还是第五章中正射纠正所涉及的图像采样处理,综合考虑重采样精度和运算速度,通常采用双线性插值。

3.三次卷积插值

三次卷积插值是通过内插点(P)周围 16 个像素点的灰度值内插获得该点的灰度(见图3-11),这种插值方法利用三次多项式 $S(x)$ 来逼近理论上的最佳插值函数 $\text{sinc}(x)$($\text{sinc}(x) = \sin x/x$)。

三次多项式为

$$S(x)=\begin{cases}1-2\,|\,x\,|^{2}+|\,x\,|^{3}, & |\,x\,|<1\\ 4-8\,|\,x\,|+5\,|\,x\,|^{2}-|\,x\,|^{3}, & 1\leqslant|\,x\,|\leqslant2\\ 0, & |\,x\,|>2\end{cases} \qquad (3-43)$$

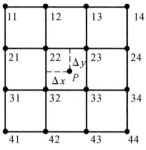

图 3-11　三次卷积插值

设 P 点到最近左上角的像素的距离分别为 Δx 和 Δy，$i=\mathrm{INT}(x)$，$j=\mathrm{INT}(y)$，则内插 P 点灰度值的公式为

$$f(x,y)=S_{y}FS_{x} \qquad (3-44)$$

式中

$$S_{y}=\begin{bmatrix}1+\Delta y & \Delta y & 1-\Delta y & 2-\Delta y\end{bmatrix}, \quad S_{x}=\begin{bmatrix}1+\Delta x & \Delta x & 1-\Delta x & 2-\Delta x\end{bmatrix}^{\mathrm{T}}$$

$$F=\begin{bmatrix}f(i-1,j-1) & f(i-1,j) & f(i-1,j+1) & f(i-1,j+2)\\ f(i,j-1) & f(i,j) & f(i,j+1) & f(i,j+2)\\ f(i+1,j-1) & f(i+1,j) & f(i+1,j+1) & f(i+1,j+2)\\ f(i+2,j-1) & f(i+2,j) & f(i+2,j+2) & f(i+2,j+2)\end{bmatrix}$$

与双线性插值相比，三次卷积插值采用了待插值点周围更多的像素参与插值计算，且加权使用的插值函数也是更接近最佳插值函数的多项式，使得被插值的像素灰度值过渡更加均匀，即进一步提高了插值精度。但这种方法的计算量大，因此，在对插值质量和视觉效果要求较高时可考虑使用三次卷积插值。

3.3.4　图像合成

1. 色调调整

色调调整是无人机图像拼接中一个关键环节。不同时相或成像条件存在差异的图像，由于要拼接的图像辐射水平不一致，图像亮度差异较大，若不进行色调调整，拼接在一起的多幅图像，即使几何位置配准很理想，但由于色调差异，也会造成合成图像的局部突变，影响应用效果。

图 3-12　拼接图像位置关系

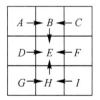

图 3-13　色调调整顺序

为了讨论问题方便,以 9 幅图像拼接为例阐述图像合成,如图 3 - 12 所示。这 9 幅图像可采取如图 3 - 13 所示的色调调整方案,图中箭头表示一幅图像的色调要调整到与另一幅图像相同的色调。

关于色调调整方法,常用的有以下 2 种方法。

(1)方差均值法。设要进行色调调整的相邻两幅图像为 $f(x,y)$ 和 $g(x,y)$,x 和 y 是图像上每个像素对应的列号和行号,期望把图像 $f(x,y)$ 的色调调整到 $g(x,y)$ 图像一致。

设 $a(x,y)$ 为图像 $f(x,y)$ 相对于图像 $g(x,y)$ 的记录增益变化,$\beta(x,y)$ 为图像 $f(x,y)$ 相对于图像 $g(x,y)$ 的零线飘移量。为了使问题简化,假设同一幅图像中的 $\alpha(x,y)$ 和 $\beta(x,y)$ 是一个常量,则使图像 $f(x,y)$ 色调调整到图像 $g(x,y)$ 的技术问题可归结到求 α 和 β,即使泛函

$$l = \iint [\alpha f(x,y) + \beta - g(x,y)]^2 \mathrm{d}x\mathrm{d}y \qquad (3-45)$$

为最小,根据最小二乘求极值原理,也就是使得

$$\frac{\delta l}{\delta \alpha} = 0 = \iint [\alpha f(x,y) + \beta - g(x,y)] \mathrm{d}x\mathrm{d}y \qquad (3-46)$$

$$\frac{\delta l}{\delta \alpha} = 0 = \iint [\alpha f(x,y) + \beta - g(x,y)] f(x,y) \mathrm{d}x\mathrm{d}y \qquad (3-47)$$

由式(3 - 46)可得

$$\beta = M_g - \alpha M_f \qquad (3-48)$$

式中,$M_g = \frac{1}{S}\iint Sg(x,y)\mathrm{d}x\mathrm{d}y$,$M_f = \frac{1}{S}\iint Sf(x,y)\mathrm{d}x\mathrm{d}y$,$S$ 为图像面积。

由均值的定义可知,M_g 和 M_f 正好是图像灰度的均值。将式(3 - 48)代入(3 - 47)得

$$\frac{\delta l}{\delta \alpha} = 0 = \alpha \iint [f(x,y) - M_f]^2 \mathrm{d}x\mathrm{d}y - \iint [g(x,y) - M_g][f(x,y) - M_f]\mathrm{d}x\mathrm{d}y \qquad (3-49)$$

进一步整理得

$$\alpha = \frac{\iint [g(x,y) - M_g][f(x,y) - M_f]\mathrm{d}x\mathrm{d}y}{\iint [f(x,y) - M_f]^2 \mathrm{d}x\mathrm{d}y} = \frac{\sigma_{fg}^2}{\sigma_{ff}^2} \qquad (3-50)$$

式中,σ_{fg}^2 代表相邻两幅图像的协方差,σ_{ff}^2 代表图像 $f(x,y)$ 的方差。

α 的值求出后,代入式(3 - 48)即可求出 β 值,即

$$\beta = M_g - \frac{\sigma_{fg}^2}{\sigma_{ff}^2} M_f \qquad (3-51)$$

α 和 β 值求出后,即可对图像 $f(x,y)$ 进行调整,使得调整后的图像与图像 $g(x,y)$ 灰度差异最小,调整公式为

$$\hat{f}(x,y) = \alpha f(x,y) + \beta \qquad (3-52)$$

式中,$\hat{f}(x,y)$ 为 $f(x,y)$ 灰度调整后的图像。

(2)直方图法。

1)分段拉伸法。当待拼接合成的两幅图像灰度相差不大时,也采用直方图对灰度分段拉伸进行色调调整;或者先用方差均值法对两幅图像进行初步处理,之后色调差异已经很小了,此时进一步利用这种方法对这两幅图像进行第二步色调调整,这样可以使色调调整的效果更加理想。

方法的具体步骤如下：

a.首先取出两幅图像重叠部分（见图 3-14），此时一定要保证 L' 与 R' 和 L 与 R 图像在行数上一致，一定不要小于 L 和 R 所具有的行数，并且在取样时，要有足够的样本数；其次，分别作出 L' 图像和 R' 图像所包含的所有波段（对于彩色图像，有 3 个波段）的直方图；然后，在直方图上找出两幅图像相应的频率像素所对应的灰度值对（见图 3-15，以灰度图像为例）。

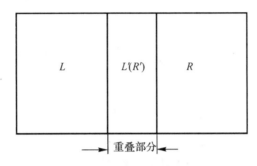

图 3-14　配准图像重叠示意图

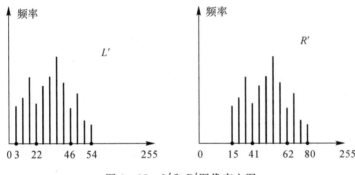

图 3-15　L' 和 R' 图像直方图

从图 3-15 中的直方图上读出灰度值对应的点对，用灰度分段拉伸方法，把图像 L' 上的灰度值 0,3,22,46,54 对应地拉伸到相应的图像 R' 上的灰度值 0,15,41,62,80。这些点中间的灰度值按线性比例内插，经过这样拉伸处理后的 L' 图像与 R' 图像上的色调达到基本一致。

b.色调调整效果检查。通过图像显示或者检验算法，对图像 L' 与图像 R' 的图像差别进行判定。若差别超过阈值（或者感知限度），则再次修改拉伸时的点对值，进行拉伸处理，直到满足要求为止。

c.用最后得到的拉伸点值，对两整幅图像 L 和 R 的色调进行调整，即分波段把 L 图像的灰度值拉伸到 R 图像相应的灰度值，从而完成两幅图像 L 和 R 的色调调整。

2）直方图规定化。对于两幅图像的重叠区，也可以采用直方图规定化的方法对待调整图像进行调整，具体方法见本书第 2 章中所述。

2.图像合成方案确定

经过色调调整后，所有待拼接的图像的色调基本满足了拼接的需要，下一步即可进行图像合成，依照什么顺序进行合成呢？因此，需要设计逐对图像合成的方案。

对于图 3-12 中的 9 幅图像，可采用图 3-16(a)(b)的方案实施合成处理。具体来说，分以下两个步骤：

（1）分别以图像 D,E,F 为中心，A,G 向 D 对准；B,H 向 E 对准；C,I 向 F 对准，然后把 A,D,G 垂直合成 ADG；B,E,H 垂直合成 BEH；C,F,I 垂直合成 CFI。

（2）对上述三幅图像，再以 BEH 为中心，使 ADG,CFI 依次向 BEH 对准。而后将 ADG，BEH 和 CFI 水平合成在一起，就完成了原 9 幅图像合成处理。也可以先做水平合成，例如分别把 A,B,C；D,E,F；G,H,I 水平合成在一起，得到三幅图像，再把这三幅图像垂直合成在一起。

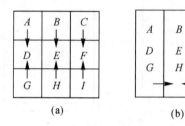

图 3-16　图像合成方案

3. 接缝线的确定

图像合成的一个很重要的问题是在待合成图像的重叠区内选择出一条曲线，按照这条曲线把图像拼接起来，待合成图像按照这条曲线拼接后曲线两侧的亮度变化不显著或最小时，就认为找到了接缝线。

如图 3-17 所示，假定现在要对左、右两幅相邻图像 L 和 R 进行合成，这两幅图像间存在一宽为 W 的垂叠区域，要在重叠区内找出一接缝线。此时只要找出这条线在每一行的交点即可，为此可取一长度为 d 的一维窗口，让窗口在一行内逐点滑动，计算出每一点处 L 和 R 两幅图像在窗口内各个对应像素点的灰度值绝对差的和，最小的即为接缝线在这一行的位置，其计算公式为

$$\sum_{j=0}^{d-1} \left| f_L(i,j_0+j) - f_R(i,j_0+u) \right| \tag{3-53}$$

式中，$f_L(i,j_0+j)$ 和 $f_R(i,j_0+j)$ 为图像 L 和 R 在重叠区 (i,j_0+j) 处的灰度值，j_0 为窗口的左端点（$j_0=1,2,\cdots,L-d+1$），i 为窗口所在的图像行数。

满足上述条件的点就是接缝点，所有接缝点的连线就是接缝线。

4. 重叠区灰度调整与图像合成

前面讲到了对待拼接的图像进行色调调整以减小图像间的色调差异，但无论怎样进行处理，待拼接处理的两幅图像间难免还存在着灰度差异，特别是在两幅图像的接边处，这种差异有时还是比较明显，为了进一步减小两幅图像在合成时的差异，有必要进行重叠区灰度调整，在调整过程中，生成一幅新的图像，从而完成两幅图像的合成工作。

灰度调整与图像合成既可以采用一般的方法（如平均值法、加权平均法等），也可采用图像融合的方法（如多分辨率样条法等），图像融合方法参见本书第四章，本节主要讲述在无人机图像拼接处理中简单且常用的两种方法，方法具有简单、计算量小等优点，特别适合实时快速处理。

（1）平均值法。平均值法是将两幅图像重叠部分的灰度平均值作为所有重叠的点像素的灰度值，(x,y) 为图像点的坐标，设 $f_1(x,y)$ 为基准图像，$f_2(x,y)$ 为待拼接图像，$f_m(x,y)$ 为

合成结果图像,则有关系式

$$f_m(x,y) = \begin{cases} f_1(x,y), & (x,y) \in R_1 \\ \dfrac{f_1(x,y) + f_2(x,y)}{2}, & (x,y) \in R_2 \\ f_2(x,y), & (x,y) \in R_3 \end{cases} \quad (3-54)$$

式中,R_1 表示基准图像中与待拼接图像未重叠区域,R_2 表示基准图像与待拼接图像重叠区域,R_3 表示待拼接图像与基准图像未重叠区域。

平均值法计算量小,容易实现,但效果不好,合成部分有明显的带状感觉。

(2)加权平均法。加权平均法是将两幅图像重叠区域内相同位置的像素值加权后再相加的结果作为合成后图像的像素值。(x,y) 为图像点的坐标,设 $f_1(x,y)$ 为基准图像,$f_2(x,y)$ 为待拼接图像,$f_m(x,y)$ 为合成结果图像,则有关系式

$$f_m(x,y) = \begin{cases} f_1(x,y), & (x,y) \in R_1 \\ w_1 f_1(x,y) + w_2 f_2(x,y), & (x,y) \in R_2 \\ f_2(x,y), & (x,y) \in R_3 \end{cases} \quad (3-55)$$

式中,w_1 和 w_2 为权重系数,且满足 $w_1 + w_2 = 1, 0 \leqslant w_1, w_2 \leqslant 1$,其他符号含义如式(3-54)中定义。

从式(3-55)可以看出,平均值法是加权平均法的特例,即 $w_1 = w_2 = 0.5$。

在加权平均法中常用的是权值动态变化的渐入渐出法。渐入渐出法使用的像素灰度权值大小根据像素点到重叠区域边界的距离占重叠区域宽度的比例计算。设左边图像中水平方向上待合成像素点的坐标为 x,重叠区域的起始坐标和终点坐标分别为 X_{min} 和 X_{man},则两幅图像重叠区域像素的权值为

$$\left. \begin{aligned} w_1 &= 1 - \frac{x - X_{min}}{X_{max} - X_{min}} = \frac{X_{max} - x}{X_{max} - X_{min}} \\ w_2 &= 1 - w_1 \end{aligned} \right\} \quad (3-56)$$

因此,当重叠区域像素点靠近左边图像时,左边图像的权值更大一些;当靠近右边图像时,右边图像的权值更大一些;当在重叠区域中心时,左、右两幅图像的权值相同。

习　题

1. 简述无人机图像拼接的作用意义。

2. 画出无人机图像拼接的流程,并论述各处理环节的功能。

3. 简述无人机图像拼接的特点。

4. 无人机图像配准有哪几类?

5. 简述一个典型的图像配准系统的组成。

6. 基于灰度信息的图像配准方法有哪几种搜索策略?

7. 简述常用的点特征提取算法,并比较各自的优缺点。

8. 论述基于灰度信息的图像配准方法和基于特征点图像配准方法的区别与应用特点。

9. 无人机图像拼接中常用的变换模型有哪些?

10. 简述拼接场景生成过程。

11.写出图像重采样的三种方法的数学模型,并简要说明各自的优缺点。

12.简述无人机图像拼接过程中色调调整的几种方法。

参 考 文 献

[1]　段连飞.无人机任务设备原理[M].北京:海潮出报社,2008.

[2]　曾峦等.侦察图像获取与融合技术[M].北京:国防工业出版社,2015.

[3]　张祖勋,张剑清.数字摄影测量学[M].武汉:武汉测绘科技大学出版社,1997.

[4]　张永生.遥感图象信息系统[M].北京:科学出版社,2000.

[5]　舒硕果.无人机航空像片自动拼接系统研究[D].合肥:炮兵学院,2007.

[6]　相阳.基于点特征的图像配准技术研究[D].沈阳:东北大学,2010.

[7]　江舒.基于角点的图像配准问题研究[D].上海:上海交通大学,2008.

[8]　聂兰苏.基于角点检测的图像拼接方法研究[D].重庆:西南大学,2013.

[9]　郑艳飞.基于区域配准的图像拼接算法[D].济南:山东大学,2012.

[10]　刘迎.图像局部不变特征提取研究[D].杭州:浙江工业大学,2012.

[11]　金士玲.无人机可见光图像拼接算法的研究[D].沈阳:辽宁大学,2012.

第4章　无人机图像融合

4.1　概　　述

4.1.1　基本概念

无人机图像融合是指将两个或两个以上的传感器在同一时间或不同时间获取的关于某个特定场景的图像加以综合,生成新的有关该场景解释的信息处理过程。由于无人机多任务载荷的特点,图像融合可提高整个无人机图像获取系统的有效性和信息使用效益。

通过对多传感器系统的图像进行融合,可以克服单一传感器图像在几何、光谱、空间分辨率等方面存在的局限性和差异性,并利用各传感器图像的互补信息得到单一传感器所不能获得的特征信息,扩大多传感器系统的工作范畴,改善系统的可靠性和可维护性,也可降低对单一传感器性能的要求,并且可以更加准确、可靠、全面地获取对目标或者场景的信息描述,提高图像的空间感知能力,增强图像检测和识别的精度,有利于进一步对图像分析处理。

4.1.2　图像融合的分类

图像融合的一般目的是提取源图像的有用信息并注入到融合图像中,同时避免虚假信息的引入。但对于不同的应用场合或不同的图像源,融合要求和融合目的并不完全相同,融合算法也不尽相同。下面从不同的角度对图像融合进行分类。

1. 按融合层次分类

根据融合在处理流程中所处的阶段,按照信息抽象的程度,图像融合一般可以分为三个层次,即像素级图像融合、特征级图像融合和决策级图像融合。

(1)像素级图像融合。在图像融合的三个层次中,像素级图像融合是最低层次的融合技术。它是在精确配准的前提下,依据某个融合规则直接对各幅图像的像素进行信息融合。它保留了尽可能多的场景信息,精度比较高,有利于目标观测和特征提取,适合计算机检测处理。但是它对源图像之间的配准精度要求比较高,一般应达到像素级配准。此外,像素级图像融合处理的数据量大,处理速度较慢。

(2)特征级图像融合。特征级图像融合属于中间层次上的信息融合,它是从各源图像中提取特征信息(例如,边缘、形状、轮廓、纹理、光谱、相似亮度区域等信息),并对其进行综合分析和处理。在这一层次的融合过程中,首先对各幅源图像进行特征提取,然后对图像在特征域中的表述进行融合,最后在一张总的特征图上合并这些特征。特征级图像融合既保留了图像中足够的重要信息,又可以对信息进行压缩,有利于实时处理,并且由于所提取的特征直接与决策分析有关,因而融合结果能最大限度地给出决策分析所需要的特征信息,从而提高系统的目标检测能力,更有利于系统的判决。但是相对于像素级图像融合,特征级图像融合的信息丢失较多。

(3)决策级图像融合。决策级图像融合是最高层次的信息融合,其结果为指挥控制决策提供依据。它是对来自多幅图像的信息进行逻辑推理或统计推理的过程,从图像中获取决策,按一定的准则及各个决策的可信度,将它们合并成一个全局性最优决策。在这一层次的融合过程中,首先对每幅图像分别建立对同一目标的初步判决和结论,然后对来自各个图像的决策进行相关处理,最后进行决策级的融合处理,从而获得最终的联合判决。多种逻辑推理方法、统计方法、信息论方法都可用于决策级图像融合,如贝叶斯(Bayesian)推理、D-S(Dempster-Shafer)证据推理、表决法、聚类分析、模糊推理、神经网络等。决策级图像融合具有良好的实时性和容错性,但其预处理代价高,且信息损失最多。

将图像融合按层次分类秉承了信息融合的基本融合策略,即先对同一层次上的信息进行融合,从而获得更高层次上的融合信息,其本质是一种由低至高对多源信息进行整合、逐层抽象的信息处理过程。图4-1给出了这三个层次图像融合的一般框架。

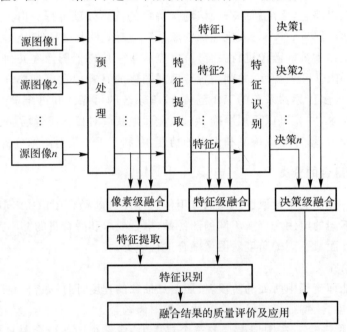

图4-1 图像融合系统的一般框架

在这三类图像融合方法中,像素级融合是目前最常用,也是研究最广泛的一类融合方法,它对各源图像中的像素逐个进行信息融合,能够尽可能多地保留源图像中的重要信息,精度较高,有利于后续对特征的提取与识别。目前无人机多源图像融合还是以像素级融合为主,因此,本章主要阐述基于像素级的图像融合方法。

2.按融合处理域分类

根据图像融合处理域的不同,图像融合可分为两大类:基于空间域的图像融合和基于变换域的图像融合。

（1）基于空间域的图像融合。基于空间域的图像融合是直接在图像像素的灰度空间上进行融合。常用的方法包括最大值和最小值融合方法、加权平均融合方法、主成分分析 PCA 融合方法以及基于彩色空间的融合方法等。

（2）基于变换域的图像融合。基于变换域的图像融合首先对各幅源图像分别进行图像变换，再对变换后的系数按一定的准则进行融合，最后对融合后的变换系数进行逆变换得到最终的融合图像。常用的方法包括基于离散余弦变换的图像融合方法、基于傅里叶变换的图像融合方法以及基于多尺度分解的图像融合等。目前基于变换域的图像融合研究中，大部分是基于多尺度分解的图像融合方法，这也是本章 4.4 节中所要讨论的主要问题。

4.1.3　图像融合的评价准则

对图像融合方法的基本要求是在保留来自源图像的所有有用信息的同时，不引入对后续处理造成干扰的虚假信息，并且该融合方法要具有较好的可靠性和鲁棒性。为了衡量一个图像融合方法满足上述要求的程度，需要对该方法得到的融合图像的质量和性能进行评价。图像融合的质量和性能评价主要分为两类：主观评价和客观评价。

1. 主观评价

主观评价是由判读人员直接用肉眼对融合图像的质量进行评估，根据人的主观感觉和观察者主观感觉的统计结果对图像质量的优劣来做出评判。例如，可以采用主观评价方法来判断融合图像的对比度是否降低，图像中的边缘是否清晰等。

由于主观评价方法受到观察者、图像类型、应用场合和环境条件等因素的影响较大，因此只在统计上具有意义。主观评价方法选用的观察者通常分为两类，即未受训练的"外行"观察者和训练有素的"内行"观察者。表 4 - 1 给出了国际上规定的图像评价五级质量尺度和妨碍尺度（也称为图像主观评价的 5 分制）。对一般"外行"来讲，多采用质量尺度，而对专业人员来讲，多采用妨碍尺度。

表 4 - 1　主观评价尺度评分表

分数	质量尺度	妨碍尺度
5 分	非常好	丝毫看不出图像质量变差
4 分	好	能看出图像质量变差，但并不妨碍观看
3 分	一般	清楚地看出图像质量变差，对观看稍有妨碍
2 分	差	对观看有妨碍
1 分	很差	非常严重地妨碍观看

主观评价方法最简单，但由于人眼对图像中的各种变化并非都很敏感，并且质量的评定很大程度上都取决于观察者（如观察者的心理状态、经验和喜好等），因此这种评价具有主观性和片面性。

2. 客观评价

为了能够更客观地评价一种图像融合方法的有效性，需要使用客观的评价指标对融合图像进行定量分析。客观评价方法是利用某种数学算法模拟人眼对融合图像的视觉感知，从而对融合图像的质量做出定量评价,以降低主观因素对融合性能评价的影响。通常希望所使用的客观评价指标能够反映融合图像中包含的重要可视信息,并且能评价融合方法在转移源图像重要信息方面的能力,最终使得客观评价结果与主观评价结果相一致。目前常用的客观评价指标主要有以下几类。

(1)基于融合图像统计特征的评价指标。基于融合图像统计特征的评价指标是利用融合图像本身或其某些特征的统计特性来衡量融合图像的质量。设融合图像为 F,图像大小为 $M \times N$。

1)熵(Entropy, E)。图像的熵值是衡量图像信息丰富程度的重要指标。熵值的大小反映了图像所包含的平均信息量的多少。设融合图像 F 的灰度分布为 $p = \{p_1, p_2, \cdots, p_i, \cdots, p_n\}$,其中,$p_i$ 为灰度值等于 i 的像素数与图像总像素数之比,n 为灰度级总数,则图像的熵定义为

$$E = -\sum_{i=1}^{n} p_i \log_2 p_i \tag{4-1}$$

融合图像的熵值越大,表示该图像包含的信息越丰富,则融合质量越好。

2)平均梯度(Average Gradient, AG)。平均梯度可以反映图像的清晰度,定义为

$$AG = \frac{1}{(M-1)(N-1)} \sum_{i=1}^{M-1} \sum_{j=1}^{N-1} \sqrt{\frac{(F(i+1,j) - F(i,j))^2 + (F(i,j+1) - F(i,j))^2}{2}} \tag{4-2}$$

融合图像的平均梯度越大,表示该图像的清晰度越高,融合质量越好。

(3)空间频率(Spatial Frequency, SF)。空间频率可以反映一幅图像在空间域的总体活跃程度,定义为

$$SF = \sqrt{RF^2 + CF^2} \tag{4-3}$$

其中

$$RF = \sqrt{\frac{1}{MN} \sum_{i=1}^{M} \sum_{j=2}^{N} (F(i,j) - F(i,j-1))^2} \tag{4-4}$$

$$CF = \sqrt{\frac{1}{MN} \sum_{j=1}^{N} \sum_{i=2}^{M} (F(i,j) - F(i-1,j))^2} \tag{4-5}$$

式中,RF 表示空间行频率;CF 表示空间列频率。

空间频率 SF 越大,融合图像质量越好。

(2)基于参考图像的评价指标。此类评价指标主要是通过比较融合图像与标准参考图像之间的关系来评价融合图像的质量以及融合效果的好坏,设参考图像为 R。

1)均方根误差(Root Mean Square Error, RMSE)。均方根误差反映了融合图像与参考图像之间的差异程度,定义为

$$\text{RMSE} = \sqrt{\frac{1}{MN} \sum_{i=1}^{M} \sum_{j=1}^{N} (F(i,j) - R(i,j))^2} \tag{4-6}$$

RMSE 越小,说明融合图像与参考图像差异越小,即融合效果越好。

2)相关系数(Correlation Coefficient, Corr)。融合图像和参考图像的相关系数为

$$\text{Corr} = \frac{\sum_{i=1}^{M} \sum_{j=1}^{N} [(R(i,j) - \bar{R})(F(i,j) - \bar{F})]}{\sqrt{\sum_{i=1}^{M} \sum_{j=1}^{N} (R(i,j) - \bar{R})^2 \sum_{i=1}^{M} \sum_{j=1}^{N} (F(i,j) - \bar{F})^2}} \tag{4-7}$$

式中，$\bar{R}$ 表示参考图像的平均灰度值，$\bar{F}$ 表示融合图像的平均灰度值。

相关系数值越大，说明融合图像质量越好。

(3)基于源图像的评价指标。基于源图像的评价指标将融合图像 F 与源图像 A，B 进行比较来衡量融合图像的质量。

1)交叉熵(Cross Entropy，CEN)。交叉熵可以用来测定两幅图像灰度分布的信息差异。设融合图像 F 的灰度分布为 $p=\{p_1,p_2,\cdots,p_i,\cdots,p_n\}$，其中，$p_i$ 为灰度值等于 i 的像素数与图像总像素数之比；n 为灰度级总数。源图像 A 的灰度分布为 $q=\{q_1,q_2,\cdots,q_i,\cdots,q_n\}$，其中，$q_i$ 为灰度值等于 i 的像素数与图像总像素数之比。那么，融合图像 F 与源图像 A 的交叉熵定义为

$$\mathrm{CEN}_{AF}=\sum_{i=1}^{n}q_i\log_2\left(\frac{q_i}{p_i}\right) \tag{4-8}$$

总体交叉熵为

$$\mathrm{CEN}=\sqrt{\frac{(\mathrm{CEN}_{AF}^2+\mathrm{CEN}_{BF}^2)}{2}} \tag{4-9}$$

式中，CEN_{BF} 为融合图像 F 与源图像 B 的交叉熵。

交叉熵值越小，图像间的差异性越小，则融合方法从源图像中提取的信息量越多，融合效果越好。

2)联合熵。联合熵可以反映几幅图像之间的联合信息，融合图像 F 与源图像 A，B 的联合熵定义为

$$\mathrm{JE}=-\sum_{i=1}^{n}\sum_{j=1}^{n}\sum_{l=1}^{n}p_{i,j,l}\log_2 p_{i,j,l} \tag{4-10}$$

式中，$p_{i,j,l}$ 表示三幅图像的联合概率分布，即归一化联合灰度直方图。

联合熵越大，融合图像的效果越好。

3)互信息(Mutual Information，MI)。两幅图像的互信息能够反映图像之间的相关程度，可以作为一幅图像包含另一幅图像信息量的度量。设融合图像 F 的灰度分布为 $p=\{p_1,p_2,\cdots,p_i,\cdots,p_n\}$，源图像 A 的灰度分布为 $q=\{q_1,q_2,\cdots,q_i,\cdots,q_n\}$，其中，$n$ 为灰度级总数；p_i，q_i 分别为 F，A 中像素灰度为 i 的概率。另外设 $\gamma_{i,j}$ 表示两幅图像的联合概率密度，则融合图像 F 与源图像 A 的互信息为

$$\mathrm{MI}_{AF}=\sum_{i=1}^{n}\sum_{j=1}^{n}\gamma_{i,j}\log_2\frac{\gamma_{i,j}}{p_i q_j} \tag{4-11}$$

此外，由信息论理论可知，互信息也可由下式计算得到，即

$$\mathrm{MI}_{AF}=E_A+E_F-\mathrm{JE}_{AF} \tag{4-12}$$

式中，E_A，E_F 分别表示图像 A，F 的熵值；JE_{AF} 则表示图像 A 和 F 的联合熵。

于是，融合图像 F 与源图像 A，B 的互信息定义为

$$\mathrm{MI}=\mathrm{MI}_{AF}+\mathrm{MI}_{BF} \tag{4-13}$$

互信息能够反映融合图像与源图像中信息的相关性。互信息值越大，则表明融合图像从源图像中获取的信息越丰富，因而融合效果也越好。

4.2　简单的图像融合方法

以两幅源图像的融合过程为例来说明融合过程和方法，多源图像融合的情形可以依此类

推。设参加融合的图像分别为 A,B，图像大小为 $M \times N$，融合图像为 F。

4.2.1 最大值与最小值融合方法

最大值融合方法是取 A,B 对应像素位置处像素值最大的值作为 F 对应位置像素值的大小，从而完成图像的融合。其融合过程可以表示为

$$F(m,n) = \text{Max}\{A(m,n),B(m,n)\} \tag{4-14}$$

式中，m 为图像中像素的行号，$m=1,2,\cdots,M$；n 为图像中像素的列号，$n=1,2,\cdots,N$。

这种融合方法简单地选取源图像中灰度最大者为融合像素，所得融合结果仅仅增强了灰度，应用场合有限。

最小值融合方法就是取 A,B 对应像素位置处像素值最小值完成图像的融合。其融合过程可以表示为

$$F(m,n) = \text{Min}\{A(m,n),B(m,n)\} \tag{4-15}$$

这种方法与最大值融合方法类似，其应用场合也非常有限。

4.2.2 加权平均融合方法

对 A,B 两个源图像的像素灰度值加权平均的融合过程可以表示为

$$F(m,n) = \omega_1 A(m,n) + \omega_2 B(m,n) \tag{4-16}$$

式中，ω_1,ω_2 为加权系数，$\omega_1+\omega_2=1$，若 $\omega_1=\omega_2=0.5$，则为平均融合。权值的确定也可以通过计算两幅源图像的相关系数来确定。根据式 $(4-7)$，A,B 的相关系数为

$$\text{Corr}(A,B) = \frac{\sum_{i=1}^{M}\sum_{j=1}^{N}\left[(A(i,j)-\bar{A})(B(i,j)-\bar{B})\right]}{\sqrt{\sum_{i=1}^{M}\sum_{j=1}^{N}(A(i,j)-\bar{A})^2 \sum_{i=1}^{M}\sum_{j=1}^{N}(B(i,j)-\bar{B})^2}} \tag{4-17}$$

$$\omega_1 = \frac{1}{2}(1-|\text{Corr}(A,B)|), \quad \omega_2 = 1-\omega_1 \tag{4-18}$$

加权平均融合方法的特点在于简单直观，适合实时处理，当用于多幅图像的融合处理时，可以提高融合图像的信噪比。但是，这种平均融合实际上是对像素的一种平滑处理，这种平滑处理在减少图像噪声的同时，往往在一定程度上会使图像中的边缘、轮廓变得模糊。而且，当融合图像的灰度差异很大时，会出现明显的拼接痕迹，不利于人眼识别和后续的目标识别。

但是，加权平均的思想对像素级图像融合的其他方法有着重要的影响，很多复杂的融合方法在融合过程中都用到了加权平均的思想。

4.2.3 基于主成分分析 PCA 融合方法

主成分分析 PCA(Principal Component Analysis)也称为 $K-L$ 变换，是统计特征基础上的多维正交线性变换，它是通过一种降维技术，把多个分量约化为少数几个综合分量的方法。PCA 变换广泛应用于图像压缩、图像增强、图像编码、随机噪声信号的去除以及图像旋转等领域。最早将 PCA 变换的思想运用到图像融合中的是 Chavez P.S. 等人，他们将 Landsat TM 多光谱与 Spot PAN 全色图像进行融合，取得了良好的效果。

1. 基本思想

PCA 变换的基本思想是设法将原来众多具有一定相关性的分量(设为 p 个)，重新组合成

一组新的相互无关的综合分量来代替原来的分量。数学上的处理就是将原来 p 个分量作线性组合，作为新的分量。第一个线性组合，即第一个主成分记为 F_1。为了使该线性组合具有唯一性，要求在所有的线性组合中 F_1 的方差最大，那么它包含的信息也最多。如果第一个主成分不足以代表原来 p 个分量的信息，再考虑选取第二个主成分 F_2，并要求 F_1 已有的信息不出现在 F_2 中，即协方差 $\text{cov}(F_1, F_2)=0$。依此类推，直至可以充分表达原来的信息为止。实际上，求图像 X 的 PCA 变换问题，就是求图像协方差矩阵 $\boldsymbol{R}$ 的特征向量的问题。

2. 基于 PCA 变换的图像融合算法

以 TM 与 SAR 图像融合为例，首先对 TM 多光谱图像进行主成分变换，在这里没有采用 TM 波段间的协方差矩阵，而是由相关矩阵求特征值和特征向量，然后求得各主成分，由相关矩阵求特征值和特征向量。由于 TM 各波段图像的方差不同，若由协方差矩阵求特征值和特征向量，则导致各波段重要程度不一致。实验结果表明，对相关矩阵进行主成分变换后融合的效果更好。采用主成分变换法融合的具体步骤：

（1）计算参与融合的 n 波段 TM 图像的相关矩阵。

（2）由相关矩阵计算特征值 λ_i 和特征向量 $A_i (i=1，2，\cdots，n)$。

（3）将特征值按由大到小的次序排列，即 $\lambda_1 \geqslant \lambda_2 \geqslant \cdots \geqslant \lambda_n$，特征向量 A_i 也要作相应的变动。

（4）计算各主成分图像：

$$\text{PC}_k = \sum_{i=1}^{n} d_i A_{ik} \tag{4-19}$$

式中，k 为主成分序数 $(k=1,2,\cdots,n)$；PC_k 为第 k 主成分；i 为输入波段序数；n 为总的 TM 波段数；d_i 为 i 波段 TM 图像数据值；A_{ik} 为特征向量矩阵在 i 行、k 列的元素。经过上述主成分变换，第一主成分图像的方差最大，它包含原多光谱图像的大量信息（主要是空间信息），而原多光谱图像的光谱信息则保留在其他成分图像中（主要在第二、三主成分中）。

（5）将空间配准的 SAR 图像与第一主成分图像作直方图匹配。

（6）用直方图匹配后生成的 SAR 图像代替第一主成分，并将它与其余主成分作逆主成分变换就得到融合的图像。

PCA 变换的融合效果取决于替换图像与第一主成分图像的相似程度，在融合低分辨率多光谱和高分辨率全色图像的场合，第一主成分表示最大变化的图像，因此第一主成分含有更多的空间细节，所以它与全色图像具有更相似的相关性。而在 SAR 与多光谱图像融合的场合，由于 SAR 图像与多光谱图像的相关性很低，因此，用 SAR 图像直接替换第一主成分往往不能得到好的效果。但是，PCA 变换是基于统计和数值方法的变换，不受限于融合波段的数目。

4.3　基于颜色空间融合方法

颜色空间融合法的原理是充分利用颜色空间模型，如 RGB（红、绿、蓝）模型和 IHS（亮度、色度、饱和度）模型，在显示与定量计算方面的优势，把来自不同传感器的每一个源图像分别映射到一个专门的颜色通道，合并这些通道得到一幅假彩色融合图像。该类方法的关键是如何使产生的复合图像更符合人眼的视觉特性以及获得更多的有用信息。

4.3.1　基于 RGB 空间的融合方法

彩色空间模型是多种多样的,其中应用最广泛的是 RGB(红、绿、蓝)模型。根据人眼彩色视觉特性,国际照明委员会(CIE)规定,以水银光谱中波长为 $\lambda_R = 700\text{nm}, \lambda_G = 546.1\text{nm}, \lambda_B = 435.1\text{nm}$ 的三种色光分别为 R, G, B 三基色。三基色各自独立,其中任一色均不能由另两色混合得到。将它们按不同比例进行混合,可产生各种彩色。根据这一原理对 RGB 三通道分别赋值,便得到彩色图像。

任何图像的彩色处理最终都将归结至 RGB 空间的转换,因此直接在 RGB 空间融合具备的最大特点就是计算简单、速度快、便于硬件实现和实时处理。此类算法的原理依据如下事实:来自不同传感器的图像总存在着差异,并总是以不同传感器图像间不同的灰度分布为表征。因此,直接基于 RGB 空间的融合处理就是经过某种处理后,提取不同图像间的灰度差异,以某种组合方式送至 RGB 三通道直接显示。

目前已有的基于 RGB 空间的图像融合算法主要有 NRL 方法、MIT 方法、TNO 方法等。其中 MIT 方法是利用对抗受域和侧抑制特性的图像融合方法,可以获得良好的彩色夜视图像,但其核心技术尚未公开且实现复杂。TNO 方法提取两幅图像的共有和独有部分,融合的图像色彩较鲜艳,但失真现象严重。而 NRL 方法计算简单,硬件不复杂,容易实时实现,其融合操作在对应像素上进行,不会减弱图像的分辨率,在实际中取得了广泛应用。

4.3.2　基于 IHS 空间的融合方法

IHS(亮度、色调、饱和度)空间是区别于常见的 RGB 空间的另一种彩色空间。它是基于视觉原理的一个系统,定义了三个互不相关、容易预测的颜色心理属性,即亮度 I、色度 H 和饱和度 S。其中,I 是光作用在人眼所引起的明亮程度的感觉;H 反映了彩色的类别;S 反映了彩色光所呈现彩色的深浅程度。IHS 模型有两个特点:第一是 I 分量与图像的彩色分量无关;第二是 H 分量和 S 分量与人感受彩色的方式是紧密相连的。这些特点使得 IHS 模型非常适合于借助人的视觉系统来感知彩色特性的图像处理算法,因此,IHS 模型常被用于基于彩色描述的图像处理方法中。

IHS 变换算法有很多种,例如球形变换、柱形变换、三角形变换等,该部分内容详见第 2 章。

以 SAR 与 Landsat TM 多光谱真彩色合成图像融合为例,基于 IHS 变换的图像融合方法的一般步骤:

(1)将 TM 图像的 R, G, B 三个波段进行 IHS 变换,得到 I, H, S 三个分量。

(2)将 SAR 图像与多光谱图像经 IHS 变换后得到的亮度分量 I,在一定的融合规则下进行融合,得到新的亮度分量(融合分量)。

(3)用第(2)步得到的融合分量代替亮度分量图像,并同 H, S 分量图像进行 IHS 逆变换,最后得到融合图像。

在上述步骤中,第(2)步的融合规则可以选取不同的融合算法,如直接替换法、加权平均法、直方图匹配法等,其中直方图匹配法是较为经典和常用的算法。在融合 SAR 图像与多光谱 TM 图像时,由于 SAR 图像的波谱特性与 TM 图像完全不同,相关性较低,所以如果用 SAR 图像直接替换 I 分量图像,则产生的融合图像很容易扭曲原始的光谱特性,产生光谱退化现象。为了消除这种差异,在进行 I 分量替换之前,需要以 I 分量图像为参考,对 SAR 图像进行直方图匹配,使得匹配后的图像与源多光谱图像保持较高的相关性,然后用直方图匹配后得到的融合 I 分量替换多光谱图像中原来的 I 分量,再进行 IHS 逆变换,得到最终融合结果。其算法流程如图 4-2 所示。

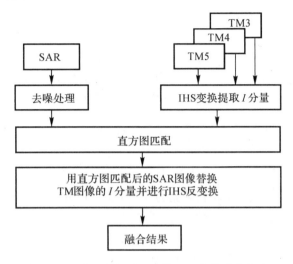

图 4-2　基于直方图匹配的 IHS 变换融合方法

4.4　基于多尺度图像融合方法

为了能够单独地对图像每一不同分辨率上的信息进行更细致的分析,从而更有针对性地决定最终融合图像中将要保留合并的内容,多尺度图像融合技术应运而生。

多尺度图像融合方法的基本思想是:首先对经过配准等预处理的 n 幅待融合源图像分别进行多尺度分解;然后在各个尺度上,将对应子带内的变换系数按照一定的融合规则进行融合,从而获得融合后的子带图像;最后再通过多尺度重构得到最终的融合图像。图 4-3 所示为多尺度图像融合方法的一般框架。

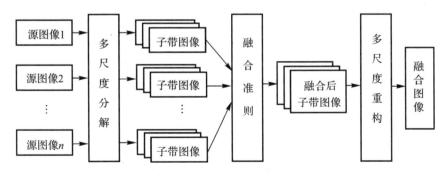

图 4-3　多尺度图像融合方法的一般框架

4.4.1　基于拉普拉斯金字塔的图像融合方法

金字塔变换是一种常用的多尺度分解方法,它是由 Burt 和 Adelson 等人首次提出。一幅图像的金字塔是一系列以金字塔形状排列的分辨率逐步降低的图像集合,该金字塔顶部是待处理图像的低分辨率表示,而其他各层都是在不同尺度下图像的高分辨率表示。利用图像的金字塔分解,能分析图像中不同大小的物体,例如,低分辨率图像可用于分析较大的物体,而高分辨率图像可用于分析图像细节。也就是说,图像的重要特征都能够按照不同的尺度、不同的分辨率分解到不同的塔形分解层上。

1. 高斯金字塔

拉普拉斯金字塔源于高斯金字塔,图像高斯金字塔的生成需要低通滤波和下采样。

设原始图像为 I,令 $G_0(i,j)=I(i,j)$(其中,$1 \leqslant i \leqslant R_0, 1 \leqslant j \leqslant C_0$)作为高斯金字塔的初始层,也就是第 0 层,那么第 1 层高斯金字塔可由下式生成,即

$$G_1(i,j) = \sum_{m=-2}^{2} \sum_{n=-2}^{2} w(m,n) G_0(2i+m, 2j+n) \tag{4-20}$$

其中,$1 \leqslant i \leqslant \dfrac{R_0}{2}, 1 \leqslant j \leqslant \dfrac{C_0}{2}$,即 G_1 比 G_0 在行列尺寸上缩小了 4 倍,而 $w(m,n)$ 被称为生成核,是一个窗函数,式(4-20)中用了较常见的 5×5 窗口尺寸。$w(m,n)$ 可看成为一个二维低通滤波器,满足上述约束的一个典型的 5×5 窗口为

$$w = \frac{1}{256} \begin{bmatrix} 1 & 4 & 6 & 4 & 1 \\ 4 & 16 & 24 & 16 & 4 \\ 6 & 24 & 36 & 24 & 6 \\ 4 & 16 & 24 & 16 & 4 \\ 1 & 4 & 6 & 4 & 1 \end{bmatrix} \tag{4-21}$$

式(4-21)与归一化高斯分布近似,所以生成核 w 近似为高斯低通滤波器,也常被称为高斯核函数,这就是高斯金字塔名称的来历。

同样地,高斯金字塔 $k(k \geqslant 1)$ 层图像 G_k 的构造方法是:首先将第 $k-1$ 层图像 G_{k-1} 和具有低通特性的窗函数 $w(m,n)$(如 5×5 大小的窗口)进行卷积;再对卷积结果同时进行行方向、列方向的二抽取。G_k 的构造方法可用公式表达如下:

$$\left. \begin{aligned} G_k(i,j) &= \sum_{m=-2}^{2} \sum_{n=-2}^{2} w(m,n) G_{k-1}(2i+m, 2j+n) \\ &(1 \leqslant k \leqslant N, 0 \leqslant i \leqslant R_k, 0 \leqslant j \leqslant C_k) \end{aligned} \right\} \tag{4-22}$$

式中,N 为高斯金字塔分解的最大层数;R_k 和 C_k 分别为高斯金字塔第 k 层图像的行数、列数。可见,高斯金字塔第 k 层图像 G_k 的尺寸相比于第 $k-1$ 层图像 G_{k-1} 缩小了 4 倍。这样,由 G_0,G_1,$\cdots$,G_N 一系列逐级缩小的图像从低到高排列就形成了图像 I 的高斯金字塔,其中,G_0 为金字塔最底层,G_N 为金字塔最高层。

为简化起见,引入缩小算子 Reduce,这时式(4-22)可简化为

$$G_k = \text{Reduce}(G_{k-1}) \tag{4-23}$$

图像高斯金字塔的构成过程可以简单概括为:先将底层图像与窗口函数 $w(m,n)$ 进行卷积,即低通滤波;再对卷积结果进行降 2 下采样,并依次重复此过程即可得到图像的高斯金字塔。高斯金字塔最底层 G_0 即为原图像的精确表示。

2. 拉普拉斯金字塔

图像的拉普拉斯金字塔可以通过求取高斯金字塔中每两层图像之间的差异得到。为求出

高斯金字塔中第 k 层图层 G_k 与第 $k-1$ 层图像 G_{k-1} 之间的差异,必须把低分辨率图像 G_k 进行扩充,使其尺寸和高分辨率图像 G_{k-1} 一样。

与图像缩小 Reduce 的过程相反,定义图像的扩大算子 Expand 为

$$G_k^* = \text{Expand}(G_k) \qquad (4-24)$$

其中,G_k^* 与 G_{k-1} 尺寸相同。具体运算是通过对第 k 层图像 G_k 进行插值放大,由下式实现:

$$G_k^*(i,j) = 4 \sum_{m=-2}^{2} \sum_{n=-2}^{2} w(m,n) G'_k \left(\frac{i-m}{2}, \ \frac{j-n}{2} \right) \qquad (4-25)$$

$$(1 \leqslant k \leqslant N, 0 \leqslant i \leqslant R_{k-1}, 0 \leqslant j \leqslant C_{k-1})$$

其中

$$G'_k \left(\frac{i-m}{2}, \ \frac{j-n}{2} \right) = \begin{cases} G_k \left(\dfrac{i-m}{2}, \ \dfrac{j-n}{2} \right), & \text{当} \dfrac{i-m}{2}, \dfrac{j-n}{2} \text{ 为整数时} \\ 0, & \text{其他} \end{cases} \qquad (4-26)$$

从式(4-25)可知,原像素之间内插的新像素是通过对原像素灰度值的加权平均来确定的。

这时,金字塔第 k 层被扩充图像 G_k^* 与第 $k-1$ 层图像 G_{k-1} 之间的差异可由下式获得:

$$\text{LP}_{k-1} = G_{k-1} - G_k^* = G_{k-1} - \text{Expand}(G_k) \qquad (4-27)$$

该式生成了拉普拉斯金字塔的第 $k-1$ 层。由于 G_k 是由 G_{k-1} 经过低通滤波和下采样得到的(见式(4-23)),其细节信息要明显少于 G_{k-1},所以,G_k 经插值得到的 G_k^* 中包含的细节信息依然会少于 G_{k-1}。LP_{k-1} 作为 G_k^* 与 G_{k-1}^* 之间的差异,同时也反映了高斯金字塔 G_k 与 G_{k-1} 两层图像之间的信息差,它包含了 G_{k-1} 经模糊、下采样得到 G_k 时丢失的高频细节信息。

完整的拉普拉斯金字塔定义如下:

$$\left. \begin{array}{ll} \text{LP}_k = G_k - \text{Expand}(G_{k+1}), & 0 \leqslant k < N \\ \text{LP}_N = G_N, & k = N \end{array} \right\} \qquad (4-28)$$

这样,由 $\text{LP}_0, \text{LP}_1, \cdots, \text{LP}_N$ 可构成图像的拉普拉斯金字塔,它的每一层是高斯金字塔同层图像与其上一层图像经插值扩充后的图像之差,这一过程相当于带通滤波,因此拉普拉斯金字塔也可称为带通塔形分解。

拉普拉斯金字塔的分解过程可以概括为 4 个步骤:低通滤波(模糊),下采样(缩小尺寸),差值(放大尺寸)和带通滤波(图像相减)。图 4-4 所示给出了图像三层拉普拉斯分解的示意图,图中左侧 G_0, G_1, G_2, G_3 构成了分解三层的高斯金字塔,右侧 $\text{LP}_0, \text{LP}_1, \text{LP}_2, \text{LP}_3$ 则构成了三层的拉普拉斯金字塔图像。可见,拉普拉斯金字塔分解与高斯金字塔分解一样,均为图像的多尺度、多分辨率分解。拉普拉斯金字塔的各层(除顶层外)均包含有图像的重要特征信息(如边缘等细节特征),这些重要信息对于图像的压缩或进一步分析、理解和处理有重要意义。在拉普拉斯金字塔中,这些特征信息被按照不同尺度分别分离在不同分解层上。

经过拉普拉斯分解得到的一系列金字塔图像还可以由反变换过程重构出原图像。下面推导重构方法,由式(4-28)可推导如下:

$$G_0 = \text{LP}_0 + \text{Expand}(G_1)$$

$$G_1 = \text{LP}_1 + \text{Expand}(G_2)$$

$$\cdots\cdots$$

$$G_{N-1} = \text{LP}_{N-1} + \text{Expand}(G_N)$$

$$G_N = \text{LP}_N$$

综合起来,可得到拉普拉斯金字塔重构公式为

$$\left.\begin{aligned} G_N &= \mathrm{LP}_N, & k = N \\ G_k &= \mathrm{LP}_k + \mathrm{Expand}(G_{k+1}), & 0 \leqslant k < N \end{aligned}\right\} \tag{4-29}$$

按照上述递推形式,由拉普拉斯金字塔顶层开始,逐层由上至下可以恢复其对应的高斯金字塔,而恢复出的高斯金字塔底层图像 G_0 即为精确重构的原图像。这表明,图像的拉普拉斯金字塔是图像的完整表示,拉普拉斯金字塔中包含有原图像中的所有信息。

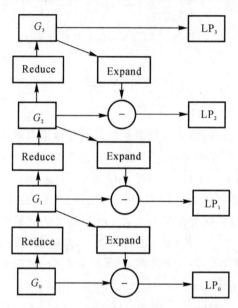

图 4 - 4　图像的三层拉普拉斯分解示意图

3.基于拉普拉斯金字塔的图像融合方法

(1)融合结构。基于拉普拉斯分解的图像融合方案如图 4 - 5 所示。这里以两幅图像的融合为例,对于多幅图像的融合方法可由此类推。设 A,B 为两幅原始图像,F 为融合后的图像。其融合基本步骤:

1)对每一源图像分别进行拉普拉斯分解,建立各图像的拉普拉斯金字塔。

2)对图像的各分解层分别进行融合处理,不同的分解层采用不同的融合算子进行融合处理,最终得到融合后图像的拉普拉斯金字塔。

3)对融合后所得拉普拉斯金字塔进行逆变换(即进行图像重构),所得到的重构图像即为融合图像。

(2)融合算法。在图像融合过程中,融合算法的好坏直接影响融合图像的质量。目前,广为采用的融合规则主要有两大类:"基于像素"的融合规则和"基于区域"的融合规则。

Burt 首先提出了"基于像素"的融合规则,这种融合规则的特点是根据同一个图像分解层上对应位置像素的灰度值来确定融合后图像分解层上相对位置的像素灰度值,其融合规则有:①像素灰度值选大;②像素灰度值选小;③像素灰度值的算数平均;④像素灰度值加权平均;⑤基于对比度选取最优像素值。

"基于区域"的融合算法是将图像中每个像素均看作区域或边缘的一部分,用区域和边界等图像信息来指导融合像素的选取。其基本思想是在对某一分解层图像进行融合处理时,为

了确定融合后的像素,不仅要考虑参加融合图像中对应的各像素,而且要考虑参加融合像素的局部区域,局部区域的大小可以是 $3\times3,5\times5,7\times7$ 等。总的来说,基于区域的融合规则由于考虑相邻像素的相关性,因此减少了融合像素的错误选取概率,融合效果得到了提高,但是融合算法的复杂性也相对较高。

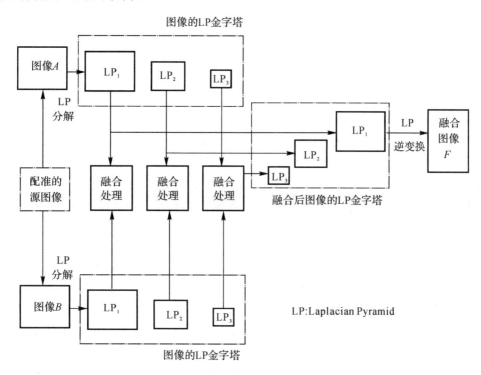

图 4-5　基于拉普拉斯分解的图像融合结构

这里给出一种基于区域特性量测的融合算法,具体内容如下。

1)分别计算两幅图像相应分解层上对应局部区域的"能量" $E_{l,A}$ 及 $E_{l,B}$ 。

$$E_l(n,m)=\sum_{n'\in J,m'\in K}w'(n',m')\left[\text{LP}_l(n+n',m+m')\right]^2 \tag{4-30}$$

式中,$E_l(n,m)$ 表示拉普拉斯金字塔第 l 层上,以 (n,m) 为中心位置的局部区域能量;LP_l 表示拉普拉斯金字塔的第 l 层图像;$w'(n',m')$ 为与 L_l 对应的权系数;J,K 定义了局部区域的大小(例如 $3\times3,5\times5,7\times7$ 等);n',m' 的变化范围在 J,K 内。

2)计算两幅图像对应局部区域的匹配度 M_{AB} 。

$$M_{l,AB}(n,m)=\frac{2\sum\limits_{n'\in J,m'\in K}w'(n',m')\text{LP}_{l,A}(n+n',m+m')\text{LP}_{l,B}(n+n',m+m')}{E_{l,A}(n,m)+E_{l,B}(n,m)}$$

$$\tag{4-31}$$

其中的 $E_{l,A},E_{l,B}$ 按式(4-30)计算。

3)确定融合算子。先定义一匹配度阈值 T(通常取 $0.5\sim1$),若 $M_{l,AB}(n,m)<T$,则

$$\left.\begin{aligned}\text{LP}_{l,F}(n,m)&=\text{LP}_{l,A}(n,m),\quad E_{l,A}(n,m)\geqslant E_{l,B}(n,m)\\\text{LP}_{l,F}(n,m)&=\text{LP}_{l,B}(n,m),\quad E_{l,A}(n,m)<E_{l,B}(n,m)\quad(0\leqslant l<N)\end{aligned}\right\} \tag{4-32}$$

若 $M_{l,AB}(n,m) \geqslant T$，则

$$
\left.
\begin{aligned}
\mathrm{LP}_{l,F}(n,m) &= W_{l,\max}(n,m)\mathrm{LP}_{l,A}(n,m) + W_{l,\min}(n,m)\mathrm{LP}_{l,B}(n,m), \\
&\quad E_{l,A}(n,m) \geqslant E_{l,B}(n,m) \\
\mathrm{LP}_{l,F}(n,m) &= W_{l,\min}(n,m)\mathrm{LP}_{l,A}(n,m) + W_{l,\max}(n,m)\mathrm{LP}_{l,B}(n,m), \\
&\quad E_{l,A}(n,m) < E_{l,B}(n,m)
\end{aligned}
\right\} \quad (0 \leqslant l < N)
$$

$$(4-33)$$

其中

$$
\begin{cases}
W_{l,\min}(n,m) = \dfrac{1}{2} - \dfrac{1}{2}\left(\dfrac{1 - M_{l,AB}(n,m)}{1 - T}\right) & (0 \leqslant l < N) \\
W_{l,\max}(n,m) = 1 - W_{l,\min}(n,m)
\end{cases}
$$

以上各式中的 $\mathrm{LP}_{l,F}$ 表示融合后拉普拉斯金字塔的第 l 层图像。

从上面的算法可以看出，当图像 A,B 对应分解层上对应局部区域间的匹配度小于阈值 T 时，说明两图像在该区域上的"能量"差别较大，此时选择"能量"大的中心像素作为融合后图像在该区域上的中心像素（见式(4-32)）；反之，当图像 A,B 对应局部区域间的匹配度大于或等于阈值 T 时，说明两图像在该区域上的"能量"相近，此时采用加权融合算子确定融合后的中心像素灰度值（见式(4-33)）。

4.4.2 基于小波变换的图像融合方法

小波变换能够将图像在各个尺度上分解出三个不同方向的细节信息，并且变换后的信息相较于原始图像信息无冗余，这种具有良好时频定位特性的方法在近年来快速发展起来的图像融合领域得到了广泛的应用。

小波变换是将信号投影到一族小波函数上，并将信号分解为这一系列小波函数的叠加。这些小波函数是由一个基本小波函数通过尺度伸缩和平移变换得到的。在无人机数字图像处理中，主要关注二维离散小波变换。

1. 二维离散小波变换

设 $\{V_j\}_{j \in \mathbf{Z}}$ 是 $L^2(R)$ 中由正交尺度函数 $\varphi(x)$ 生成的一个正交多分辨分析，$\psi(x)$ 为相应的正交小波，二维可分离多分辨分析可以由一维多分辨分析的张量积构造而成。

令 $V_j^2 = V_j \otimes V_j$，其中 $\otimes$ 为张量运算，则可证明张量空间 $\{V_j^2\}_{j \in \mathbf{Z}}$ 构成了 $L^2(R^2)$ 的一个多分辨分析，即 $\{V_j^2\}_{j \in \mathbf{Z}}$ 满足以下特性。

(1)嵌套性：$\cdots \subset V_{j-1}^2 \subset V_j^2 \subset V_{j+1}^2 \cdots, \forall j \in \mathbf{Z}$。

(2)逼近性：$\bigcap\limits_{j \in \mathbf{Z}} V_j^2 = \{0\}$，$\overline{\bigcup\limits_{j \in \mathbf{Z}} V_j^2} = L^2(R^2)$，这里用 $\overline{X}$ 表示集合 X 的闭包。

(3)伸缩性：$f(x,y) \in V_j^2 \Leftrightarrow f(2x,2y) \in V_{j+1}^2, \forall j \in \mathbf{Z}$。

(4)平移不变性：$f(x,y) \in V_0^2 \Leftrightarrow f(x-k_1,y-k_2) \in V_0^2, \forall k_1, k_2 \in \mathbf{Z}$。

同时，可证明二维多分辨分析 $\{V_j^2\}_{j \in \mathbf{Z}}$ 的二维尺度函数 $\varphi(x,y)$ 为

$$\varphi(x,y) = \varphi(x)\varphi(y) \tag{4-34}$$

对于每一个 $j \in \mathbf{Z}$，尺度函数 $\varphi(x,y)$ 的二进伸缩和整数平移函数集 $\{\varphi_{j,k_1,k_2}(x,y) \mid \varphi_{j,k_1,k_2}(x,y) = \varphi_{j,k_1}(x)\varphi_{j,k_2}(y) = 2^j \varphi(2^j x - k_1)\varphi(2^j y - k_2)\}_{k_1,k_2 \in \mathbf{Z}}$ 构成了子

空间 V_j^2 的标准正交基。式(4-34)表明了二维多分辨分析中尺度函数的可分离性，$\{V_j^2\}_{j\in\mathbf{z}}$ 也因此被称为 $L^2(R^2)$ 的可分离多分辨分析。由于 $\varphi(x)$ 和 $\varphi(y)$ 都是具有低通特性的尺度函数，所以 $\{V_j^2\}_{j\in\mathbf{z}}$ 是具有低通性质的空间，信号 $f(x,y)$ 在空间序列 $\{V_j^2\}_{j\in\mathbf{z}}$ 上的投影反映了信号在不同尺度上的低频近似信息。将 $\{V_j^2\}_{j\in\mathbf{z}}$ 在 $\{V_{j+1}^2\}_{j\in\mathbf{z}}$ 中的正交补空间记为 $\{W_j^2\}_{j\in\mathbf{z}}$。

由于

$$\begin{aligned}
V_{j+1}^2 &= V_{j+1}\otimes V_{j+1} = \\
&= [V_j\oplus W_j]\otimes[V_j\oplus W_j] = \\
&= [V_j\otimes V_j]\oplus[V_j\otimes W_j]\oplus[W_j\otimes V_j]\oplus[W_j\otimes W_j]= \\
&= V_j^2\oplus[V_j\otimes W_j]\oplus[W_j\otimes V_j]\oplus[W_j\otimes W_j]
\end{aligned} \tag{4-35}$$

所以可知，补空间 $\{W_j^2\}_{j\in\mathbf{z}}$ 由三部分组成，即 $V_j\otimes W_j,W_j\otimes V_j,W_j\otimes W_j$。这三部分对应着三个基本小波，分别为

$$\left.\begin{aligned}
\psi^1(x,y) &= \varphi(x)\psi(y) \\
\psi^2(x,y) &= \psi(x)\varphi(y) \\
\psi^3(x,y) &= \psi(x)\psi(y)
\end{aligned}\right\} \tag{4-36}$$

对于每一个 $j\in\mathbf{Z}$，它们构成的小波基函数为

$$\left.\begin{aligned}
\psi_{j,k_1,k_2}^1(x,y) &= \varphi_{j,k_1}(x)\psi_{j,k_2}(y) = 2^j\varphi(2^jx-k_1)\psi(2^jy-k_2) \\
\psi_{j,k_1,k_2}^2(x,y) &= \psi_{j,k_1}(x)\varphi_{j,k_2}(y) = 2^j\psi(2^jx-k_1)\varphi(2^jy-k_2) \\
\psi_{j,k_1,k_2}^3(x,y) &= \psi_{j,k_1}(x)\psi_{j,k_2}(y) = 2^j\psi(2^jx-k_1)\psi(2^jy-k_2)
\end{aligned}\right\} \tag{4-37}$$

可以证明，它们构成了 $\{W_j^2\}_{j\in\mathbf{z}}$ 的标准正交基。

由于上述三个正交基中都至少包含一个带通的小波函数 $\psi(x)$ 或 $\psi(y)$，所以它们具有带通特性，即 $\{W_j^2\}_{j\in\mathbf{z}}$ 的三部分反映的都是细节信息。

综上所述，空间 V_j^2 和 W_j^2 分别由 $\{\varphi_{j,k_1,k_2}(x,y)\}_{k_1,k_2\in\mathbf{z}}$ 与 $\{\psi_{j,k_1,k_2}^1(x,y),\psi_{j,k_1,k_2}^2(x,y),\psi_{j,k_1,k_2}^3(x,y)\}_{k_1,k_2\in\mathbf{z}}$ 组成。

设 $f(x,y)\in L^2(R^2)$，$f_j(x,y)$ 与 $w_j(x,y)$ 分别是信号 $f(x,y)$ 在 V_j^2 和 W_j^2 中的近似信号与细节信号，即 $f_j(x,y)\in V_j^2,w_j(x,y)\in W_j^2$，则有

$$f_j(x,y) = \sum_{k_1,k_2\in\mathbf{z}} c_{j,k_1,k_2}\varphi_{j,k_1,k_2}(x,y)$$

$$w_j(t) = \sum_{k_1,k_2\in\mathbf{z}} d_{j,k_1,k_2}^1\psi_{j,k_1,k_2}^1(x,y) + \sum_{k_1,k_2\in\mathbf{z}} d_{j,k_1,k_2}^2\psi_{j,k_1,k_2}^2(x,y) + \sum_{k_1,k_2\in\mathbf{z}} d_{j,k_1,k_2}^3\psi_{j,k_1,k_2}^3(x,y)$$

其中

$$\begin{aligned}
c_{j,k_1,k_2} &= <f(x,y),\varphi_{j,k_1,k_2}(x,y)> \\
d_{j,k_1,k_2}^1 &= <f(x,y),\psi_{j,k_1,k_2}^1(x,y)> \\
d_{j,k_1,k_2}^2 &= <f(x,y),\psi_{j,k_1,k_2}^2(x,y)> \\
d_{j,k_1,k_2}^3 &= <f(x,y),\psi_{j,k_1,k_2}^3(x,y)>
\end{aligned}$$

根据两尺度方程和小波方程，可以证明系数 c_{j,k_1,k_2} 和 $d_{j,k_1,k_2}^1,d_{j,k_1,k_2}^2,d_{j,k_1,k_2}^3$ 满足如下递归运算关系：

$$c_{j-1,k_1,k_2} = \sqrt{2} \sum_{m,n} h^*_{m-2k_1} h^*_{n-2k_2} c_{j,m,n}$$

$$d^1_{j-1,k_1,k_2} = \sqrt{2} \sum_{m,n} h^*_{m-2k_1} g^*_{n-2k_2} c_{j,m,n}$$

$$d^2_{j-1,k_1,k_2} = \sqrt{2} \sum_{m,n} g^*_{m-2k_1} h^*_{n-2k_2} c_{j,m,n}$$

$$d^3_{j-1,k_1,k_2} = \sqrt{2} \sum_{m,n} g^*_{m-2k_1} g^*_{n-2k_2} c_{j,m,n}$$

$$(4-38)$$

而由 c_{j-1,k_1,k_2} 和 $d^1_{j-1,k_1,k_2}, d^2_{j-1,k_1,k_2}, d^3_{j-1,k_1,k_2}$ 到 c_{j,k_1,k_2} 的重构方程为

$$c_{j,k_1,k_2} = \sum_{m,n} h_{k_1-2m} h_{k_2-2n} c_{j-1,m,n} + \sum_{m,n} h_{k_1-2m} g_{k_2-2n} d^1_{j-1,k_1,k_2} +$$

$$\sum_{m,n} g_{k_1-2m} h_{k_2-2n} d^2_{j-1,k_1,k_2} + \sum_{m,n} g_{k_1-2m} g_{k_2-2n} d^3_{j-1,k_1,k_2}$$

$$(4-39)$$

$\{h_k\}_{k\in\mathbf{z}}$ 是由尺度函数 $\varphi(x)$ 的双尺度方程确定的滤波器系数序列,可看作一维的低通滤波器;$\{g_k\}_{k\in\mathbf{z}}$ 可以看作一维的高通滤波器。

$\{c_{j-1,k_1,k_2}\}_{k_1,k_2\in\mathbf{z}}$ 和 $\{d^1_{j-1,k_1,k_2}, d^2_{j-1,k_1,k_2}, d^3_{j-1,k_1,k_2}\}_{k_1,k_2\in\mathbf{z}}$ 分别是 $\{c_{j,k_1,k_2}\}_{k_1,k_2\in\mathbf{z}}$ 的低频近似信号和高频细节信号。

式(4-38)和式(4-39)分别为二维 Mallat 快速分解算法和重构算法,相应的滤波器组表示如图 4-6 所示。

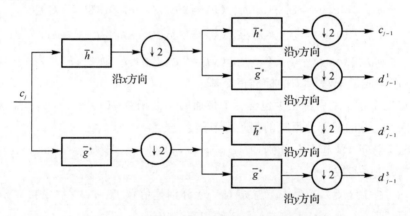

图 4-6　二维 Mallat 快速算法的滤波器组表示

从图 4-6 中可以看出,二维小波分解的具体过程为:先对图像 c_j 中每一行构成的一维数据进行一维小波分解,再对分解形成的低、高频信息中每一列的一维数据做一维小波分解,最终得到四个子带图像:$c_{j-1}, d^1_{j-1}, d^2_{j-1}$ 和 d^3_{j-1}。其中,c_{j-1} 经过行低通、列低通得到,因此它包含着图像的低频近似信息;d^1_{j-1} 由行低通、列高通获得,常被记为 d^{LH}_{j-1}(这里 L 表示低通滤波,H 表示高通滤波),对应着垂直方向上的高频成分,即水平边缘细节信息;d^2_{j-1} 由行高通、列低通得到,记为 d^{HL}_{j-1},对应于水平方向上的高频成分,即垂直边缘细节信息;d^3_{j-1} 经行高通、列高通获得,记为 d^{HH}_{j-1},包含着对角方向上的高频成分,即对角边缘细节信息。

上述二维小波分解过程可在低频子带上递归进行,如图 4-7(a)和(b)所示,分别给出了一幅图像经二层小波分解后的树形和塔形结构示意图。如图 4-8 所示,以无人机图像(见图 4-8(a))为例展示了其经二层 Harr 小波分解后的塔形结果(见图 4-8(b)),可以看出分解后

所有子带图像的数据总量与原始图像数据量相同,这说明小波变换与金字塔变换不同,不会分解出冗余的信息。二维小波重构过程是小波分解的逆过程,可由式(4-39)完成。

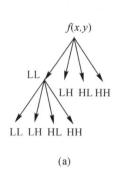

(a)

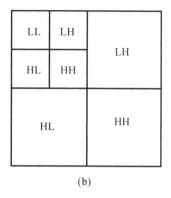

(b)

图 4-7　图像小波分解的结构图

(a)树形结构;(b)塔形结构

（a）

（b）

图 4-8　原始图像及其小波分解结果

(a)无人机图像;(b)二层小波分解结果

2.基于小波变换的图像融合方法

小波变换能够将图像分解到不同尺度的多个频带上,符合人眼视觉的多通道分解规律,而且分解后的信息无冗余,具有较好的压缩特性。基于小波变换的图像融合框架和基于金字塔变换的融合框架类似,图像融合过程在各个尺度的各个子带上分别进行。具体融合过程如图4-9所示。

基于小波变换的图像融合算法的性能主要取决于该算法的融合准则,不同的融合准则往往在表达图像细节特征显著程度时有所不同。下面介绍两种基于小波变换的图像融合算法。

(1)选取系数绝对值最大的融合方法。

图像经小波变换后,低频子带系数可以反映图像的平均能量,而高频子带系数能够反映图像在水平(LH)、垂直(HL)、对角(HH)三个方向上的边缘、纹理等细节信息。高频小波系数的绝对值能够在一定程度上反映图像灰度变化的剧烈程度,也就是说,绝对值较大的高频小波系数表明图像在该位置处灰度变化较剧烈,可能对应着较强的边缘、纹理等显著细节特征,这种较剧烈的灰度变化和较显著的细节特征会给人眼带来比较强烈的刺激和感受。因此选取系数绝对值较大的高频小波系数作为融合后的高频小波系数,有利于提高融合图像的视觉效果。

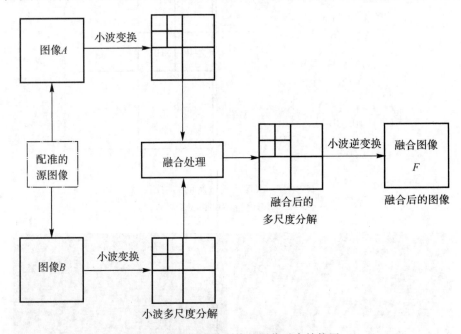

图 4-9　基于小波变换的图像融合结构图

设源图像 A,B 经 J 层小波分解后得到系数 $\{cA,dA_j^\varepsilon\}$,$\{cB,dB_j^\varepsilon\}$,融合图像 F 对应的系数为 $\{cF,dF_j^\varepsilon\}$。定义,$cX(X=A,B,F)$ 表示图像 X 在第 J 层的低频尺度系数,$cX_j^\varepsilon(X=A,B,F)$ 表示图像 X 在第 $j(1\leqslant j\leqslant J)$ 层 $\varepsilon(\varepsilon=LH,HL,HH)$)方向上的高频小波系数。

低频子带的加权平均融合准则为

$$cF(m,n)=\frac{1}{2}\left[cA(m,n)+cB(m,n)\right] \quad (4-40)$$

其中,(m,n) 表示低频子带系数的位置。

高频子带的选取系数绝对值最大的融合准则为

$$dF_j^\varepsilon(m,n)=\begin{cases}dA_j^\varepsilon(m,n), & |dA_j^\varepsilon(m,n)|\geqslant|dB_j^\varepsilon(m,n)|\\ dB_j^\varepsilon(m,n), & |dA_j^\varepsilon(m,n)|<|dB_j^\varepsilon(m,n)|\end{cases} \quad (4-41)$$

(2)选取对比度绝对值最大的融合方法。关于人类视觉系统的研究表明,对于黑白图像,人类视觉实际上主要对图像灰度的局部对比度比较敏感。图像灰度的局部对比度不仅反映了图像的清晰程度,还与图像中的目标特征有关,能够表明目标包含显著特征的丰富程度,基于小波对比度的图像融合算法就是利用了人类的视觉特点,因此能够产生具有较好视觉效果的融合结果。

首先,小波对比度定义为

$$\mathrm{Ctr}X_j^\varepsilon(m,n)=\frac{dX_j^\varepsilon(m,n)}{cX_j(m,n)} \quad (4-42)$$

其中,cX_j 表示图像 $X(X=A,B)$ 在第 $j(1\leqslant j\leqslant J)$ 层上的低频近似分量,相当于局部背景

亮度；dX_j^ε 表示图像 X 在第 j 层 $\varepsilon(\varepsilon=\mathrm{LH},\mathrm{HL},\mathrm{HH})$ 方向上的高频小波系数，即局部高频分量。小波对比度 $\mathrm{Ctr}X_j^\varepsilon(m,n)$ 反映了图像 X 在第 j 层 ε 方向上位置 (m,n) 处的局部对比度信息，即高频细节相对于低频背景的强度。

在具体的融合准则中，低频子带采用加权平均的准则进行融合，即

$$cF(m,n)=\frac{1}{2}\left[cA(m,n)+cB(m,n)\right] \tag{4-43}$$

高频子带使用选取对比度绝对值最大的融合准则，即

$$dF_j^\varepsilon(m,n)=\begin{cases}dA_j^\varepsilon(m,n), & \mid \mathrm{Ctr}A_j^\varepsilon(m,n)\mid \geqslant \mid \mathrm{Ctr}B_j^\varepsilon(m,n)\mid \\ dB_j^\varepsilon(m,n), & \mid \mathrm{Ctr}A_j^\varepsilon(m,n)\mid < \mid \mathrm{Ctr}B_j^\varepsilon(m,n)\mid\end{cases} \tag{4-44}$$

这一融合算法同时考虑到高频分量（细节信息）和低频分量（背景亮度）对人类视觉的影响，更适合人眼的生理视觉特点，因此具有较好的融合效果。

4.5　基于 Contourlet 变换的多尺度图像融合方法

4.5.1　基于 Contourlet 变换的图像融合方法

Contourlet 变换是直接在离散域中利用滤波器组实现对图像的多尺度、多方向分解，可以说是一种"真正"的二维图像表示方法。

1. Contourlet 变换

Contourlet 变换的基本思想是：首先利用拉普拉斯金字塔（Laplacian Pyramid，LP）分解得到边缘的孤立断点，再使用二维方向滤波器组（Directional Filter Bank，DFB）将方向一致的断点连接成线，形成基本的轮廓段。由于该变换利用类似于轮廓段（Contour）的基本结构，灵活地在多尺度、多方向上表示图像，因此被称为 Contourlet 变换。

图 4-10 所示为 Contourlet 分解的频域示意框图，其中阴影部分表示图像分解时滤波器在频域的支撑区间，而 $\downarrow(2,2)$ 则表示经采样矩阵 $\begin{bmatrix}2 & 0 \\ 0 & 2\end{bmatrix}$ 下采样。Contourlet 分解包括尺度分解和方向子带分解两部分。其中，尺度分解是由 LP 变换完成的，它将图像分解到多个尺度上；随后，经 LP 分解得到的各个尺度高频再通过 DFB 进行频域方向分割，从而得到多个方向子带，即进行多方向分解。由此可见，Contourlet 变换是由 LP 和 DFB 结合形成的双层滤波器组结构，也被称为塔形方向滤波器组（Pyramidal Direction Filter Bank，PDFB）。

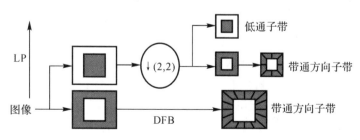

图 4-10　Contourlet 分解的频域示意图

（1）LP 变换。LP 变换的原理在之前的章节已做了详细的介绍，不再赘述。LP 变换中的

低通分解与重构滤波器可以由小波变换的低通滤波器来完成,常选用9-7小波滤波器作为LP变换中的滤波器。表4-2给出了9-7小波的一维低通滤波器系数。

表4-2 9-7小波的滤波器系数

n	0	±1	±2	±3	±4
$h(n)$	0.852 699	0.377 403	−0.110 624	−0.023 849	0.037 828
$g(n)$	0.788 486	0.418 092	−0.040 689	−0.064 539	

(2)方向滤波器组。Contourlet 变换中,方向滤波器组(DFB)是利用迭代方向滤波器组来实现二维频域的二叉树分解,即 l 层 DFB 分解是将二维频域分解成 2^l 个楔形子带。如图4-11所示,当 $l=3$ 时,频域被分解成 $2^3=8$ 个方向子带,其中 $0\sim3$ 子带对应着水平方向的细节,$4\sim7$ 子带对应着垂直方向的细节。

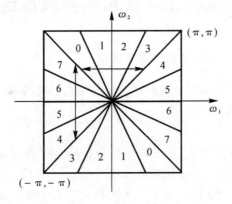

图4-11 DFB的8方向楔形子带频域分割

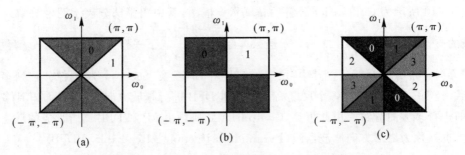

图4-12 DFB第一、二层等效滤波器的支撑频域
(a)第一层扇形滤波器;(b)第二层象限滤波器;(c)前两层的等效滤波器

直观上来讲,DFB 是由扇形滤波器(其理想支撑频域为图4-12(a)中的 0 或 1)和重采样结合起来,以实现频域方向的分割。重采样时常用的采样矩阵包括四个基本单模矩阵:

$$\boldsymbol{R}_0 = \begin{bmatrix} 1 & 1 \\ 0 & 1 \end{bmatrix}, \quad \boldsymbol{R}_1 = \begin{bmatrix} 1 & -1 \\ 0 & 1 \end{bmatrix}, \quad \boldsymbol{R}_2 = \begin{bmatrix} 1 & 0 \\ 1 & 1 \end{bmatrix}, \quad \boldsymbol{R}_3 = \begin{bmatrix} 1 & 0 \\ -1 & 1 \end{bmatrix}$$

和两个梅花形矩阵:

$$\boldsymbol{Q}_0 = \begin{bmatrix} 1 & -1 \\ 1 & 1 \end{bmatrix}, \quad \boldsymbol{Q}_1 = \begin{bmatrix} 1 & 1 \\ -1 & 1 \end{bmatrix}$$

　　DFB 实现二维频域内二叉树分解的基本思想是：当系统当前的等效滤波器是一个楔形滤波器(其支撑频域为楔形)时，如果下一级滤波器是平行四边形滤波器(其支撑频域为平行四边形)，并且此平行四边形与楔形的重合区域恰好为楔形区域的一半，则新构成系统的等效滤波器也为一个楔形滤波器，并且其支撑频域已被分为原系统滤波器支撑频域的一半。

　　以 DFB 中第一、二层滤波器结构为例(见图 4-13，其中黑色区域表示每个滤波器的理想支撑频域，$\downarrow Q$ 表示经采样矩阵 Q 进行下采样)，第一层直接采用标准的扇形滤波器将二维频域分解为水平方向与垂直方向(分别对应着图 4-12(a)中的 0 和 1)，事实上扇形滤波器正是楔形滤波器的一个特例。在第二层滤波器结构中以节点 0 支为例，由于在多维采样理论中有下采样与滤波交换的恒等式(见图 4-14)，则第二层节点 0 支滤波器结构可以等价为一个象限滤波器加一个二维下采样(见图 4-15)，该象限滤波器也是平行四边形滤波器的一个特例，其支撑频域如图 4-12(b)中阴影 0 所示。由于扇形滤波器和象限滤波器的支撑频域(即图 4-12(a)与图 4-12(b)中阴影部分)有一半重合，所以，经过 DFB 前两层滤波器后，由图 4-13 中节点 0 支的系统等效滤波器将提取出图 4-12(c)中的方向子带 0，同理，图 4-12(c)中方向子带 1,2,3 可分别由节点 1,2,3 支的等效滤波器提取出来。这样，经过 $l=2$ 层分解后，DFB 将二维频域分解成 $2^2=4$ 个楔形子带。

　　从第三层开始，由扇形滤波器与梅花形矩阵和单模矩阵构成四种分解类型，其中，0 型和 1 型分别用于分解由前两层(见图 4-13)节点 0 支和节点 1 支(也被称为上半通道)所输出的信号，而 2 型和 3 型则用于分解节点 2 支和 3 支(即下半通道)输出的信号。根据图 4-14 的恒等式理论都可等价为平行四边形滤波器。从第三层起，上半通道的各通道 DFB 滤波器结构都重复遵循一个准则：上一层的节点 0 支输出接 0 型滤波器结构，而节点 1 支输出接 1 型滤波器结构。这个准则同样适用于对下半通道 DFB 滤波器结构的扩展，并且只简单将 0 型和 1 型中的 R_0 换成 R_2，R_1 换成 R_3，Q_0 与 Q_1 互换即可得到 2 型和 3 型的滤波器结构。依据上述方式逐层扩展 DFB，可以将频域逐步细分，并最终分解得到 2^l 个楔形方向子带。

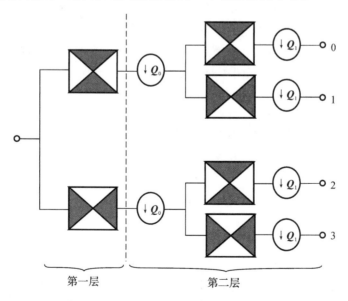

图 4-13　DFB 的第一、二层滤波器结构(黑色区域表示滤波器的理想支撑频域)

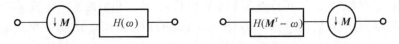

图 4-14　下采样与滤波交换的多维采样恒等式

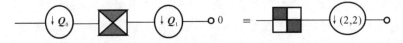

图 4-15　节点 0 支滤波器的等价结构

Contourlet 变换首先由 LP 变换将图像分解为一个低频近似图像和多个带通图像,随后各层带通图像经过 DFB 后被分解出多个不同方向的子带。如图 4-16 所示,在经过四层 Contourlet 变换后的频域分割结果中,带通图像由低到高分别被分解成 4,4,8,8 个方向子带。以图 4-17(a)为例,该图像经过一层 LP 变换后的高频细节图像再通过 DFB 分解得到的 16 个方向子带,如图 4-17(b)所示。由此可见,图像得到了很好的方向稀疏分解,并且不同的方向子带能够反映不同方向的图像信息。

与小波变换相比,Contourlet 变换能够更好地稀疏表示图像,即一幅图像经过 Contourlet 变换后只在极少的点上有数值较大的系数,而这些点正集中了这幅图像的大部分信息和能量。同时,Contourlet 变换在每个尺度上分解的方向子带数可以不同,即可以提供任意方向上的细节信息,一般分解的方向子带数为 $2^l (l \in \mathbf{N})$。

2.基于 Contourlet 变换的图像融合方法

以红外图像(IR)与可见光图像(V)融合为例,介绍基于 Contourlet 变换的红外与可见光图像融合方法。

红外图像是根据物体的热辐射特性成像的,因此能够提供热目标的位置信息(如隐藏在树林和草丛中的人员、车辆与火炮),但红外图像对场景的亮度变化不敏感,成像清晰度低,不利于人眼判读;而可见光图像主要是根据物体的光谱反射成像的,其图像能有效地反映不同地物的轮廓与光谱信息,能够提供较丰富的背景信息,整体清晰度较高,能够较好地描述场景中的环境信息,但对目标场景的热对比度不敏感。将红外与可见光图像进行融合将有利于综合红外图像的热目标位置信息和可见光图像的丰富背景信息,实现信息互补,从而提高对目标的识别能力和对环境的解译能力。

(1)低频分量融合策略。由于红外图像与可见光图像中局部区域经常存在灰度差异较大的情况,对低频系数采取基于局部能量和局部方差的低频系数融合策略,低频的局部能量与局部方差分别定义如下:

$$\bar{E}_J(x,y) = \frac{1}{M \times N} \sum_{r=-(M-1)/2}^{(M-1)/2} \sum_{c=-(N-1)/2}^{(N-1)/2} a_J(x+r, y+c) \tag{4-45}$$

式中,$\bar{E}_J(x,y)$ 表示 (x,y) 局部低频系数能量。局部区域 $M \times N$ 一般取为 $3 \times 3, 5 \times 5$ 等。

$$\sigma_J(x,y) = \frac{1}{M \times N} \sum_{r=-(M-1)/2}^{(M-1)/2} \sum_{c=-(N-1)/2}^{(N-1)/2} [a_J(x+r, y+c) - \bar{a}_J(x,y)]^2 \tag{4-46}$$

式中,$\sigma_J(x,y)$ 表示点 (x,y) 的局部低频系数方差;$\bar{a}_J(x,y)$ 为局部低频系数均值。局域方差反映了该局部区域内图像灰度变化的剧烈程度,从而在一定程度上反映了该局域内图像的清晰程度。

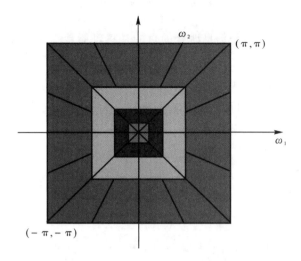

图 4 - 16　Contourlet 变换的频域分割

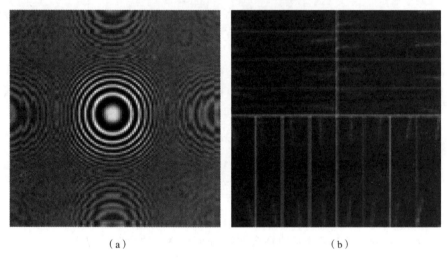

（a）　　　　　　　　　　　　（b）

图 4 - 17　Contourlet 变换 DFB 分解后高频方向子带的示例

（a）源图像；（b）一层 LP 变换后由 DFB 分解的 16 个方向子带

若红外图像某点 (x,y) 的 $\overline{E}_J(x,y)$ 值远高于红外图像的整体能量均值,表明该点趋于红外图像的热目标区域,应将红外图像在该点的低频子带系数作为融合图像的低频子带系数;否则,按 $\sigma_J(x,y)$ 值选择低频子带系数,选择 $\sigma_J(x,y)$ 值较大的低频子带系数作为融合图像的低频子带系数。

低频分量融合策略归纳如下：

$$a_J^F(x,y)=\begin{cases} a_J^{IR}(x,y), & \dfrac{\overline{E}_J^{IR}(x,y)}{E_J^{IR}} > T_1 \\[2mm] a_J^{IR}(x,y), & \dfrac{\overline{E}_J^{IR}(x,y)}{E_J^{IR}} \leqslant T_1 \text{ 且 } \sigma_J^{IR}(x,y) > \sigma_J^{V}(x,y) \\[2mm] a_J^{V}(x,y), & \dfrac{\overline{E}_J^{IR}(x,y)}{E_J^{IR}} \leqslant T_1 \text{ 且 } \sigma_J^{IR}(x,y) \leqslant a_J^{V}(x,y) \end{cases} \qquad (4-47)$$

式中，T_1 为设定的阈值。

（2）高频分量融合策略。高频信息融合的目的是尽可能地提取源图像中的细节信息。根据人类视觉系统对局部对比度比较敏感，同时具有频率和方向选择特性的特点，结合 Contourlet 变换的多方向和良好的频域局部特性，在 Contourlet 变换域中也引入局部方向对比度的概念，以局部方向对比度作为量测算子，进行高频方向子带系数的选取，以获取源图像中的细节信息，进而获得视觉良好的融合图像。

局部方向对比度定义如下：

$$\text{Con}_{j,k}(x,y) = \frac{|d_{j,k}(x,y)|}{\bar{c}_j(x,y)} \tag{4-48}$$

其中，$\text{Con}_{j,k}(x,y)$ 表示在尺度 j、方向 $k(k=1,2,\cdots,2^l)$ 处的局部方向对比度；$d_{j,k}(x,y)$ 为在尺度 j、方向 k、点 (x,y) 处的高频方向子带系数；$\bar{c}_j(x,y)$ 相当于尺度 j 的低频子带 c_J 在点 (x,y) 处的局部区域的均值，即

$$\bar{c}_j(x,y) = \frac{1}{M \times N} \sum_{r=-(M-1)/2}^{(M-1)/2} \sum_{c=-(N-1)/2}^{(N-1)/2} c_J(x+r, y+c) \tag{4-49}$$

局部区域 $M \times N$ 一般取为 $3 \times 3, 5 \times 5$ 等。

$\text{Con}_{j,k}(x,y)$ 量测算子反映了人眼视觉对该局部的敏感程度，$\text{Con}_{j,k}(x,y)$ 值愈大，表明该点所在局部特征愈加显著，人眼更容易辨识。因此可采用以上定义的局部对比度量测算子指导高频系数的选取，即

$$d_{j,k}^F(x,y) = \begin{cases} d_{j,k}^V(x,y), & \text{Con}_{j,k}^V(x,y) > \text{Con}_{j,k}^{IR}(x,y) \\ d_{j,k}^{IR}(x,y), & \text{Con}_{j,k}^V(x,y) \leqslant \text{Con}_{j,k}^{IR}(x,y) \end{cases} \tag{4-50}$$

根据上述融合策略，可以得到融合图像 F 的 Contourlet 系数，再经过 Contourlet 逆变换，就可以重构出融合图像 F。

4.5.2 基于 Contourlet 变换脉冲耦合神经网络 PCNN 的图像融合方法

1. 脉冲耦合神经网络 PCNN

脉冲耦合神经网络模型，即 PCNN 模型，是通过模拟猫的大脑视觉皮层中同步脉冲发放现象而建立起来的一个简化模型。该模型在受到图像信号激励时，会产生一系列的二值脉冲图像，脉冲序列中常包含有图像的边缘、纹理等特征信息，使用这些脉冲输出可以更容易对图像内容做出判断。另外，PCNN 是单层神经网络模型，不需要训练过程即可实现模式识别、图像分割、目标分类等，因此适合于实时图像处理环境。

（1）PCNN 基本模型。PCNN 模型是一个由若干神经元互相连接的单层反馈型网络，其中的每一个神经元都由接收域、耦合调制域和脉冲发生器三部分组成，这个模型是对真实神经元的简化与近似反映。对于神经网络中位于 (i,j) 的神经元，在时刻 n 受到外界刺激信息 S_{ij} 和相邻 $k \times l$ 邻域内其他神经元 $n-1$ 时刻脉冲信息 $\{Y_{kl}\}$ 影响后，其反馈输入 F_{ij}、线性连接输入 L_{ij}、内部活动项 U_{ij}、膜电位动态阈值 θ_{ij} 及脉冲发生器中输出 Y_{ij} 用数学的离散形式可以描述如下：

$$F_{ij}(n)=\mathrm{e}^{-\alpha_F}F_{ij}(n-1)+V_F\sum_{kl}M_{ijkl}Y_{kl}(n-1)+S_{ij} \quad (\mathrm{a})$$

$$L_{ij}(n)=\mathrm{e}^{-\alpha_L}L_{ij}(n-1)+V_L\sum_{kl}W_{ijkl}Y_{kl}(n-1) \quad (\mathrm{b})$$

$$U_{ij}(n)=F_{ij}(n)[1+\beta_{ij}L_{ij}(n)] \quad (\mathrm{c})$$

$$Y_{ij}(n)=\begin{cases}1,U_{ij}(n)>\theta_{ij}(n-1)\\0,U_{ij}(n)\leqslant\theta_{ij}(n-1)\end{cases} \quad (\mathrm{d})$$

$$\theta_{ij}(n)=\mathrm{e}^{-\alpha_\theta}\theta_{ij}(n-1)+V_\theta Y_{ij}(n) \quad (\mathrm{e})$$

$$(4-51)$$

图 4-18 所示为 PCNN 中位于 (i,j) 处单个神经元的模型,其中,以 (i,j) 为中心、大小为 $k\times l$ 局部邻域内的其他神经元将上一时刻输出的脉冲序列输入到该神经元中,从而影响着该神经元的脉冲输出,$k\times l$ 则被称为 PCNN 的连接范围。神经元接收域的作用就是接收来自外部或相邻神经元的输入信息,它由线性连接输入通道(Linking input)和反馈输入通道(Feeding input)两部分组成。线性连接输入部分 L_{ij} 接收来自局部相邻神经元输入的信息 $\{Y_{kl}\}$(见式(4-51)(b)),而反馈输入部分 F_{ij} 除了接收这种局部输入信息外,还直接接收来自外部的刺激信息输入 S_{ij}(见式(4-51)(a))。随后,耦合调制域将加有偏置的线性连接输入部分和反馈输入部分相乘得到神经元的内部活动项 U_{ij}(见式(4-51)(c))。在脉冲发生器中,Y_{ij} 能否产生脉冲取决于该神经元的内部活动项 U_{ij} 能否超过其膜电位的动态阈值 θ_{ij}(见式(4-51)(d)),这个阈值随着该神经元输出状态的变化而发生相应变化(见式(4-51)(e))。若该神经元有电脉冲输出(即点火),则其膜电位的动态阈值会突然增加,这将使得下一时刻该神经元不可能再产生脉冲输出,于是动态阈值又开始指数衰减,当阈值衰减到小于该时刻的神经元内部活动项值时,脉冲又再次产生,如此可以周而复始。

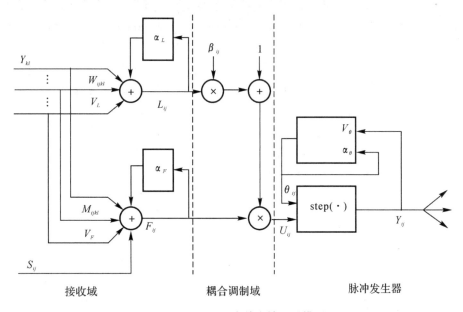

图 4-18　PCNN 中单个神经元模型

式(4-51)中,α_F,α_L 和 α_θ 分别表示反馈输入 F_{ij}、线性连接输入 L_{ij} 和动态阈值 θ_{ij} 的衰减时间常数,且通常有 $\alpha_F<\alpha_\theta<\alpha_L$;而 V_F,V_L 和 V_θ 分别为反馈放大系数、连接放大系数和阈值放大系数,通常取 $V_L=1$,同时由于 V_θ 决定了神经元点火时刻阈值的提升程度,对神经元点火

周期起重要调节作用,因此通常取值较大。M_{ijkl} 为反馈输入 F_{ij} 中 Y_{kl} 的加权系数,W_{ijkl} 则为线性连接输入 L_{ij} 中 Y_{kl} 的加权系数,均表示中心神经元受周围神经元影响的大小,能够反映邻近神经元对中心神经元传递信息的强弱,通常设 M_{ijkl},W_{ijkl} 为邻近神经元与中心神经元之间欧几里德距离的倒数。β_{ij} 为连接强度,决定了线性连接输入 L_{ij} 对内部活动项 U_{ij} 的贡献。$\beta_{ij} \neq 0$ 时,PCNN 各神经元之间存在耦合连接,一个神经元的点火会对其连接范围内的其他神经元做出贡献,通常根据经验选择连接强度并设其为常数。一个神经元由于其邻近神经元的点火而导致其提前点火的行为,被称作捕获点火。显然,各神经元对应的外部激励信号差异越小,越容易被捕获,这就是 PCNN 以相似性集群发放同步脉冲的传播特性。

(2)PCNN 模型的特点。与传统的神经网络相比,PCNN 模型有以下几个显著的特点。

1)PCNN 中神经元的内部活动项是该神经元收到的所有外部输入信号和周围神经元对其影响的综合,即输入信号和连接输入的一种非线性调制,而通常传统神经元的输入是周围相连神经元各自加权输入的代数和。

2)PCNN 中神经元的输出是二值脉冲时间序列,不受输入信号幅度的影响。

3)PCNN 模型体现了神经元特有的非线性特性,其反馈输入、线性连接输入和阈值控制机制都有指数衰减,这比一般传统的神经网络模型复杂。

4)PCNN 模型中,所有神经元在同一时刻输出的脉冲个数能够反映空间特性,而不同时刻输出的脉冲序列能够反映输入外部激励大小的时间特性,这是 PCNN 的综合时空特性。

概括起来,PCNN 的基本特性有变阈值特性、非线性调制特性、同步脉冲发放现象、捕获特性和综合时空特性。

2. 基于 Contourlet 变换脉冲耦合神经网络的图像融合方法

(1)PCNN 的外部激励。为了更好地模拟人眼视觉神经系统对图像中边缘、结构等重要特征的敏感性,选用图像分类中映射最小二乘支撑向量机 (Mapped LS - SVM) 的支撑值 SPV 作为外部激励输入,在 Mapped LS - SVM 中,使用一个支撑值滤波器(Support Value Filter)与图像卷积,就能够快速有效地计算出图像中训练向量对应的支撑值。虽然支撑值计算出来稍有不同,但是依然遵循越靠近超平面的向量对应的支撑值数值越大,而这一规律对于选择支撑值作为反映子带图像的特征仍然有很大的帮助。Mapped LS - SVM 中的支撑值能够反映隐藏在图像中的显著性信息,目前已经被应用于图像融合领域中。

在 Mapped LS - SVM 中,当训练向量窗口尺寸为 5×5,高斯核函数中参数 $\sigma^2 = 0.3$,LS - SVM 的惩罚因子 $\gamma = 1$ 时,支撑值滤波器为

$$sv = \begin{bmatrix} -0.015\ 8 & -0.013\ 6 & -0.010\ 2 & -0.013\ 6 & -0.015\ 8 \\ -0.013\ 6 & -0.013\ 0 & -0.060\ 2 & -0.013\ 0 & -0.013\ 6 \\ -0.010\ 2 & -0.060\ 2 & 0.505\ 1 & -0.060\ 2 & -0.010\ 2 \\ -0.013\ 6 & -0.013\ 0 & -0.060\ 2 & -0.013\ 0 & -0.013\ 6 \\ -0.015\ 8 & -0.013\ 6 & -0.010\ 2 & -0.013\ 6 & -0.015\ 8 \end{bmatrix}$$

如果设 $C_{i,j}^{s,l}$ 为 CT 分解后第 s 层、第 l 个方向子带内处于位置 (i,j) 的高频系数,那么该位置处对应的支撑值可以计算为

$$I_{i,j}^{s,l} = \sum_{m=-2}^{2} \sum_{n=-2}^{2} sv(m+3, n+3) C_{i+m,j+m}^{s,l} \tag{4-52}$$

即在各个子带内,某位置对应的支撑值可以由以该位置为中心滑动窗口内的系数计算

得到。

（2）PCNN 参数的自适应选取。PCNN 中的模型参数直接影响着该模型对子带图像全局信息的利用程度。然而，通常人们在建立 PCNN 模型时，神经元之间的局部连接范围被设定为固定大小（3×3 或者 5×5），连接强度也常被设为常数并且根据实验或者经验选择一个合适的数值来使用。也有学者考虑到人眼视觉神经系统中各个神经元的连接强度不会完全相同而令连接强度实时受到图像子带特征的影响，这时对应着显著特征的神经元受到相邻神经元影响越大，被捕获点火越早，点火次数也就越多，但连接范围仍被设为固定大小。若能将反映 PCNN 网络连接情况的连接强度和连接范围参数均设置成随图像中的显著特征及重要结构边界自适应变化，即按照图像本身的特征自适应调节神经元的连接强度和连接范围，可以改变神经元受到其相邻神经元输出电脉冲的影响程度，进而调控其对图像结构特征的反应程度。这里，用 CT 变换后低频子带图像的标准差来决定高频子带内相应位置处神经元的连接强度和连接范围，即低频子带图像中标准差较大的区域，其对应的高频子带中也会包含较多的显著特征，因此对应神经元的连接强度和连接范围也应该相应地增大，从而增强神经元受到其相邻神经元的影响程度。

从某个方面来讲，这种参数确定方法可以看作利用低频子带系数对图像进行区域划分，而对应同一低频区域的不同尺度、不同方向的高频子带内相应的神经元具有相同的连接强度和连接范围。具体的连接强度和连接范围的确定方法简单介绍如下。

首先，用 3×3 的滑动窗口计算低频子带图像的标准差为

$$\text{Std}_{u,v} = \left(\sum_{m=-1}^{1} \sum_{n=-1}^{1} \frac{(a_{u+m,v+n} - \bar{a}_{u,v})^2}{9} \right)^{1/2} \tag{4-53}$$

式中，$a_{u,v}$ 表示位于 (u,v) 处的低频子带图像系数；$\bar{a}_{u,v}$ 则表示以 $a_{u,v}$ 为中心 3×3 邻域内的系数均值。由于在低频近似图像中还保留有细节信息的区域，它在高频子带所对应的位置处也很有可能会有比较显著的特征存在，所以，应该更关注这些对应着显著信息的位置处的神经元，并加大它们的连接强度，加宽它们的连接范围。于是，可以令系数为 $C_{i,j}^{s,l}$ 的神经元的连接强度为

$$\beta_{i,j}^{s,l} = \text{Std}_{u,v} \tag{4-54}$$

这里，低频子带内位于 (u,v) 的系数与第 s 层、第 l 个方向高频子带内位于 (i,j) 的系数都对应于图像中的同一区域。

此外，对于连接范围，可以选取 3×3 和 5×5 两种网络连接模式：

$$k_{i,j}^{s,l} \text{ 或 } l_{i,j}^{s,l} = \begin{cases} 5, & \text{Std}_{u,v} \geqslant \dfrac{1}{2} \max_{x,y}(\text{Std}_{x,y}) \\ 3, & \text{Std}_{u,v} < \dfrac{1}{2} \max_{x,y}(\text{Std}_{x,y}) \end{cases} \tag{4-55}$$

即如果以 (u,v) 为中心的低频子带区域标准差大于整个低频子带图像中所有 3×3 邻域内最大标准差的一半时，PCNN 模型的连接范围取 5×5；否则，选取 3×3 的连接方式。

按照上述方式确定连接强度和连接范围，既可以避免将参数都设定为常数时 PCNN 模型的不灵活性，也不用再针对每个高频子带分别计算各个位置神经元的参数，减少了实时计算参数的计算量。

（3）融合方法具体步骤。受到图像高频子带系数所对应的支撑值激发的神经元，当其内部

活动项高于脉冲动态阈值时就会产生一个脉冲输出(即点火)。本节所提出的基于 Contourlet (CT)变换的 PCNN 方法中,使用各神经元第一次的点火时间作为显著性度量,这是由于含有边缘信息和结构特征越丰富的子带图像区域,其对应神经元接收到的外部刺激(支撑值)越强,同时神经元的连接强度和连接范围也越大,即该神经元受到相邻神经元影响的程度越深,这时该神经元点火就越早。因此,首次点火时间能够很好地反映各神经元接收到特征的显著程度,即神经元对应子带图像的越显著,该神经元的点火越早,首次点火时间越短。

基于 CT 变换的 PCNN 融合算法具体如下。

1)将源图像 A,B 进行 CT 分解,分别得到分解系数 $\{aA,CA^{s,l}\}$, $\{aB,CB^{s,l}\}$。设融合图像为 F,其对应 Contourlet 分解系数为 $\{aF,CF^{s,l}\}$。定义 $aX(X=A,B,F)$ 表示图像 X 的低频子带图像,$CX^{s,l}(X=A,B,F)$ 则表示图像 X 在第 s 层、第 l 个方向子带上的高频系数。

2)按照式(4-52)计算两幅图像各个高频子带系数对应的支撑值。

3)支撑值作为外部激励输入到 PCNN 模型中,激发神经元的过程如下:

$$
\left.
\begin{aligned}
F_{i,j}^{s,l}(n) &= |I_{i,j}^{s,l}| \\
L_{i,j}^{s,l}(n) &= e^{-\alpha_L} L_{i,j}^{s,l}(n-1) + V_L \sum_{kl} W_{ijkl}^{s,l} Y_{k,l}^{s,l}(n-1) \\
U_{i,j}^{s,l}(n) &= F_{i,j}^{s,l}(n)[1 + \beta_{i,j}^{s,l} L_{i,j}^{s,l}(n)] \\
Y_{i,j}^{s,l}(n) &= \begin{cases} 1, & U_{i,j}^{s,l}(n) > \theta_{i,j}^{s,l}(n-1) \\ 0, & U_{i,j}^{s,l}(n) \leqslant \theta_{i,j}^{s,l}(n-1) \end{cases} \\
\theta_{i,j}^{s,l}(n) &= e^{-\alpha_\theta} \theta_{i,j}^{s,l}(n-1) + V_\theta Y_{i,j}^{s,l}(n)
\end{aligned}
\right\}
\tag{4-56}
$$

其中,连接强度和连接范围可分别由式(4-54)和式(4-55)得到。PCNN 模型按照式(4-56)迭代运行,直至神经网络中的每个神经元都至少被激活而点火一次,同时记录下每个神经元的首次点火时间 $TX_{i,j}^{s,l}(X=A,B)$,这里 $TX_{i,j}^{s,l}$ 表示在图像 X 在第 s 层、第 l 个方向高频子带上建立的 PCNN 模型中位于 (i,j) 处的神经元的首次点火时间。

4)由 $\{aA,CA^{s,l}\}$, $\{aB,CB^{s,l}\}$ 根据以下的融合准则得到融合系数 $\{aF,CF^{s,l}\}$。

低频部分:

$$
aF_{i,j} = \frac{(aA_{i,j} + aB_{i,j})}{2}
\tag{4-57}
$$

式中,$aX_{i,j}(X=A,B,F)$ 表示图像 X 的低频子带中位于 (i,j) 的系数。

高频部分:

$$
CF_{i,j}^{s,l} = \begin{cases} CA_{i,j}^{s,l}, & TA_{i,j}^{s,l} < TB_{i,j}^{s,l} \\ CB_{i,j}^{s,l}, & TA_{i,j}^{s,l} \geqslant TB_{i,j}^{s,l} \end{cases}
\tag{4-58}
$$

5)融合系数 $\{aF,CF^{s,l}\}$ 经过 CT 逆变换后,最终可以得到重构的融合图像 F。

4.5.3 基于 Contourlet 变换的压缩感知 CS 图像融合方法

基于多尺度分析理论的图像融合方法,其前提是要获得待融合图像的全部像素信息,随着传感器技术的发展,图像的尺寸越来越大,这就造成了多尺度融合方法在计算量上的显著增加,需要更多的存储空间和更长的网络传输时间,实时性差。压缩感知理论的提出,为解决该问题提供了一个方向。

压缩感知理论突破奈奎斯特采样定理的限制,利用图像的欠采样信息重构原始图像。所谓欠采样,指的是采样频率低于信号最高频率的两倍进行采样。对欠采样后的信息进行传输和处理,可以大大降低对传输带宽、图像存储和计算的要求。

1. 压缩感知 CS

压缩感知(Compressed Sensing,CS)理论是由 Tao,Candes,Donoho 以及 Baraniuk 等人提出的新的信号获取理论。压缩感知理论提出:若被采样的信号是可稀疏表示的或可压缩的,那么就可以用远低于奈奎斯特采样定理所要求的采样频率对信号进行采样,并可以精确或近似精确地恢复原始信号。

压缩感知实现过程如图 4-19 所示。

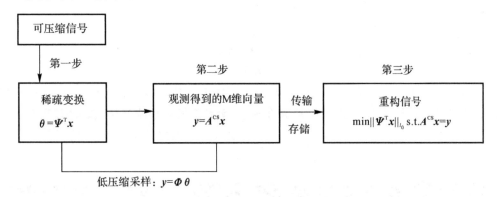

图 4-19　压缩感知实现过程

若信号 $x \in \mathbf{R}^{N \times 1}$,并且可以表示为

$$x = \sum_{n=1}^{N} \psi_n \alpha_n = \mathbf{\Psi} \boldsymbol{\alpha} \tag{4-59}$$

式中,$\boldsymbol{\alpha}$ 是由标量 α_1 到 α_N 组成的列向量;$\mathbf{\Psi}$ 是由向量 ψ_1 到 ψ_N 构成的一组基;如果 α_1 到 α_N 中只有 $K(K \ll N)$ 个系数值不为零,那么信号 x 在基 $\mathbf{\Psi}$ 上就是稀疏的,且稀疏度为 K。

然后用一个 $M \times N$ 维 $(M < N)$ 的矩阵 $\mathbf{\Phi}$ 去观测信号 x,得到观测值 y,即

$$y = \mathbf{\Phi} x \tag{4-60}$$

将式(4-59)代入式(4-60)中,有

$$y = \mathbf{\Phi} x = \mathbf{\Phi} \mathbf{\Psi} \boldsymbol{\alpha} = \mathbf{\Theta} \boldsymbol{\alpha} \tag{4-61}$$

式中,y 是 $M \times 1$ 维,$\mathbf{\Theta} = \mathbf{\Phi} \mathbf{\Psi}$ 是 $M \times N$ 维。

现在要从观测值 y 中求解出信号 x,由于 $M < N$,所以直接求解公式(4-61)是一个病态问题。但是信号 x 是 K 稀疏的,且 $K < M < N$,那么就可以通过求解一个 l_0 范数的最优化问题得到 x 的最优估计:

$$\min_{\boldsymbol{\alpha}} \| \boldsymbol{\alpha} \|_{l_0} \text{s. t. } y = \mathbf{\Theta} \boldsymbol{\alpha} \tag{4-62}$$

图 4-20 所示为基于压缩感知理论的图像融合框架。

(1)对输入图像 $\boldsymbol{A}, \boldsymbol{B}$ 进行稀疏变换,即

$$\begin{aligned} \boldsymbol{X}_A &= f(\boldsymbol{A}) \\ \boldsymbol{X}_B &= f(\boldsymbol{B}) \end{aligned} \tag{4-63}$$

式中,稀疏变换 $f(*)$ 可以是傅里叶变换、余弦变换、小波变换、Coutourlet 变换等;$\boldsymbol{X}_*$ 是稀疏变换后的稀疏矩阵。

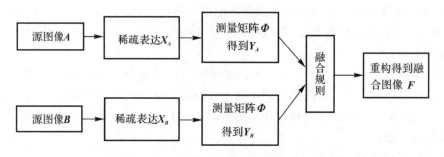

图 4 - 20　基于压缩感知理论的图像融合框架

（2）对变换后的系数进行欠采样，即

$$\left.\begin{array}{l}Y_A = \Phi \cdot X_A \\ Y_B = \Phi \cdot X_B\end{array}\right\} \qquad (4-64)$$

式中，Φ 是欠采样矩阵，完成对信号的降维处理；$\cdot$ 为矩阵的点乘运算。根据 X_* 中系数分布的特点（傅里叶变换稀疏低频在中间，高频在外部；余弦变换和小波变换系数低频在左上角，剩下的部分是高频系数），可以有星形、双星形、星圆形、单放射形等欠采样模式，如图 4 - 21 所示。

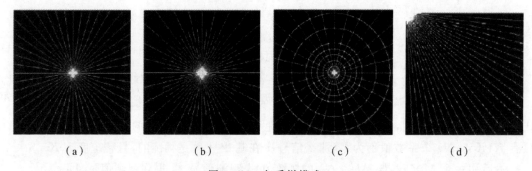

图 4 - 21　欠采样模式

(a)星形；(b)双星形；(c)星圆形；(d)单放射形

（3）使用某种规则将采样后的系数进行融合，即

$$Y_F = g(Y_A, Y_B) \qquad (4-65)$$

式中，融合规则 $g(*)$ 通常为加权平均法或者绝对值最大法。

（4）根据融合后的采样值 Y_F 和欠采样矩阵 Φ，对融合后的图像 X_F 进行压缩感知重构。重构问题是一个约束优化问题，通常有以下几种形式：

$$\min \| f(X_F) \|_{l_0} \, s.t. \, \Phi \cdot f(X_F) = Y_F \qquad (4-66)$$

$$\min \| f(X_F) \|_{l_1} \, s.t. \, \Phi \cdot f(X_F) = Y_F \qquad (4-67)$$

$$\min TV(X_F) \, s.t. \, \Phi \cdot f(X_F) = Y_F \qquad (4-68)$$

式中，$\| \|_{l_0}$，$\| \|_{l_1}$ 和 TV 表示 l_0 范数、l_1 范数和 TV 范数。

2. 基于 Contourlet 和小波变换的压缩感知 CS 图像融合方法

将 CT 变换与小波（WT）变换相结合，简称 CT - WT 变换，主要由两步组成：一是对图像进行 CT 变换，得到低频分解系数 CL 和带有 2^k 个方向子带的 l 层高频系数 CH_l；二是对 l 层高频系数 CH_l 进行 WT 变换。WT 变换具有非冗余和可完全重构的特点，变换后不增加系数的个数,也不会造成细节信息的丢失。

(1)分立欠采样模式。不同采样模式是按照稀疏变换后系数分布的特点设计的。CT - WT 分解后的高频系数的主要能量集中在左上角,可以采用图 4 - 21(d)所示的单放射形欠采样模式,也可以采用如图 4 - 22 所示的双放射形采样模式,这种采样模式在保持同一采样率的情况下,对小波变换后系数的采样较单放射形采样的得到的低频信息更多,重构图像质量更好。

图 4 - 22　双放射形欠采样模式

根据 CT - WT 分解后系数分布的特点,在双放射形欠采样模式基础上设计了分立的双放射形欠采样模式,如图 4 - 23 所示。

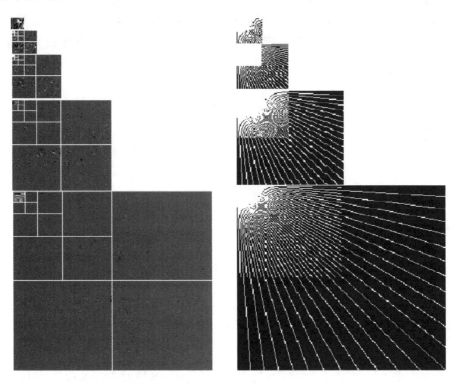

图 4 - 23　四层 CT - WT 分解后的系数及欠采样模式

该采样模式对 CT-WT 分解后的高频系数进行采样,由于低频系数不是稀疏的,所以直接在重构中使用,不进行欠采样处理。若原始图像 I 大小为 $M \times N$,进行 l 层 CT-WT 分解,得到 1 个低频系数矩阵和 l 个高频系数矩阵,那么该分立双放射形采样模式就由 l 个拥有不同采样率的双放射形采样矩阵组成,其尺寸与对应的高频系数矩阵尺寸相同,为 $(M/2^{i-1}) \times (N/2^{i-1})$,其中 $i=1,2,\cdots,l$。设各层欠采样个数分别为 $S_1, S_2, \cdots, S_l$,那么各层的采样率为

$$\mathrm{SR}_i = \frac{4^{i-1}S_i}{MN}, \quad i = 1, 2, \cdots, l \tag{4-69}$$

对于 CT-WT 分解得到的高频系数而言,随着分解层数的增加,其更高层系数的稀疏度下降,因此,随着 i 的增加,SR_i 的值也要增加。由于低频系数全部在重构中使用,所以总的欠采样率为

$$\mathrm{SR}_i = \frac{1}{4^l} + \frac{\sum\limits_{i=1}^{l} S_i}{MN} \tag{4-70}$$

(2)融合规则。这里以红外与可见光图像为例讨论融合规则,系数融合规则是红外与可见光图像融合的核心和难点,其优劣直接影响融合图像的质量。对于 CT-WT 分解的低频系数,其包含源图像的基本能量,因此采用加权平均法,保留图像的基本能量分布,即

$$\mathrm{CL}_F = (\mathrm{CL}_A + \mathrm{CL}_B)/2 \tag{4-71}$$

对于高频系数,其包含了源图像的细节信息,但是欠采样后的系数丢失了该系数的局部信息,因此不能使用局部能量法、局部方差法等利用高频系数的邻域信息确定的融合规则。

欠采样后的高频系数分为两种,一种是"近低频层",一种是"绝对高频层"。若对图像进行 4 层 CT-WT 分解,那么第 3,4 层的高频系数就是"近低频层",第 1,2 层的高频系数就是"绝对高频层"。"近低频层"的系数是粗尺度下图像的细节信息,表达的是图像的大体轮廓信息;"绝对高频层"的系数是细尺度下图像的细节信息,表达的是图像的具体细节。因此,对"近低频层"采用加权融合法,即

$$\mathrm{CH}_F(i,j) = \alpha \mathrm{CH}_A(i,j) + \beta \mathrm{CH}_B(i,j)$$

其中

$$\left.\begin{array}{l} \alpha = \dfrac{|\mathrm{CH}_A(i,j)|}{|\mathrm{CH}_A(i,j)| + |\mathrm{CH}_B(i,j)|} \\[3mm] \beta = \dfrac{|\mathrm{CH}_B(i,j)|}{|\mathrm{CH}_A(i,j)| + |\mathrm{CH}_B(i,j)|} \end{array}\right\} \tag{4-72}$$

对"绝对高频层"采用绝对值取大的融合规则,即

$$\mathrm{CH}_F(i,j) = \begin{cases} \mathrm{CH}_A(i,j), & |\mathrm{CH}_A(i,j)| \geqslant |\mathrm{CH}_B(i,j)| \\ \mathrm{CH}_B(i,j), & |\mathrm{CH}_A(i,j)| < |\mathrm{CH}_B(i,j)| \end{cases} \tag{4-73}$$

(3)算法步骤。

1)对输入的红外图像 A 和可见光图像 B 进行 CT-WT 稀疏变换,得到低频系数 CL_A,CL_B 和高频系数 CH_A,CH_B。

2)对变换后的高频系数进行分立采样。

3)对低频系数 CL_A,CL_B,近低频系数 YHL_A,YHL_B 和绝对高频系数 YHH_A,YHH_B 按照各自的规则进行融合,即

$$\left.\begin{array}{l} YCL = g_1(CL_A, CL_B) \\ YHL = g_2(YHL_A, YHL_B) \\ YHH = g_3(YHH_A, YHH_B) \end{array}\right\} \qquad (4-74)$$

式中，g_1 为式(4-71)的加权平均规则，g_2 为式(4-72)的加权规则，g_3 为式(4-73)的绝对值取大规则。

4)根据融合后的采样 YCL，YHL，YHH 和采样矩阵 **Φ**，使用非线性共轭梯度法求解最优化问题，得到融合图像 Y_F。

习 题

1.简答无人机图像融合定义。

2.简述图像融合的分类，并对比各自的优缺点。

3.画出图像融合系统的一般框架，并说明各部分的功能。

4.图像融合客观评价有哪些指标，写出各指标的数学模型。

5.简述基于主成分分析 PCA 融合方法的基本思想和方法步骤。

6.简述基于颜色空间融合的两种方法原理。

7.以 SAR 图像和多光谱图像融合为例阐述基于 IHS 变换的图像融合方法过程。

8.简答多尺度图像融合方法的基本思想。

9.论述基于拉普拉斯金字塔的图像融合方法的处理过程。

10.简述基于小波变换的图像融合方法的优点和处理思想。

11.简答基于 Contourlet 变换脉冲耦合神经网络 PCNN 的图像融合方法模型。

参 考 文 献

[1] 王海晖,彭嘉雄,吴巍,等. 多源遥感图像融合效果评价方法研究[J]. 计算机工程与应用，2003，6(11):1130-1136.

[2] Pal N R, Pal S K. Entropy: A New Definition and Its Application [J]. IEEE Transaction on Systems, Man and Cybernetics, 1991, 21(5): 1260-1270.

[3] Chavez P S, Sides S C, Anderson J A. Comparison of Three Difference Methods to Merge Multiresolution and Multispectral Data: Landsat TM and SPOT Panchromatic [J]. Photogrammetric Engineering and Remote Sensing, 1991, 57:295-303.

[4] 赵荣椿,赵忠明,等. 数字图像处理导论[M]. 西安:西北工业大学出版社,2000.

[5] 贾永红. TM 和 SAR 影像主分量变换融合法[J]. 遥感技术与应用,1998,13(1): 46-49.

[6] Burt P J. Fast filter transforms for image processing[J]. Computer Graphics and Image Processing, 1981, 16(12): 20-51.

[7] Adelson E H, Burt P J. Image data compression with Laplacian pyramid[C]. IEEE Conference on Pattern Recognition and Image Processing, 1981:218-223.

[8] Adelson E H, Anderson C H, Bergen J R, et al. Pyramid methods in image processing [J]. RCA Engineer, 1984, 29(6):33-41.

[9] Burt P J. Smart sensing within a pyramid vision machine[J]. Proceeding of the IEEE, 1988, 76(8):1006 – 1015.

[10] 刘贵喜. 多传感器图像融合方法研究[D]. 西安:西安电子科技大学, 2001.

[11] Burt P J. The Pyramid as a Structure for Efficient Computation, Multiresolution Image Processing and Analysis[M]. London: Springer – Verlag, 1984.

[12] 蒲恬, 方庆喆, 倪国强. 基于对比度的多分辨率图像融合[J]. 电子学报, 2000, 28 (12):116 – 118.

[13] Mallat S G. A theory for multiresolution signal decomposition: the wavelet representiation[J]. IEEE Transcations on Pattern Analysis and Machine Intellignece, 1989, 11(7):674 – 693.

[14] 孙延奎. 小波分析及其应用[M]. 北京:机械工业出版社, 2005.

[15] Hassainia F, Magafia I, Langevin F, et al. Image fusion by an orthogonal wavelet transform and comparison with other methods[C]. Proceeding of the Annual International Conference of the, IEEE. 1992:1246 – 1247.

[16] Do M N, Vetterli M. The Contourlet Transform: An Efficient Directional Multiresolution Image Representation[J]. IEEE Transaction on Image Processing, 2005, 14 (12):2091 – 2106.

[17] Vetterli M, Herley C. Wavelets and Filter Banks: Theory and Design[J]. IEEE Transaction on Signal Processing, 1992, 40(9):2207 – 2232.

[18] Do M N. Directional Multiresolution Image Representations[D]. Lausanne: Swiss Federal Institute of Technology, 2001.

[19] Bamberger R H, Smith M J. A Filter Bank for the Directional Decomposition of Images: Theory and Design [J]. IEEE Transaction on Signal Processing, 1992, 40(4): 882 – 893.

[20] Viscito E, Allebach J P. The Analysis and Design of Multidimensional FIR Perfect Reconstruction Filter Banks for Arbitrary Sampling Lattices [J]. IEEE Transaction on Circuits and System, 1991, 38(1): 29 – 41.

[21] Wang Z B, Ma Y D, Gu J. Multi – focus image fusion using PCNN[J]. Pattern Recognition, 2010, 43(6): 2003 – 2016.

[22] Li S T, Kwok J T, Tsang I W H, et al. Fusing images with different focuses using support vector machines [J]. IEEE Trans on neural network, 2004, 15 (6): 1555 –1561.

[23] Echkhorn R, Reitboeck H J, Arndt M, et al. Feature linking via synchronization among distributed assemblies: simulation of results from cat cortex[J]. Neural Computation, 1990, 2(3):293 – 307.

[24] Lindblad T, Kinser J M. Image Processing Using Pulse – Coupled Neural Networks [M]. 2nd ed. 马义德, 绽琨, 王兆滨, 泽. 北京:高等教育出版社, 2008.

[25] 马义德, 李廉, 绽琨, 等. 脉冲耦合神经网络与数字图像处理[M]. 北京:科学出版社, 2008.

[26] 马义德, 李廉, 王亚馥, 等. 脉冲耦合神经网络原理及应用[M]. 北京:科学出版社, 2006.

［27］ Zheng S, Sun Y Q, Tian J W, et al. Mapped least squares support vector machine regression[J]. International Journal of Pattern Recognition and Artificial Intelligence，2005，19(3):459 - 475.

［28］ Zheng S, Shi W Z, Liu J, et al. Multisource image fusion method using support value transform[J]. IEEE Transactions on Image Processing，2007，16(7):1831 - 1839.

［29］ Zheng S, Sun Y Q, Tian J W, et al. Support value based fusing images with different focuses[C]. Proceeding of 2005 International Conference on Machine Learning and Cybernetics，2005，9:5249 - 5254.

［30］ Zheng S, Liu J, Tian J W. A new efficient SVM - based edge detection method [J]. Pattern Recognition Letters，2004，25(10): 1143 - 1154.

［31］ 赵春晖，季亚新. 基于二代曲波变换和 PCNN 的高光谱图像融合算法[J]. 西北大学学报，2009,39(7):729 - 734.

［32］ 柴苗,赵明英,安鹏,等. 基于 Curvelet 和 PCNN 的图像融合[J]. 电子元器件应用，2009，11(11):87 - 89.

［33］ Wang M, Peng D L, Yang S Y. Fusion of Multi - band SAR Images Based on Nonsubsampled Contourlet and PCNN[C]. 4 th International Conference on Natural Computation，2008:529 - 533.

［34］ Qu X B, Yan J W, Xiao H Z, et al. Image fusion algorithm based on spatial frequency - motivated pulse coupled neural networks in nonsubsampled contourlet transform domain[J]. Acta Automatica Sinica，2008，34(12): 1508 - 1514.

［35］ 苗启广，王宝树. 一种自适应 PCNN 多聚焦图像融合新方法[J]. 电子与信息学报，2006,28(3):465 - 470.

［36］ Miao Q G, Wang B S. A novel image fusion algorithm based on PCNN and contrast[C]. International Conference on Communications, Circuits and Systems，2006:543 - 547.

［37］ Candes E, Romberg J, Tao T. Robust uncertainty principles:exact signal reconstruction from highly incomplete frequency information[J]. IEEE Transactions on Information Thcory，2006，52(2):489 - 509.

［38］ Candes E, Romberg J, Tao T. Stable signal recovery from incomplete and inaccurate measurements[J]. Communications on Pure and Applied Mathematics,2006，59(8): 1207 - 1223.

［39］ Candes E. Compressive sampling[C]. In Proc. Int. Congress of Mathematics, Madrid, Spain, 2006，3:1433 - 1452.

［40］ Donoho D. Compressed sensing[J]. IEEE Transactions on Information Theory，2006，52(4): 1289 - 1306.

［41］ Donoho D, Tsaig Y. Extensions of compressed sensing[J]. IEEE Signal Processing，2006，86(3): 533 - 548.

［42］ Baraniuk R. A lecture on compressive sensing[J]. IEEE Signal Processing，2007，14(7): 118 - 121.

［43］ 吴新杰，黄国兴，王静文. 压缩感知在电容层析成像流型辨识中的应用[J]. 光学精密工程,2013,21(4):1062 - 1068.

第 5 章 无人机图像判读

图像判读(Image Interpretation),又称"图像解译""图像判释"。它是根据地面(包括水面)目标的成像规律和特征,运用人的实践经验与知识,根据应用目的与要求,对图像上的各种特征进行综合分析、比较、推理和判断,最后提取出感兴趣的信息或解释图像所具有的意义。它是图像获取所需信息的基本过程。

5.1 判读基本知识

5.1.1 判读基本要素

在判读过程中,判读要素的重要性就如同构字的笔画在写作或阅读一篇文章过程中的作用一样,是构字、组词、造句、成文或认字、解词、读句、析文的基础。图像判读要素也可以看成是"图像的笔画",是判读标志的基础。在图像上识别物体,其基本依据就是图像的颜色(或色调)、形状、大小、阴影、相关位置和活动特征等 6 个方面,统称为判读基本要素,也称判读依据。当然,要达到准确的判读,其前提条件是对物体或目标本身有着深刻的了解,即掌握其所具有的要素,才能以此判断目标的性质。

5.1.2 图像判读标志

图像判读标志是一组指导判读者快速识别图像的指南。判读标志可以帮助判读者有效地组织以图像形式存在的信息,并帮助他识别未知的物体。它是判读相应目标在色调、形状、大小、阴影、相关位置和活动等方面的特征。判读标志虽然对不同的图像有其各自的特殊性,但它们的形式都是一样的。

1. 判读标志的建立

无人机图像判读作业过程中,判读标志的建立是一个极为重要的环节。在图像判读任务确定之后,其判读标志建立的作业过程如图 5-1 所示。

第一阶段的任务是做好判读及其标志建立的准备工作。它需要根据判读任务的要求,明确分析目的与任务的基础上充分了解判读图像数据源的特性,包括获取图像的无人机传感器的类型,成像方式,成像日期、季节,地区范围,图像比例尺,空间分辨率等信息以及合成方案等等,对图像的可判读程度有一定的了解。此外,还需要对目标区域有一个基本的了解,查阅有关的目标区域的文字资料和图件,如地理位置、气候特征、社会形态、经济状况、文化传统、风土人情、建筑风格等等。

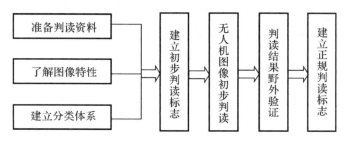

图 5-1　建立影像判读标志的过程

第二阶段是建立初步判读标志。对判读专业领域、图像特性及其图像覆盖区域了解的基础上,根据判读任务要求、判读分类体系以及最小判读单元等方面的具体技术要求,系统地研究工作区的图像判读要素。经过判读专家小组的具体分析、研究与充分讨论,利用图像的色调、形状、大小、阴影、相关位置和活动建立起该图像判读使用的图像和实地目标物之间对应关系的各种初步判读标志,并对它们的建立根据、使用方法、注意事项等问题详加说明。

第三阶段是无人机图像初步判读。利用已经建立的无人机图像初步判读标志,对整个判读工作区的图像按照分类标准进行初步判读,可以按照先大类、再小类的原则勾绘类型界线,并根据所选用的分类系统及其编码原则对地物或目标类别进行编码标注,形成初判图。在判读过程中,除了完成整个区域初步的判读制图任务外,还要对判读标志的适用性和完整性进行检验。然后,再对这些标志做必要的修改、补充与详细的文字说明,以备野外检验和后续人员培训使用。

第四阶段是判读结果检查与野外验证。无人机图像的初步判读结果不可避免地存在错误或者难以确定的类型,所使用的初步图像判读标志是否正确都需要通过检查和现场调查加以验证。对于室内判读中存在疑问或未知地区的情况,更需要仔细地进行调查研究,以便对它们的准确性和完整性做出评价,着重解决判读成果是否正确等,并对产生相应问题的原因加以说明,对错判或漏判的地物或目标标志进行修改和补充,并提供给建立正规判读标志时使用。

第五阶段是建立正规判读标志。经过无人机图像初步判读作业、判读结果及其判读标志的野外验证并得出全面的评价意见之后,可以根据这种评价意见,在对初步判读标志进行修改、扩充和完善的基础上确定正规判读标志,确定未知类型。

2. 判读标志的使用

图像判读标志有不同的类型,也有五花八门的具体条目和内容。大多数判读标志适合于特定的地物或者一组特定的物体,判读人员在使用这些标志时,需要根据任务的要求和当地的情况建立相应的判读标志。从它们在具体判读一个目标影像时的使用方法,或者说无人机图像判读方法来看,大体可以归纳为两大类,即选择方法和排除方法。

(1)选择方法。在众多判读标志中,只需要简单地从中选择出一个或多个与判读目标或类型图像特征最相近的标志,然后用它的属性作为判读图像的属性。这种方法就是判读标志使用的选择方法。在选择的过程中,判读人员除了可以直接对比标志图像和所需要判读的图像外,还可以全面地比较它们的各种构成元素而做出自己的决定。显然,这种方法和判读人员的专业素质、判读经验密切相关,而且还要有一个熟能生巧的过程。在选择判读标志的过程中,除参考图像判读标志外,还可与地面实况结合,验证判读标志的正确性。

(2)排除方法。利用判读标志的一些构成元素,建立目标或类型图像的各种多级判别树,按照步骤,引导完成排除与感兴趣目标无关的目标,从而达到识别感兴趣目标的目的。在其不同层次的节点上,分别可以使用不同的构成元素作为判别条件。这样,某个目标或类型图像可以根据有关判别树上的判别条件,逐级排除所有不符合其特征的图像类别。最后,留下符合该图像特征的一个类别,就是其判读的结果。

5.1.3　判读过程和方法

1.判读准备

(1)判读员的训练。判读员的训练包括判读知识、专业知识的学习和实践训练两个方面。

知识的学习包括图像判读的课程以及各种专业课程,如地质、海洋、环保、军事、测绘、水利等。对于具体的判读员,其判读内容比较专业化,一般不可能所有的专业知识都学,而只能以某一专业知识为主,但需兼顾必要的其他专业知识。对于已具备某种专业知识的人,主要学习图像判读方法的知识以及必要的边缘学科的知识。

实践训练包括野外实地勘察,多阅读别人已判读过的无人机图像,以及无人机图像与实地对照,并参与一些典型试验区的判读和分类等,以积累判读经验。

(2)搜集充足的资料。在判读前应尽可能搜集判读地区原有的各种资料,以防止重复劳动和盲目性。对于原有资料上已有的东西,又没有发生变化或变化不大者,可以很快地从无人机图像上提取出来。集中精力对变化的地区和原来资料上没有记载的地区进行判读,以提取新的情报信息。

需收集的资料包括历史资料、统计资料、战术标图、各种地图及专题图,以及实况测定资料和其他辅助资料等等。

(3)了解图像的来源、性质和质量。当判读员拿到图像时,应知道这些图像是什么传感器获取的,什么日期和地点,比例尺、航高、投影性质等等。至于图像的质量,应清楚了解的是图像的几何分辨率、辐射分辨率、光谱波段的个数和波段区间、时间重复性、图像的反差、最小灰度和最大灰度等。

(4)判读仪器和设备。图像判读设备一般用于两个基本目的:图像观察和图像量测。

图像观察设备比较简单,对于目前主要使用的无人机数字图像,图像观察可直接在计算机上开展,借助看图软件或者专用判读软件,若实现立体观察则需要专用的立体硬件配合完成。图像量测则需要使用专门的无人机图像定位、测量软件开展。

2.判读过程

实际进行判读的过程主要分为以下3个步骤。

(1)发现目标。根据图上显示的各种特征和地物的判读标志,先大后小,由易入难,由已知到未知,先反差大的目标后反差小的目标,先宏观观察后微观分析等,并结合专业判读的目的去发现目标。在判读时还应注意除了应用直接判读依据外,有些地物或现象应通过使用间接判读依据进行识别。当目标间的差别很微小,难于判读时,可使用图像增强的方法来提高目标的视觉效果。

(2)描述目标。对发现的目标,应从光谱特征、空间特征、时间特征等几个方面去描述。因为各种地物的这些特征都各不相同,通过描述,再与标准的目标特征比较,就能判读出来。当然如果有经验的话,一经描述同时也就判读出来了。当经验不足时,或虽然经验丰富,但还有许多目标的判读有困难时,可借助仪器进行量测。

(3)识别和鉴定目标。利用已有的资料,对描述的目标特征,结合判读员的经验,通过推理分析(包括必要的统计分析)将目标识别出来。判读出来的目标还应经过鉴定后才能确认。鉴定的方法中野外鉴定是最重要和最可靠的,应在野外选择一些试验场进行鉴定,或用随机抽样方法鉴定。鉴定后要列出判读正确与错误的对照表,最后求出判读的可信度水平。也可以利用地形图或专用图,在确认没有变化区域内,对判读结果进行鉴定,还可以使用一些统计数据加以鉴定。

3. 判读影响因素

谈到图像判读影响因素,首先需要考虑的是不同类型的成像传感器对图像的影响,例如:无人机航空像片是地面物体的投影,点投影后仍是点,但直线和曲线投影后可以是直线也可以是曲线,因此,在判读过程中需要重点考虑投影变形问题;其次图像判读还依赖于判读者的熟练程度与经验,以及所采用的方法。不同传感器所获得的影像,其空间分辨能力会有不同,而不同的处理方法使原始图像对判读效果产生直接的影响。影响无人机图像判读结果的因素可以用图 5 - 2 中的两个圆相交的部分和三个大圆分别表示,在图中判读人员、信息技术以及专业应用领域所代表的三个圆相互交叉重叠。交叉部分为图像判读,其效果取决于三个方面:一是获取图像的质量及其空间分辨率的高低,这是信息技术本身的因素;二是判读人员所采用的技术方法的有效性,包括图像处理、判读分析所采用的模型方法等;三是判读人员在各自不同的专业领域中积累的经验与知识,以及不同专业领域所运用的判读标志等的差异。这些影响因素又可以分为直接影响因素和间接影响因素。

(1)直接影响因素。判读效果的直接影响因素是直接影响图像判读结果,尤其是其精度与效率的因素,它们包括判读人员的专业知识、判读经验、自己对判读对象的判断、建立和使用的图像判读标志,以及在判读时具体采用的判读技术与方法,如图像处理系统和相关的算法等内容。其中,判读人员的专业知识和判读经验尤为重要,对判读效果影响较大。因为,后两者都和判读人员的专业知识、判读经验密切相关,而且在很大程度上受到它们的制约。

(2)间接影响因素。图像判读效果的间接影响因素是指间接影响图像判读结果的因素。它包括以下几方面的内容:①图像判读人员的专业背景、工作经历及其对判读对象的认知能力、学习悟性;②人们对地物特征或现象的规律总结研究等方面的状况;③图像判读所涉及专业领域的研究对象的复杂程度;④所获得图像的类型、特征、质量等存在的差异。

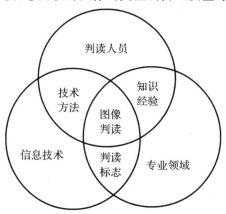

图 5 - 2　无人机图像判读效果的影响因素

5.2 立体观察与立体判读

5.2.1 人眼的立体视觉

1. 人眼观察物体的远近

人眼恰似一部能自动调节焦距和光圈的精巧完善的摄影机,从光学的角度来看,它是由晶状体、视网膜两部分构成的(见图5-3)。晶状体相当于摄影机的物镜,它受四周韧带的伸缩作用能改变其表面曲率,自动调节焦距以获得视网膜上的清晰影像。瞳孔类似光圈,可自动调节光量。视网膜能像相机感光器件一样感光感色,从而产生视觉。在视网膜中部,正对水晶体光心的是黄斑,黄斑中有直径为0.4mm的网膜窝,它有密集的锥体感光细胞,是视网膜中感光最强、最敏锐的部分,在明视条件下,能精细地分辨出物体的细节和颜色。过网膜窝中心和水晶体光心的连线,称为视轴,它能自动转向人们所注视的视点。

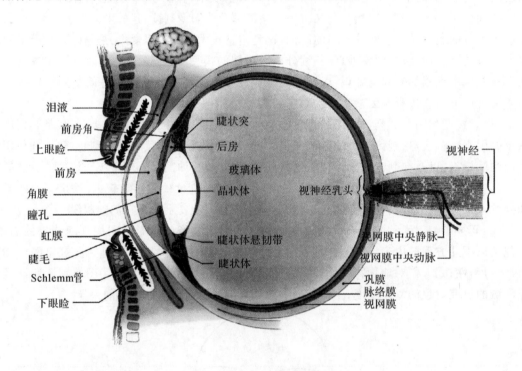

图5-3 眼睛的构造

单眼观察景物时,使人感觉到的仅是景物的中心构像,好像一张像片一样,得不到景物的立体构像,不能正确判断景物的远近。只有用双眼观察景物,才能判断景物的远近,得到景物的立体效应。这种现象称为人眼的立体视觉。摄影测量中,正是根据这一原理,对同一地区要在两个不同摄站点上拍摄两张像片,构成一个立体像对,进行立体观察与量测。

人的双眼为什么能观察景物的远近呢?从图5-4可以看出,当双眼凝视于某物点A时,两眼的视轴本能地交会于该点,此时的交会角为γ。同时观察A点附近的B点时,交会角为γ'。由于B点的交会角大于A点的交会角,则点A较点B远。为什么人眼能观察出这两个交会角的差异呢？现在来研究两点在眼中的构像有什么不同。A 点在两眼中，通过水晶体中心 S_1 与 S_2 构像在两眼的网膜中央，得到构像 a_1 与 a_2。B 点在两眼中同样构像为 b_1 与 b_2。如果在各自网膜中各设一平面坐标系，则 A 点的左右坐标差为 $P_a = x_{a_1} - x_{a_2}$。B 点的左右坐标差为 $P_b = x_{b_1} - x_{b_2}$。P_a 与 P_b 均称为点的左右视差。两点的左右视差之差 $\Delta P_{a-b} = P_a - P_b = \overline{a_1 b_1} - \overline{a_2 b_2}$，$\Delta P$ 称为左右视差较，而 $\overline{a_1 b_1} - \overline{a_2 b_2} = \sigma$，$\sigma$ 称生理视差，两者是同含义。由于两点在眼中构像存在着生理视差 σ，此种由交会角不同而引起的生理视差，通过人的大脑就能作出物体远近的判断。因此，生理视差是人双眼分辨远近的根源。这种生理视差正是物体远近交会角不同的反映。

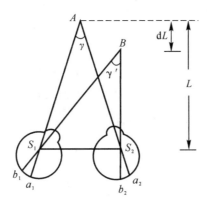

图 5-4　立体视觉原理

2. 人眼的分辨能力与观察能力

人眼的分辨力经研究证明，是由视神经细胞决定的。若两物点的影像落在同一视神经细胞内，人眼就分辨不出这是两个像点，即不能分辨这是两个物点。视神经细胞的直径约为 0.003 5 mm，相当于水晶体的张角约为 45″。所以单个人眼观察两点间的分辨力为 45″，如果单眼观察的是两平行线，由于它是落在多个神经细胞上，则观察分辨力可以提高，约为 20″。双眼观察物体时，由于是立体观察，实验证明，双眼观察精度要比单眼提高 $\sqrt{2}$ 倍。所以观察点状物体的分辨力为 $45″/\sqrt{2} \approx 30″$，观察线状物体的分辨力为 $20/\sqrt{2} \approx 12″$。

下面讨论一下人眼的观察能力。从图 5-4 中可以看出交会角 γ、眼基线 b_r 与距离 L 有如下关系：

$$\tan \frac{\gamma}{2} = \frac{b_r}{2L}, \quad \gamma \approx \frac{b_r}{L} \tag{5-1}$$

式中，眼基线 b_r 对于人而言为一常数。对式（5-1）求微分可得交会角差与视距的关系：

$$\Delta \gamma = -\frac{b_r}{L^2} \Delta L \tag{5-2}$$

人眼要分辨出物体两点的远近，就要使交会角的差异能被人眼辨别，即应使 $\Delta \gamma_{\min}$ 大于 30″。式（5-2）经整理并取绝对值可得

$$\Delta L = \frac{L^2 \Delta \gamma}{b_r} = \frac{L^2}{b_r} \frac{\sigma}{f_r} \tag{5-3}$$

式中，σ 为生理视差，f_r 为眼主距。

从式（5-3）可以看出，要提高分辨远近距离的能力，一个是扩大基线 b_r，另一个是利用放

大倍率为 V 的光学系统进行观察,则分辨力可提高 V 倍。

5.2.2 人造立体视觉的产生

1. 人造立体视觉的产生

自然界中,当用两眼同时观察空间远近不同的 A 与 B 两个物点时,如图 5 - 5 所示。由于远近不同形成的交会角的差异,便在人的两眼中产生了生理视差,得到一个立体视觉,能分辨出物体远近。此时,如果在眼睛的前面各放置一块毛玻璃片,如图中的 P_1 与 P_2,把所看到的影像分别记在玻璃片上,如 a_1,b_1 和 a_2,b_2。然后移开实物 A,B,此时观察玻璃片上的 a_1,b_1 和 a_2,b_2 的影像,同样会交会出与实物一样的空间 A 点与 B 点。同时,两影像也在两眼中产生与实物相同的生理视差,能分辨出物体的远近。根据这一原理,在 P_1 与 P_2 两个位置上,用摄影机摄得同一景物的两张像片,这两张像片称为立体像对。当左、右眼各看一张相应像片时(即左眼看左片,右眼看右片),就可感觉到与实物一样的地面景物存在,在眼中同样产生生理视差,能分辨出物体的远近。这种观察立体像对得到地面景物立体影像的立体感觉称为人造立体视觉。

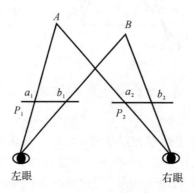

图 5 - 5　人造立体视觉原理图

按照立体视觉原理,只要在一基线的两端用摄影机获取同一地物的一个立体像对,观察中就能重现物体的空间景观,确定物体的三维坐标。这是摄影测量进行三维坐标测量的理论基础。根据这一原理,规定航空摄影中像片的航向重叠要求达到 60% 以上,就是为了构造立体像对进行立体量测。双眼观察立体像对所构成的立体模型,是一个不接触的虚像,称为视模型。

2. 观察人造立体的条件

在无人机航空像片判读中,广泛应用人造立体的观察。但观察中必须满足形成人造立体视觉的条件。这些条件归纳进来有如下 4 个条件:

(1)由两个不同摄站点摄取同一景物的一个立体像对;

(2)一只眼睛只能观察像对中的一张像片,即双眼观察像对时必须保持两眼分别只能对一张像片观察,这一条件称之为分像条件;

(3)两眼各自观察同一景物的左、右影像点的连线应与眼基线近似平行;

(4)像片间的距离应与双眼的交会角相适应。

以上四个条件中,第(1)条在摄影中就得到满足,第(3)(4)条是人眼观察中生理方面的要求。不满足第(3)条,则左、右影像上下错开,若错开太大形不成立体。不满足第(4)条,则形不成交会角。这些在进行观察时用放置好像片的位置来达到要求。而第(2)条是在观察时要强迫两眼分别只看一张像片,得到立体视觉。这是与人们日常观察自然景观时眼的交会本能习惯不相适应的。另外,人造立体观察的是像片面,凝视条件要求不变,而交会时要求随模型点的远近而异,这也破坏了人眼观察时的调焦和交会相统一的凝视本能的习惯。因此,直接观察中要有一个训练的过程。为了便于观察,人们常采用某种措施来帮助完成人造立体应具备的条件,以改善眼的视觉能力。

5.2.3　像对的立体观察

建立人造立体视觉时,除上述所讲的(1)(3)(4)条还要求观察立体像对的双眼分别只能观察其中的一张像片,俗称分像。为了达到分像,常借助立体镜或其他工具来帮助人眼顺利的达到分像,使两眼分别只观察一张像片。观察立体像对时,一种是直接观察两张像片,构成立体视觉,它是借用立体镜来达到分像。另一种是通过光学投影,将两张像片的影像重叠投影在一起,此时需通过其他的措施使两眼只能分别看到重叠影像中的一个。这种立体观察,不是直接观察像片,而是观察两张像片投影到同一平面的重叠影像,为了加以区别,我们称后一种为分像法的立体观察。

1. 用立体镜观察立体

立体镜的主要作用是一只眼睛能清晰地只看一张像片的影像。它克服了肉眼观察立体时强制调焦与交会所引起的人眼疲劳,所以得到广泛应用。最简单的立体镜是桥式立体镜,它是以一个桥架上安装一对低倍率的简单透镜,透镜的光轴平行,其间距约为人眼的眼基线距离,桥架的高度等于透镜焦距。观察时,像片对放在透镜的焦面上,这时像片上的物点光线,通过透镜后为一组平行光,使观察者感到物体在较远的距离,达到人眼的调焦与交会本能基本统一。

航摄像片像幅较大,为了便于航摄像片对的立体观察,而设计的一种立体观察工具称为反光立体镜。这种立体镜在左、右光路中各加入一对反光镜起扩大像片间距的作用,便于放置大像幅的航摄像片。

用立体镜观察立体时,看到的立体模型与实物不一样,主要是在竖直方向夸大了,地面的起伏变高,这种变形有利于高程的量测。下面说明这种变形的原因。

产生这种现象的原因是因为航摄像片的主距与观察时像片所在位置距观察者的眼睛的距离不相等所造成。两者之比称夸大系数 Δ。

$$\Delta = \frac{f_c}{f} \tag{5-4}$$

式中,f_c 为观察立体时像片距人眼的距离,f 为航摄像片的主距。

f_c 在设计立体镜时,取它等于人眼的明视距离,即 $f_c = 250\,\text{mm}$,这样对于不同航摄主距的像片,则有不同的夸大系数。

对于 $f = 70\,\text{mm}$ 的航摄像片,其 $\Delta = 3.6$;对于 $f = 100\,\text{mm}$ 的航摄像片,其 $\Delta = 2.5$;对于 $f = 250\,\text{mm}$ 的航摄像片,其 $\Delta = 1$。

这种夸大有利于高程差的判识,而对量测毫无影响,因为量测的是像点坐标,用它来计算高差,观察中虽然高差夸大,但量测像点坐标没有变化,所以对计算的高差没有影响。以上主要说明观察立体时,造成立体模型变形的原因,以及这种夸大现象不会影响量测结果的原因。

2.重叠影式观察立体

一个立体像对的两张像片在恢复了摄影时的相对位置后,用灯光照射到像片上,其光线通过像片投射至承影面上,两张像片的重叠影像相互重叠。如何满足一只眼睛只看到一张像片的投影影像来观察立体呢? 这就要用到"分像"方法。常用的"分像"方法有互补色法、光闸法和偏振法。

(1)互补色法。光谱中两种色光混合在一起成为白色光,这两种色光称为互补色光。常用的互补色是品红色和蓝绿色(习惯简称为红色与绿色)。在左方投影器中插入红色滤光片,投影在承影面上的影像为红色影像。右方投影器中插入绿色滤光片,在承影面上得到影像是绿色的。如果观察者戴上左红右绿的眼镜进行观察时,由于红色镜片只透红色光,而绿色光被吸收,所以通过红色镜片只能看到左边的红色影像,看不到右边的绿色影像。从而达到一只眼睛只看到一张影像的"分像"目的,而观察到地面立体模型。

(2)光闸法。光闸法立体观察,是在投影的光线中安装光闸。两个光闸相互错开,即一个打开,另一个闭上。人眼观察时,要戴上与投影器中光闸同步的光闸眼镜,这样人眼就能达到一只眼睛只看到一张影像。由于影像在人眼中的构像保持 0.15s 的视觉暂留,这样光闸启闭的频率只要每秒不大于 10 次,人眼中的影像就会连续,构成立体视觉。光闸法的优点是投影光线的亮度很少损失,缺点是振动与噪声不利于工作。

(3)偏振光法。光线通过偏振器分解出的偏振光,只在偏振平面上进行。投射光线通过第一个偏振镜便产生了偏振光,其光强为 I_1;偏振光 I_1 再通过第二个偏振器后,其光强为 I_2,则 I_2 随两偏振器的偏振平面的夹角 α 而变,即 $I_2 = I_1 \cos\alpha$。当两偏振平面相互平行时,即 $\cos\alpha = 1$,可得到最大光强的偏振光。当两偏振平面相互垂直时,$\cos\alpha = 0$,则光强 $I_2 = 0$,这表示偏振光不能通过第二个偏振器。利用这一特性,在两张影像的投影光路中,放置两个偏振平面相互垂直的偏振器,在承影面上就能得到光波波动方向相互垂直的两组偏振光影像。观察者戴上一副检偏眼镜,两眼检偏镜片的偏振平面也相互垂直,左、右分别与投影的左右偏振平面平行。这样,就保证每只眼睛只看到一个投影器的投射影像,而达到"分像"观察立体的效果。偏振光可用于彩色影像的立体观察,获得彩色的立体模型。

5.3 判 读 依 据

判读依据又可称为判读标志,可以分为直接标志和间接标志两种,直接判读标志是物体本身属性在像片影像上的直接表现,如形状、大小、色调和色彩,阴影、粗糙度、反射差、纹形和图案等等。间接判读标志是物体的属性,通过与之有联系的其他地物在影像上的表现,如位置和活动痕迹等。根据这些影像特征间接地判读我们所要研究的对象本身的性质。

无人机图像判读主要是根据目标的形状、大小、色调、阴影、位置和活动 6 种特征。判读时,首先观察目标反映在图像上的各种现象,然后将所观察到的各种现象,加以去粗取精,去伪存真、由此及彼、由表及里的综合分析研究,进而判明目标的类型,确定目标的性质。

综上所述,特征是图像判读的主要依据,但不同类型的图像特征的体现是不一样的,如水在 SAR 图像和可见光图像中的色调差别很大,即图像不同、特征也不同。但是从判读方法角度来说,都是一致的,因此,为了便于阐述问题,本节和下一节均以可见光中的航空像片判读为例具体讲述判读方法。

5.3.1　形状特征

1.形状特征的作用

形状,是指物体的外表形态,是识别目标的主要依据。人们在日常生活中,对于经常见到的东西,所以能够分辨出这个是什么,那个是什么,首先就是根据它们的外形来确定的。因为物体的外形是物体性质的一种表现,它反映了物体类型和用途等方面的特性。如图 5-6 所示。识别目标,特别是单个目标,如房屋、道路、车辆,往往是先根据其外部形状来确定的。

图 5-6　房屋的形状

但是,当物体反映在航空像片上时,其形状和人们在地面上常见的物体形状不完全相同。反映在航空像片上,主要是物体的顶部形状,是平面形状。因为航空摄影通常是以垂直照相方法进行的,所以房屋的影像是大小不同、棱角明显的块状,道路是带状或线状,人是点状,马是放倒的酒瓶状,树林是颗粒状等。一定的物体,必然有一定的顶部形状。因此,物体的顶部形状的平面影像,也就成为判读各种物体的重要依据。

2.形状特征的变化

目标的基本形状不受比例尺大小的影响,但比例尺过小,目标细部模糊,影响判读目标形状,受倾斜角和目标高度的影响。垂直像片上的影像,一般是目标的顶部形状。平面目标的形状与原目标相似;有一定高度的目标,则成像就有一定的变化。如图 5-7 中的独立树,当位于像片中央时为顶部形状,成点状;当位于像片边缘时为顶部和侧面形状,成线状。其他不同的垂直面或多面体目标的形状,变化更为复杂。变形的大小与目标的高度和距离中心的远近有关。目标越靠近像片边缘、高度越大,变形越明显。目标影像的形状还受地面起伏状态的影响。

倾斜像片上目标形状的变化程度,取决于相机倾斜角的大小、目标高度和照相高度大小。倾斜角大、照相高度低和目标高,变形就大;反之,变形就小。

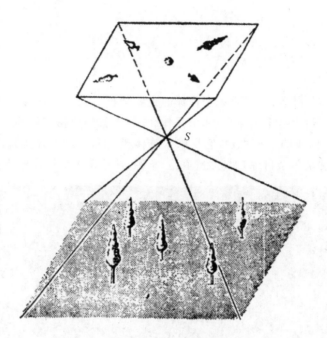

图 5-7　独立树成象

5.3.2　大小特征

1. 大小特征的作用

大小特征在判读中是指地面物体的实际数值的大小,是从数量方面来分辨物体,是目标的重要识别特征。因为有些目标,形状非常相似,但大小完全不同,目标的大小不同,通常也反映了性质的差别,尤其在军事目标中,这种现象更为普遍。如舰艇的外形相似,大小差别反映了类型的不同。

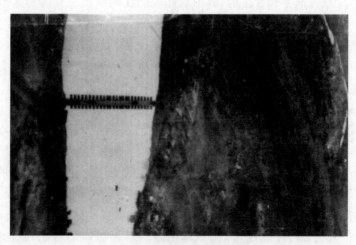

图 5-8　浮桥的大小计算

此外,目标图像的大小对于计算目标的长、宽、面积、体积容量等方面也有一定的作用。如图 5-8 所示,摄影比例尺为 1∶8 000,根据图像长度(2cm)和宽度(0.1cm)可以求出浮桥的实际长度(80m)和宽度(4m)。在垂直像片上,目标的实际尺寸 L 取决于图像的大小 l 和像片比例尺 m,计算公式为

$$L = lm = l\frac{H}{f} \tag{5-5}$$

2.大小特征与各种因素的关系

要在航空像片上运用大小特征来判明目标的情况,必须求得航空像片的比例尺,这是因为地面目标都是按一定的比例缩小以后反映到航空像片上的。而像片比例尺又往往受着各种因素的影响,因此,要正确地运用大小特征,还必须了解影响目标大小的各种因素:

(1)目标大小与地形起伏的关系。在实施航空摄影时,同样大小的目标如果处在起伏不平的地面上,则反映在航空像片上,大小就会有差别。目标所在位置越高,照相时离飞机的距离就近,其比例尺就大;反之,像片比例尺就小。因此,在判读时,对于处在高地和凹地上的目标,就必须按照目标所在地点的实际高程求出准确的比例尺。

(2)目标大小与照相机倾斜的关系。倾斜航空像片,除了与主横线平行的各水平线上的比例尺各自相同外,其余各部分和各方向的比例尺都不相同。地面上同样大小的目标,反映在倾斜航空像片的不同位置上,其大小也不一致。这就说明了要在倾斜航空像片上运用大小特征来识别目标,必须求出目标所在位置的像片比例尺。

5.3.3　色调特征

1.色调特征的作用

地面物体的颜色多种多样,这些不同颜色反映在不同的航空像片上有不同的情况。反映在黑白航空像片上,就变成了深浅不同的黑白影像,航空像片上影像的黑白程度称为色调。反映在彩色航空像片则呈现出具有彩色的影像,此时色调特征为颜色特征所代替。

图 5 - 9　不同目标的色调区别

在日常生活中,人们所以能够区分物体,除了依靠物体本身的形状、大小外,还有一个重要的特征就是物体的颜色。例如,将一张白纸贴在白墙上,远看就不容易分辨,如果是红色的或蓝色的纸,就很容易分辨出来,这是因为它们相互之间有了颜色差别。不同颜色的物体反映在航空像片上也有它不同的色调,相互间构成了一定的色调差别,这种色调差别就是在像片上判读目标的基础。如果像片上没有色调差别,那就什么也分辨不出来。

图5-9所示像片体现了铁路、线路、水塘、水田、旱地、房屋、溪流呈现的不同色调。

色调特征不仅能帮助人们分辨目标,还能显现某些目标的性质。例如:同一张像片上,水泥公路面比煤渣或沥青路面的色调要浅,针叶树比阔叶树的色调要深。

在判读时,通常将色调概略的分为七种:黑色、浅黑色、深灰色、灰色、浅灰色、白色、亮白色。物体在像片上究竟会呈什么色调,与各种因素有很大的关系。

2.色调特征与各种因素的关系

像片上图像的色调取决于物体表面的颜色,物体表面与阳光构成的角度,物体表面的结构,干湿程度,照相季节等。

(1)颜色与色调的关系。不同的颜色在像片上呈现出不同的色调,见表5-1。

表5-1　物体颜色与影像颜色对照表

物体的颜色	影像的颜色
白、黄、浅、棕色	白色或浅灰色
红色、干黄土粒	灰色
绿色、黑色	深灰色

(2)阳光对地表物体所成的角度与色调的关系。当成像面与物体表面的相关位置一定时,由于阳光对物体照射的角度不同,则物体表面反射到成像面上的光量也不一样,故像片的色调就不一样。例如,一条山背的两面山坡,由于光照射的角度不同,朝阳面因反光强、进入镜头的光量多,其图像色调就比反射光线较弱、进入镜头光量少的背阳面的色调白一些。房顶向阳的一面与背阳的一面色调也不一致。

(3)物体含水量与色调的关系。同样颜色的物体由于含水量不同也会有不同的色调。如小路的图像一般是白色或浅灰色,如果路面有水,则图像就呈灰色或深灰色,干沙的图像比湿沙的图像要白一些。水是一种透明体,能吸收大量的光线,因此图像是黑的或色调很暗,例如水渠、贮水池的图像为黑色,池塘内水的图像为深灰或浅灰色。但是水的色调又与摄影时间、水底性质、水的深浅、水的浑浊度、流速、水面和水底植物生长情况有密切关系,例如当平静的水面正好把阳光反射入航摄相机的镜头时,其图像色调一般为白色。

(4)不同的照相季节与色调的关系。同一地区的同一物体由于照相季节不同,反映到像片上的色调也是不同的。如春季的阔叶树为浅绿色,而夏季的阔叶树为绿色,所以春季获取的图像比夏季获取的图像要淡,图5-10、图5-11所示为同一地区冬季和夏季像片的对比像片。

此外,航空像片的色调除取决于上述这些因素外,摄影时的天气条件等因素对色调也有很大影响。总体来说,航空像片上目标的色调,是由许多因素互相影响、互相作用而形成的,对目标的色调特征,必须考虑到各种因素的影响。

图 5 - 10 冬季像片

图 5 - 11 夏季像片

5.3.4 阴影特征

1. 阴影特征的作用

高出或低于地面的物体,在直射光线照射下都会产生阴影,阴影是判读目标的依据之一。航空像片上所反映的目标形状,主要是目标的顶部形状,当阴影反映出目标的侧面形状时,判读目标就比较容易。同时,阴影本身也具有形状、大小、色调和方向 4 个方面的因素,运用这些因素,就能够在像片上判明目标的侧面形状,测量目标的高度以及判定像片的实地方位。

阴影形状对于识别某些目标有着重要的作用。例如一座铁路桥梁的航空像片,根据其阴影,就可以辨认出这座桥梁的结构形式,并进而判明桥梁的性质。当航空像片上某些目标的顶部影像较小,或者目标的色调与周围背景的色调没有显著差别时,其阴影的作用就更为重要,如图 5-12 所示。例如,烟囱、水塔等目标,在航空像片上呈现的影像较小,如果仅按照它们的顶部形状去识别就较困难,若根据这些目标的阴影就能比较容易地将这些目标识别出来。

图 5-12　根据桥梁的阴影可判明桥梁的结构

阴影的形状除对识别目标有着重要作用外,还能够在航空像片上区分出顶部影像相似而侧面形状不同的目标。例如,圆柱体、球体、圆锥体在航空像片上都呈现为圆点状,很难区别它们,但是根据其阴影就能够准确地分辨出它们的实际形状,如图 5-13 所示。

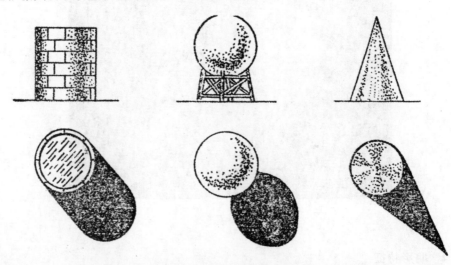

图 5-13　顶部投影形状相似、侧面形状不同的目标的阴影特征

阴影对于判断地面的起伏状态也具有重要作用。因为地面上具有一定坡度的起伏部分,在阳光照射时一面受阳、一面背阳,反映在航空像片上就具有明暗的差别。地形起伏的坡度越

大,表现的明暗差别也越大;反之,明暗差别也就越小。同样,目标的顶部形状不同,其明暗变化也不一样。例如,具有圆顶状的目标(如球形油罐)由于其表面受光程度不同,反映在航空像片上的色调,就由受光较强的明亮部分逐渐转变为受光较弱的阴暗部分;具有双坡面的目标(如房屋),就反映为界限分明的明暗两部分,这些图像的明暗差别,是判明地形起伏和目标顶部形状的重要依据。

阴影的长度和方向是计算像片上目标的实际高度和判定像片实地方位的重要依据。阴影的长度和所指的方向与摄影日期、摄影时间和摄影地区的纬度有着密切的关系,随着上述条件的改变,阴影的长度和方向也按照一定的规律改变。根据这种变化规律,就可以在像片上计算出目标的实际高度和判定像片的实地方位。在平坦地上,可根据阴影的长度确定物体的高度。

$$\frac{\text{所求物体高}}{\text{已知物体高}} = \frac{\text{所求物体阴影长}}{\text{已知物体阴影长}}$$

例如:已知电线杆高度为 6m,它在像片上的阴影长为 1cm,同一张像片上有一烟囱,其阴影长为 3cm,求烟囱高。

$$\text{烟囱高} = \frac{\text{烟囱阴影长}}{\text{电杆阴影长}} \times \text{电杆高} = \frac{3}{1} \times 6 = 18\text{m}$$

根据像片上阴影的方向和摄影时间,还可以判定像片的方位。

由此可以看出,阴影是重要的识别特征,但也有不利的一面。例如,高大建筑物的阴影有时会遮盖了小的重要地物,山头的阴影盖住了重要的山洞。此外,在某些情况下,当阴影的形状不能反映目标的性质时,而且阴影的色调和目标的色调差别又不大,反而会增加判读的困难。例如,坦克阴影投落在它的前方和后方时,就是这种情况。所以在判读有阴影的目标时,若条件具备,可结合立体判读开展。

2. 阴影特征与各种因素的关系

(1)阴影的长度与各种因素的关系。阴影的长度取决于目标的高度、太阳光与地面交角的大小和阴影所投落表面的起伏状态。地形的起伏状态也直接影响着阴影的长度,当阴影投落在向阳的斜坡上,阴影的长度就缩短;当阴影投落在背阳的斜坡上,阴影的长度就增长。

(2)阴影的形状与各种因素的关系。阴影的形状,除了取决于目标的形状外,与阳光的照射方向和太阳高度角的大小以及地面起伏状态等因素都有密切的关系。

地面大部分目标的阴影状态,与阳光的照射方向有关。因为目标各个侧面的形状通常是不相同的,所以阳光从不同的方向照射时,目标的阴影就可能产生各种不同的形状,其中有些阴影形状利于判读,有些阴影形状不利于判读。例如,当阳光从不同方向照射汽车时,前后两方照射所得阴影形状不利判读,斜、侧两方照射有利于判读。当太阳高度角等于 45°时,阴影长度与目标高度相等。地面的起伏状态对阴影形状也有很大影响。

图 5 - 14(a)(b)(c)所示为不同摄影时间、不同桥墩阴影的形状和大小的变化对比。

(3)阴影方向与各种因素的关系。阴影的方向就是阴影的始端向其末端延伸的方向。阴影的方向变化,主要是由于时间的不同而引起的。此外,目标所在地区的纬度不同,对阴影的方向也有影响。

(4)阴影的色调与各种因素的关系。阴影的色调在不同条件下,也不是固定的。阴影色调的深浅取决于阴影所投落的背景的反光能力和光线照明的强弱。背景的反光能力愈强,阴影的色调就愈浅,反之则深。同样,直射光线(中午)强,阴影的色调就深;直射光线弱(如早晨和傍晚),阴影的色调就浅,如果都是散射光(如阴天)则阴影的色调和周围背景就不易分辨,像片上阴影就不能呈现出来。

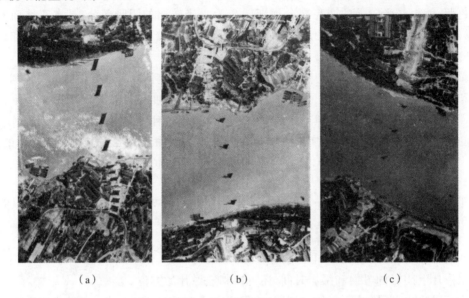

（a）　　　　　　　　（b）　　　　　　　　（c）

图5-14　不同照相时间、不同桥墩阴影的形状和大小的变化对比

5.3.5　位置特征

位置特征就是像片上地面目标的影像位置及其相互之间的关系位置。各种目标,特别是军事目标,它们之间的关系都有一定的规律。它反映着目标的性质,是识别目标的依据之一。在航空像片上判读目标时,也应该注意目标之间的联系,这种特征不一定对所有目标的判读都具有意义。但对某些目标,尤其是对组合目标内的单个目标判读时,作用较大。

组合目标是若干个单个目标组成的,对组合目标的判读,不仅要判读出是什么目标,而且要深入地判读出其中的各单个目标。而各单个目标,又是根据本身的作用和组合目标的性质,按照一定的配置原则进行配置的,所以各单个目标之间都有一定的关系位置,每个目标都不是孤立存在的,而是彼此互相联系又互相影响着。了解了目标的配置原则,掌握了目标之间的关系位置,再结合目标的其他识别特征,就能比较准确地判明各个单个目标。

有时组合目标内某些单个目标的特征不明显或被伪装后,位置特征就更有其重要作用,通常可以根据已判明的目标,按照目标的配置原则,在相应的位置上,推断出特征不明显或被伪装的其他目标。例如,判读火车站时,数量众多的铁道线是像片上容易发现的目标,在判明了铁道线后,就可以根据目标间一定的关系位置,判断出特征不明显或被伪装的站台、站房和岔道等目标。在判读组合目标时,只要了解了单个目标的配置原则,掌握了目标间的关系位置,就能够在这些相互联系的目标中,根据一个或几个目标的存在,推断出另一个或另几个目标的必然存在。

对某些有特殊位置要求的目标进行判读时,位置特征也有一定的作用。例如,桥梁的位置总是位于江河、沟谷或道路交叉处,根据道路、河流的关系判明桥梁、渡口等,如图5-15所示。

目标的位置特征,在判读目标时,有着重大意义,在某种情况下,位置特征还可能成为判读某些目标的主要识别特征。运用这一特征判读目标时,应该熟悉各种目标之间的相互关系和特点。

图 5-15　河流与桥梁的关系位置

5.3.6　活动特征

活动特征是由于目标活动或其留下的痕迹而引起的各种特征在像片上的反映。因为任何目标只要它有活动，就会产生活动特征，而这些特征都与目标性质有着一定的联系。一般地说，什么样的活动特征，代表着什么样的目标性质。因此，只要当目标的活动特征能够在航空像片上反映出来，就可以根据这种特征判断出某些目标的性质和情况来。例如：坦克在地面活动后所留下的履带痕迹（见图 5-16），舰艇行驶时激起的浪花，以及工厂在生产时烟囱所冒出的烟，施放烟幕的痕迹等等，都是目标活动的特征，所有这些特征只要能反映在航空像片上，就能成为识别目标的一种依据。掌握了每一种活动特征与目标本身的联系，了解了这种现象与目标性质的关系以后，就能通过其现象，判明目标的性质。

图 5-16　坦克行进留下的履带痕迹

特别是对于被伪装、隐蔽了的目标和外貌特征不明显的目标,活动特征的意义就显得更为重要。例如,当坦克以某种方法伪装以后,坦克的外貌特征可能改变成与某些地物相似的形状(如草堆、灌木丛等),有时甚至完全被隐蔽。但是坦克在行驶后通常会在地面留下履带痕迹,这种痕迹就能成为判明坦克的重要依据。同时,根据痕迹的通向,还能判断出坦克所在的位置。

在判读某些目标的使用情况时,活动特征也是十分重要的依据。因为目标在使用过程中或在使用以后必将留下各种痕迹或产生其他活动特征。例如一个工厂它的烟囱正在冒烟,就可以判明这个工厂正处于生产状态中。

5.4 地 形 判 读

地形是地物和地貌的总称。地貌是指地面高低起伏的状态。地物是指地面上的固定物体,如居民地、道路、江河、森林等。

5.4.1 对地貌的判读

对地貌的判读,就是判明地表面的起伏状态。地表面的起伏状态是复杂的,主要有山地、丘陵地、平坦地和岛屿等几种。

在航空像片上判明地面的起伏情况,可以根据阴影、色调、地物的形状(如道路的情况)和地物的关系位置(如山谷与小溪的关系)等来判定。为了能获得良好的效果,应尽量采用立体观察和利用地形图对照。

1. 对山地的判读

地面起伏显著,高差一般在 200m 以上的高地叫山。群山连绵交错的地域叫山地。对山地的判读,应判明其起伏状态、各个主要部分(如山顶、山背、鞍部、山谷、冲沟等)和表面结构,如图 5 - 17 所示。

图 5 - 17 山地形态

山地的主要特点是群山连绵,居民地小而分散,道路和河流一般都比较曲折。山反映在空中像片上的影像,取决于它的表面结构以及地区和季节。由于山的表面结构不同和受季节、地区的影响,有的树木繁茂,有的则草木不生,有的长年积雪,有的则四季常青。因此,山的特征也各不相同。判读时,必须考虑这些因素。

在航空像片上判读山地的起伏状态,主要是依据其阴影和色调。因为山地的起伏较大,在阳光照射下,都有明显的阴影,而且它的各个部分的色调也不一致,通常向阳的一面,反映在空中像片上的色调比较浅,而背阳的一面就较深。在一般情况下,色调深浅的差别越大,表示山的坡度越陡;反之则缓。对山地各主要部分的判读也主要是依据其阴影、色调、形状和位置。山地的主要部分包括山顶、山脊与山背、鞍部、山谷、斜面及变形地等。

(1)山背与山脊。山背是从山脚到山顶的凸起部分。山脊是由若干山顶和鞍部连接的凸棱部分。在空中像片上,两斜面色调深浅的交界处,就是山脊(山背)所在的地方。山背、山脊是判明山的延伸方向及其概略形状的重要依据,如图 5-17 所示。其中以与纬线平行的山脊(山背)色调深浅最分明,背阳面常有阴影。与经线一致的山脊(山背),两斜面受光的强弱取决于摄影时间,上午摄影时,山脊(山背)的东面为向阳面;下午摄影时,西面为向阳面。

(2)山谷。山谷是两个山背间或两个山脊间的低凹部分。在航空像片上能分辨出峡谷与宽谷。峡谷是峡而深的山谷,两侧坡度非常陡峻,其底部常被阴影遮盖,故反映在航空像片上呈黑色。宽谷的底部较为平坦,在航空像片上通常能看到谷底的耕种地、道路和居民地。山谷因地势低洼,山上的雨水或融雪常沿山坡而下,汇聚于山谷,所以山谷又常有小溪或河流。

(3)山顶。山顶是山的最高点,依其形状分为尖顶、圆顶和平顶三种。其中尖山顶在像片上比较容易分辨,尖山顶的向阳面呈三角形突出在阴影中,三角形的顶点即为山顶点。对圆顶因受光面圆浑而色调变化不甚明显,判定山顶时结合分析山背和山谷,依其分水线与合水线会聚于山顶的规律进行分析判定山顶。平山顶的顶部有较大面积的比较平坦的地面,反映在像片上色调比较均匀,在判定山背与山谷后容易判读。

(4)鞍部。鞍部是两山顶之间形如马鞍状的部分。它的部分或全部有时被两侧山顶的阴影所遮盖,判读时可根据鞍部的位置特征,结合色调、阴影综合判定。

(5)斜面。斜面是指从山顶到山脚的倾斜部分。因航空像片是地面的中心投影,其中背离像主点一面的山坡的影像被压缩得很窄;朝向像主点一面的山坡的影像拉得很长。向阳面的色调浅;背阳面的色调深。因此,判定斜面形状时,主要从分析向阳面的朝向像主点一面的斜面的影像入手。其中波状斜面的影像,在色调上有深浅变化;等齐斜面的色调比较均匀。此外,结合山顶形状综合分析,一般尖顶山多为凹形斜面;圆顶山多凸形斜面。

(6)变形地。变形地是指由于受自然或其他因素的影响,而改变了原有形状的局部地貌。如冲沟、陡崖等。斜坡的色调深浅差别比较明显。陡崖是难于攀登坡度大于 70°的陡峭崖壁,在像片上常成带状的阴影。此外,露岩和陡石山在像片上与周围土壤和植被的色调有明显差异,容易判读,其中露岩只是部分岩石露出地面,部分被土层或植被覆盖,而陡石山是山体全部或大部的岩石裸露,坡度大于 70°的石山。

对山地表面结构的判读,通常是根据其色调和植物的生长情况。例如,土质表面的山地,一般比较平缓,反映在航空像片上的色调比较均匀;岩石表面的山地,则凹凸不平,色调深浅不一;树木丛生的山地,其表面通常为土质或土石质等。

2.对丘陵地的判读

丘陵是指地面起伏较缓,高差一般在 200m 以下的高地。许多丘陵错综连绵的地域叫丘陵地。丘陵的坡度一般较缓,对军队战斗行动影响不大,并常常成为人员、物资的荫蔽地。丘陵反映在航空像片上,两斜面的色调一般差别不大,并且没有明显的阴影,如图 5-18 所示。

此外,道路比较平直,居民地较多。

图 5-18　丘陵地

　　对丘陵斜面陡缓程度的判读,除了可以根据阴影和色调特征外,有时还可根据梯田的宽窄来判断。一般坡度较陡的丘陵,梯田较窄;而坡度较缓的丘陵,梯田较宽。

　　不同地区的丘陵地,由于土质、气候等条件的不同,它们的特点也不一样。例如,一般北方地区的丘陵形状圆浑,分布较稀疏,坡度平缓,谷宽岭低,树木和灌木丛较少,斜面和谷地多为旱田;河流在枯水季节少水,多干河滩;一般南方的丘陵多为尖顶,分布较复杂,坡度较陡,树木和灌木丛较多,谷地狭窄,斜面多梯田,山谷多为水田,居民地分散等等。这些不同的特点,反映在空中像片上,其特征也有一定的差别。

　　3. 对平坦地的判读

　　平坦地是指地面大致平坦或稍有起伏的地域,如图 5-19 所示。

图 5-19　平坦地与冲沟

　　由于平坦地没有显著的地形起伏,因此反映在航空像片上色调均匀,没有地面起伏所引起的阴影。平坦地一般适于耕种,耕种地连绵成片,居民地较多且较大,较集中,交通方便,道路比较平直。河流河床较平缓,河岸低。

　　不同地区的平坦地,也有其不同的特点。例如,有的平坦地道路四通八达,路面一般较宽,江河较少,耕种地多为旱田;有的平坦地除专修的公路较宽外,道路一般较窄,而江河、湖泊和池塘较多,耕种地多为水田,等等。判读时,应注意这些不同特点。

　　4.对岛屿的判读

　　岛屿是指四面临海的较小陆地,一般较大的为岛,小的为屿,岛屿多为陡峻的起伏地。由于岛屿四周环水,所以反映在航空像片上,其色调与四周海水的色调有着明显的差别。其形状随岛屿海岸的曲折情况而定。较小的岛屿四周多为陡峻的崖壁,岛上道路、耕种地、居民地较少,有的甚至荒无人烟;而较大的岛屿则居民地、耕种地、道路等较多,有些还设有机场和港口。

　　岛屿海岸的地质不同,反映在空中像片上的色调也不相同。土质的海岸色调较深,常有许多弯曲的水沟;沙质的海岸则呈浅灰色;而石质海岸通常多为陡崖,其色调一般呈灰色,当其背向阳光时,常有明显的阴影。岛屿反映在航空像片上的影像,如图5-20所示,有部分沙岸和岩石岸。

图5-20　岛屿

　　此外,在岛屿的附近常有礁石,礁石有明礁和暗礁之分。明礁反映在航空像片上呈不规则的灰色点状,在海浪冲击下,周围常有白色浪花的影像;暗礁只有在离水面较近的情况下,在航空像片上,才能根据本身影像和在附近出现的紊乱的波纹和浪花影像来识别。

5.4.2 对地物的判读

地物可分为土壤植被、居民地、道路、水系等几类。

1. 土壤植被判读

土壤植被是指土壤和覆盖在地表面的植物层,包括耕种地、草原、森林地、沼泽、沙漠以及各种不同的土壤等。

(1)耕种地。耕种地反映在航空像片上,呈互相毗连的长方形、梯形或其他形状。其色调取决于土壤的颜色、含水量和农作物的生长情况等等。例如,地面湿润或农作物生长茂盛时,色调较深,地面干燥或农作物成熟时,色调就较浅。此外,收割季节在耕种地内,有时堆放有呈圆形,长方形或点状的庄稼垛。

但同时不同的耕种地又有不同的特点。

旱田:一般面积较大,很少有明显的田埂。

水田:面积较小,田埂一般比较明显,周围沟渠、河流和池塘较多。

水网稻田:江河、沟渠纵横交错,密如蛛网。

梯田:位于山地和丘陵地中的耕种地,因受地形条件的限制,一般都位于山坡上。它的形状很像阶梯,反映在航空像片上呈宽窄不等而又不规则的长条形,在阳光照射下,有时有较短的阴影,如图 5-21 所示。

图 5-21 梯田

盐田:常位于沿海地区。反映在航空像片上呈规则的长方形或方形,并有沟渠与海相通,其色调随田内海水的蒸发和凝固而定,一般都呈灰色或浅灰色。在盐田内或其附近,常堆有白色的圆锥形或长条形的盐堆,如图 5-22 所示。

(2)草原。草原是指生长有繁茂的草类和一些灌木丛的广大地域。草原反映在航空像片上没有规则的形状,也没有明显的界限。其色调取决于季节、土壤的湿润程度和植物的生长情况。在牧草茂盛季节色调较深,而在牧草枯黄季节则色调较浅。当牧草收割时,在草原上常堆有长方形或圆形的草堆。此外,在草原上有水源的地区,有时常有牛羊等牲畜群和牧民的帐篷。

图 5-22　盐田

（3）森林。森林是指许多树木聚生的广大地域。对森林地的判读，主要是判明森林的种类、分布面积、林间道路、林间空地、森林的高度和密度等。

森林反映在航空像片上具有显著的特征。它由许多树冠的影像组成，并在林间空地和森林的边缘常有树木的阴影。由于森林的种类不同，其树冠的影像也不同，在航空像片上要区别森林的种类，就必须分别研究它们的特征。下面分别研究阔叶林、针叶林、混合林和灌木林的识别特征。

阔叶林：由杨、枫、桦、榆等一种或数种阔叶树组成。阔叶树的枝叶生长情况受季节的影响，因此有不同的地区、不同的季节，阔叶树的形状、色调和阴影也都不同。在枝叶茂盛时，反映在航空像片上，呈一朵朵盛开的棉桃状。树冠向阳的部分色调较浅，背阳部分色调较深，其阴影一般呈椭圆形；在树叶凋落时，反映在航空像片上呈不规则的灰色网状，其阴影呈脉络状。

针叶林：由松、柏、杉、枞等一种或数种针叶树组成，针叶树多数为常青树，反映在空中像片上，其影像与枝叶茂盛时的阔叶树基本相同。但其色调一般要比阔叶树深，树冠的阴影常呈锥形，边缘为不整齐的锯齿状。

混合林：由阔叶树和针叶树混合组成。在航空像片上可按照阔叶树和针叶树的特征来识别。

灌木林：由许多矮小的灌木丛组成。在航空像片上灌木丛呈颗粒状，阴影较短，而且通常都看不到树干的阴影。

林间空地一般是由于森林被砍伐后而形成的。它反映在航空像片上，呈现为大小不等、形状不规则的浅灰色影像，在其周围常有被伐倒呈细线状的树木。在大比例尺的航空像片上有时还可以发现呈点状的树桩。

森林的密度，通常可根据树冠的稠密程度来估计。一般树冠的枝叶彼此相连，将地面完全遮盖的为密林；此外还有中等密林和疏林之分。果园和防护林的识别特征与天然森林基本相同,只是它们的边缘都比较整齐,树木的大小和种类比较一致,排列较有次序。果园反映在航空像片上的影像为排列整齐的颗粒状。防护林常常由数条林带组成,反映在航空像片上呈规则的带状。

(4)沼泽。沼泽是指地势低洼,土壤被水浸透,水草丛生的泥泞地区。沼泽通常分为森林沼泽、草地沼泽、芦苇和苔藓沼泽。按生长情况它又可分为常年生沼泽和季节性沼泽。

沼泽的形状极不规则,无明显的界限。它反映在航空像片上的色调是随着植物的生长情况和地面的湿润程度而定的。在一般情况下,其色调常呈浅灰色或深灰色,中间常夹杂着一些暗色的斑点和条纹。例如,森林沼泽在树木稀疏时,在航空像片上除了能看到树木的影像外,还能看到呈现为黑色的积水影像;草地及苔藓沼泽等在杂草茂密时,呈均匀的灰色,在杂草稀疏时则色调深浅不一,并常有呈黑色带状或斑点状的积水影像。沼泽中的河流,河床很浅,植被在岸边生长茂盛,呈灰色或深灰色,河流迂回曲折,无明显的岸线,河流走向不清,水面多呈黑色,如图5-23所示。

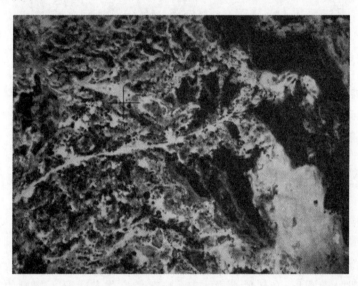

图5-23 沼泽地

(5)沙漠。沙漠是指广阔的沙砾。沙漠中一般人烟稀少,缺乏水源,反映在航空像片上总的特征是,无规则的形状,无明显的界限,色调较浅。

沙漠分为流动沙地和固定沙地。流动沙地地面松软,人员、车辆通行困难;固定沙地地面比较坚硬,对军队行动影响较小。在判读沙漠时,应注意区别固定沙地和流动沙地。

流动沙地,沙土易随风流动,而形成许多隆起的沙丘,反映在航空像片上呈丘岗状。但也有些沙丘的平面形状,很象弯弯的月牙,这种沙丘叫作"新月形"沙丘,其高度通常为3~5m,有的沙丘呈穹状、链状、垄状、格状、波状和鱼鳞状。由于"新月形"沙丘的形成与沙地中的常年风向有关,所以根据其平面形状往往可以判断出这一地区的常年风向,通常其向风的一面向外凸出,坡度平缓;背风的一面向内凹进,坡度较陡。

固定沙地中由于生长有植物,沙土不易流动,常形成许多沙丘或沙垅,这些沙地叫作多小丘沙地、多垅沙地、倒向新月形沙丘,沙窝或蜂窝状沙地等。多小丘沙地通常都是由许多高度不大、坡度平缓、分布零乱的沙丘组成,反映在航空像片上呈斑点状,并有较短的阴影;沙垅的形状大多呈平行的长条状,长度不等,反映在航空像片上呈长条形,有时有阴影,如图 5 - 24 所示。

图 5 - 24　沙漠

2.居民地判读

居民地包括村庄、集镇、城市等。居民地的大小、位置及其地形条件,标志着它在政治上、经济上和军事上的不同作用。判读时,除上述条件外,还应判明有价值的重要目标,如电台、发电厂、自来水厂等。

居民地内的房屋,在像片上常呈现为大小不同、棱角明显的长方形或其他形状的影像。有阴影时,可根据阴影的长短和形状,了解其外形和比较高低。根据色调可以判明房顶的结构。根据房屋的阴影、色调、面积及其结构形式,可推断其质量。若像片上房屋的阴影较长、色调均匀、面积较大、结构复杂时,则可判断其质量较好,反之其质量较差。

对居民地的判读,必须考虑各个国家的社会制度和不同地区的地理民情等因素,因为这些因素直接影响着居民地的建筑形式和布置特点。

(1)对村庄的判读。村庄是较小的居民地。房屋结构简单而低矮,反映在航空像片上,一般呈大小不等的长方形、正方形或其他形状,阴影较短,并且分布较零乱,四周与耕种地相联,如图 5 - 25 所示。

村庄房屋的建筑形式,往往因地区和国家而异。例如:有些地区的村庄,房屋分散,在房屋四周一般都有围墙、篱笆、栅栏,形成一个个独立的庭院。又如,以畜牧为主的地区,人们多居住帐蓬。在航空像片上,帐篷大多呈白色或灰色的长方形、方形或圆形,并有阴影。这种居民地,为了便于牧放,通常选择在近水地区,附近常有牛羊群和牲畜圈。而西欧某些国家的村庄,其房屋多为独立的多坡面建筑,在村庄的中心或边缘常设有教堂。教堂的建筑形式比较特殊,占地面积也较大,顶部常有 1～2 个高大的塔状或锥形建筑,反映在航空像片上有较明显的阴影。

图 5-25　村庄

　　(2)对集镇的判读。集镇是一种较大的居民地,房屋较多,形式较简单、低矮。

　　不同地区的集镇,也有其不同的特点。例如:位于山地的集镇,街道比较曲折,房屋布置较分散;而平坦地上的集镇,一般都靠近道路或江河的两侧,街道比较平直,房屋较密集,如图 5-26 所示。

图 5-26　集镇

　　(3)对城市的判读。城市是一种复杂的组合目标。它不仅有很多的住宅,而且还有工厂、商店、娱乐场及运输设施等。反映在航空像片上与村庄和集镇的特征有着明显的区别。

　　城市的特点是:房屋众多,建筑形式多种多样,排列较为整齐;街道纵横交叉,将城市隔成若干个街区;常建有广场;大城市的交通极为方便,有机场、港口、铁路、公路、高速公路等运输设施。中小城市通常也有铁路或公路相通。

　　一般的城市,都有在业务上有重点的区域,如工业区、商业区等。它们反映在航空像片上,也具有不同的特点。

　　工业区一般位于城市的边缘和郊区,工厂比较集中,在空中像片上,可以根据厂房和较多的烟囱、水塔以及仓库等建筑物来识别。

　　商业区一般位于城市中心及其他繁华的地方。商业区的主要特点是人员、车辆比较稠密,房屋的建筑形式一般差别较大,高低不一,反映在航空像片上形状很不一致阴影参差不齐,如图 5-27 所示。

　　住宅区的房屋大小不一,排列较为零乱,但新式住宅区的房屋排列较有次序,街道整齐,有的像图案一样。

图 5-27　城市商业区

3.道路判读

　　道路可分为小路、大车路和公路等。道路作用的大小,取决于道路的种类、质量等因素。对道路的判读,主要应判明道路的种类、质量、宽度、通行方向和桥梁的位置等。

　　(1)对小路、大车路和公路的判读。

　　1)小路。小路的分布很广,只要人能到达的地方,都可能出现。有些小路是人们经常往来而逐渐形成的;有些则是在短时间内由于大量的人员、牲口等践踏而即刻形成的,这种践踏而形成的小路,在雪地和草原上最为明显。

平坦地区的小路,反映在航空像片上,一般呈现为一条较直而细长的线状;而山地的小路多呈蜿蜒曲折的线状。小路的色调与季节有着密切的关系,在夏季,路面的色调总比周围地面的色调浅,反映在航空像片上呈浅灰色或灰色;在冬季,当地面有积雪时,经过人员、牲口践踏的小路,其色调就呈现为深灰色或黑色。

2)乡村路。乡村路主要是由马车碾压而成的。路基弯曲,路面宽窄不等,没有明显的边缘。反映在航空像片上呈粗细不匀的窄带状。它的色调除了与季节有密切的关系外,还取决于土质的干燥程度和使用情况,当土质干燥或使用较多时,色调较浅,反之则较深。

3)公路。公路的路面较宽,路基平直,转弯和缓。在有些公路的两侧还设有排水沟,呈深灰色线条,路旁栽有行树。公路反映在航空像片上,一般都呈宽窄一致的带状,其色调主要取决于路面的铺装材料。例如:以沥青或水泥铺设的路面,常呈灰色或浅灰色;以煤渣铺设的路面,多呈深灰色;土质路面的色调,则随土质的干燥程度和使用情况而定。当公路通过山地时,因受坡度的影响,弯曲较多,反映在航空像片上呈迂回曲折的带状,一般坡度越陡,公路就越曲折。通过森林的公路,由于路面上常有树木的阴影,因此,色调常不一致。公路通过铁路或桥梁时,多成直角相交,图 5-28 所示为公路和公路桥。

图 5-28　公路和公路桥

4)铁路。在像片上判读铁路时,主要应判明路线多少、车站大小和列车车辆种类以及水塔、转盘、货场、地道、天桥等。

铁路路线:铁路路线在像片上的影像常为浅灰色的线条,在大比例尺的像片上能够看出铁轨(两条平行的细线),如图 5-29 所示。铁路路线较直,曲半径较大;通过铁路的其他道路,多与其垂直相交,铁路在通过江河和遂道时多不改变原方向;铁路通过江河有铁路桥梁;铁路通过河沟和小溪有涵洞,涵洞口呈"八"字形;铁路通过山地或丘陵地,线路突然中断处为隧道口;同时,铁路因受坡度限制,故多凸道、凹道。铁路线的数目,可依路基宽度来判断,一般单线铁路路基的宽度为 5～6m,复线铁路路基的宽度为 10m。标准轨距宽度为 1.435m,俄罗斯用宽轨距为 1.524m,日本、越南用窄轨距为 1m。

图 5 - 29　铁路路线

　　车站及其附属设备:车站的特点是有许多平行排列和交叉的轨道,轨道上常停有车辆;路线的一侧有票房,多呈长方形,有的附近还有广场,呈灰色块状;站台多呈浅灰色棱形,较大的车站常设有天桥,呈灰色等宽的短直线。

　　(2)对桥梁、渡口和徒涉场的判读。

　　1)桥梁。桥梁反映在航空像片上具有明显的位置、形状和阴影特征。桥梁通常位于道路与河流、沟谷或道路相交的地方,常有比较明显的阴影。一般为白色或浅灰色的直线状,比道路窄,桥梁的长、宽可依据像片比例尺测定。桥梁的质量,主要是根据连接桥梁的道路来概略判明的,有时还可以结合桥梁的色调特征进行分析。例如,公路桥梁,一般都是钢筋混凝土桥,铁路桥梁一般多为铁桥,色调较深,浮桥常呈现为稍有弯曲的锯齿形。

　　桥梁的结构形式是多种多样的。在航空像片上,可以根据桥梁的阴影结合形状、色调等特征来判明其结构,如图 5 - 30 所示。

图 5 - 30　铁路桥和公路桥

　　2)渡口。渡口是利用渡船渡河的地点。在航空像片上,它位于道路靠近河岸的尽头,而又无桥梁的位置上。岸边有时设有供人员和车辆上下的码头,在河面上常有渡船。

　　4.水系判读

　　水系包括江河、湖泊和其他积水地以及水利工程建筑物等。

　　(1)对河流的判读。河流有天然河流和人工河流之分。天然河流反映在航空像片上,都呈宽窄不等、弯曲的带状或线状。较大的天然河流的两侧,常有宽窄不等的支流和小溪,河中常有沙洲。当河水干枯时(如时令河),在航空像片上可以看到河床的影像。人工河流两岸比较平直,河床的宽度也基本一致。反映在航空像片上,呈现为一条比较平直的带状。小河和溪流的影像为弯弯曲曲的深灰色细线条,两岸常生长杂草和灌木丛,如图 5-31 所示。

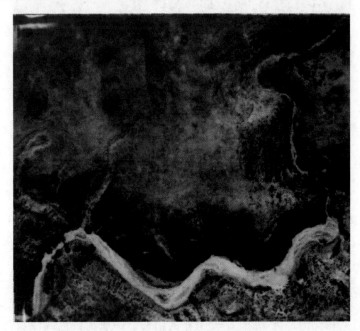

图 5-31 沙石底的河流和小溪

河流反映在航空像片上的色调,常与两岸的陆地有着明显的差别。但其色调的深浅又与河水的深度和洁净程度、河床的底质以及光线的反射情况等因素有关。在其他条件,相同的情况下,河水越深或水流越清澈时,反映在航空像片上,河面的色调越深,反之,色调越浅;泥底的河床要比砂底的河床色调深;当河面反射的光线恰好射入照相机时,或水中有白云的影像时,则河面的色调呈白色;平静的水面色调深,有浪花的水面色调浅。

(2)对湖泊和池塘的判读。

1)湖泊。湖泊的面积较大,形状很不规则,反映在航空像片上,呈黑色或浅灰色,与周围陆地有明显的界限。

2)池塘。池塘的面积较小,一般都位于耕种地附近。人工挖掘的池塘,边缘比较整齐。池塘反映在航空像片上一般都有比较明显的界限,色调较深。如果水面丛生植物,则色调较为复杂。

习　　题

1.什么是判读基本要素?

2.简述判读标志使用的排除方法。

3.判读准备的内容是哪些?

4.简述影像无人机图像判读质量的因素。

5.无人机航空像片判读中,广泛应用人造立体的观察,但观察中必须满足形成人造立体视觉的条件,简答这四个条件。

　　6.简答重叠影式观察立体的几种方法。

　　7.简述图像判读中大小特征与各种因素的关系。

　　8.简述图像判读中色调特征与各种因素的关系。

　　9.简述图像判读中阴影特征与各种因素的关系。

　　10.论述小路、大车路和公路的判读方法。

　　11.在无人机图像判读任务确定之后,其判读标志建立的作业过程是怎样的,画出其方框图。

参 考 文 献

[1]　段连飞.无人机任务设备原理[M].北京:海潮出版社,2008.

[2]　关泽群,刘继琳.遥感图像解译[M].武汉:武汉大学出版社,2007.

[3]　孙家抦,舒宁,关泽群.遥感原理、方法和应用[M].北京:测绘出版社,1997.

[4]　魏益鲁.遥感地理学[M].青岛:青岛出版社,2002.

[5]　阎守等.遥感影像群判读理论与方法[M].北京:海洋出版社,2007.

第6章 无人机图像正射纠正

无人机在执行任务飞行过程中,飞机姿态角度往往很大且稳定性较差,加上不同类型传感器成像特点、地面地形起伏等因素影响,获取的图像几何变形较大,而且是非垂直投影。非垂直投影图像不利于目标判读和直接定量化使用,因此,在无人机图像处理中,正射纠正是定量化处理的一个主要内容,通过正射纠正,将原始图像转变为垂直投影图像。具体来说,正射纠正就是根据有关的参数和数字地面模型,利用相应的构像方程式或按一定的数学模型,基于原始非正射投影的数字图像,生成一幅新的垂直投影的正射图像过程。本章将在介绍无人机图像构像方程、图像几何特点基础上,阐述无人机图像正射纠正方法。

6.1 无人机图像构像方程

构像方程指的是地物点的图像坐标(x,y)和地面坐标(X,Y,Z)之间的数学关系。有了这个数学关系,基于数字图像纠正的一般原理,就可以对任何类型传感器图像进行正射纠正。此外,在第7章目标定位处理中,也需要利用这个数学关系。

6.1.1 通用构像方程

如图6-1所示,对任何类型的传感器系统构像过程的描述,可以通过一系列的点位坐标系统来进行。其中主要的是传感器坐标系统$S-UVW$和地面坐标系统$O-XYZ$。在这两个坐标系统之间,根据实际情况可以定义一些作为坐标变换媒介的中间坐标系统,如传感器的框架坐标系统$S-U'V'W'$和传感器框架所依附的飞行器平台坐标系统$F-X'Y'Z'$等。这些坐标系统都是三维空间系统,最基本的坐标系统则是图像坐标系统$o-xy$和地图坐标系统$O_m-X_mY_m$,它们是二维的平面坐标系统,是无人机图像正射纠正的出发点和归宿。

上述传感器坐标系通常被称为像空间坐标系,图像坐标系$o-xy$一般与传感器坐标系中二维空间$S-UV$重合。但是,由于不同传感器的构像投影方式不同,在$o-xy$和$S-UV$之间还存在其他的变换关系。

地面坐标系统与地图坐标系统之间也须进行变换,一般将地面坐标系视为地心坐标系,继而转换为地理坐标系,再转换为某种所需的地图坐标系,关于地理坐标转换的内容可参考相关书籍,这里不再详细讲述。这里主要介绍正射纠正过程中紧密相关的传感器坐标系$S-UVW$和地面坐标系$O-XYZ$之间的转换关系,其关系式称为通用构像方程。

从图6-1中可见,设地面点P在传感器坐标系中的坐标为(U_P,V_P,W_P),在地面坐标系中的坐标为(X_P,Y_P,Z_P),则通用构像方程可表达为

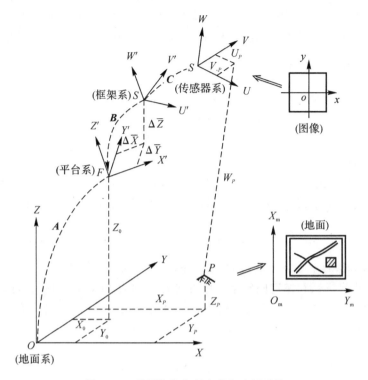

图 6-1　通用构像方程中的各坐标系统

$$\begin{bmatrix} X_P \\ Y_P \\ Z_P \end{bmatrix} = \begin{bmatrix} X_0 \\ Y_0 \\ Z_0 \end{bmatrix} + A \left\{ \boldsymbol{B} \cdot \boldsymbol{C} \begin{bmatrix} U_P \\ V_P \\ W_P \end{bmatrix} + \begin{bmatrix} \Delta X' \\ \Delta Y' \\ \Delta Z' \end{bmatrix} \right\} \tag{6-1}$$

式中

$$\boldsymbol{C} \begin{bmatrix} U_P \\ V_P \\ W_P \end{bmatrix} = \begin{bmatrix} U'_P \\ V'_P \\ W'_P \end{bmatrix} \tag{6-2}$$

$$\boldsymbol{B} \begin{bmatrix} U'_P \\ V'_P \\ W'_P \end{bmatrix} + \begin{bmatrix} \Delta X' \\ \Delta Y' \\ \Delta Z' \end{bmatrix} = \begin{bmatrix} X'_P \\ Y'_P \\ Z'_P \end{bmatrix} \tag{6-3}$$

将式(6-2)和式(6-3)代入(6-1)得

$$\begin{bmatrix} X_P \\ Y_P \\ Z_P \end{bmatrix} = \begin{bmatrix} X_0 \\ Y_0 \\ Z_0 \end{bmatrix} + A \begin{bmatrix} X'_P \\ Y'_P \\ Z'_P \end{bmatrix} \tag{6-4}$$

　　式(6-1)~式(6-4)分别表示由传感器坐标系开始,依次通过框架坐标系、平台坐标系,直到地面坐标系的坐标变换过程中,相邻两个坐标系统之间的三维空间线性变换。其中 $\boldsymbol{C}$ 为传感器坐标系相对于框架坐标系的姿态角旋转矩阵;$\boldsymbol{B}$ 为框架坐标系相对于平台坐标系的姿态角旋转矩阵;$\boldsymbol{A}$ 为平台坐标系相对于地面坐标系的姿态角旋转矩转。这些旋转矩阵均为3×3 矩阵。($\Delta X'$,$\Delta Y'$,$\Delta Z'$)是框架坐标系原点 S 在平台坐标系中的坐标平移量;(X_0,Y_0,Z_0)是平台坐标系原点 F 在地面坐标系中的坐标平移量。

之所以称式(6-1)为通用构像方程,是因为根据不同传感器的构像投影方式特点,对其中的各旋转矩阵和坐标原点平移量作具体的取舍和定义后,便可导出不同的传感器构像方程。

6.1.2 摄影像片构像方程

摄影像片是地面景物的中心投影,其构像方程即可以由通用构像方程式(6-1)出发推导,也可以从中心投影特点出发推导,考虑到该构像方程的重要性和推导的完整性,本节采用后者。

1.一般地区的构像方程

设在摄影瞬间,某地面点 A 经摄影中心 S 在像片上得到构像点 a 。如果不考虑镜头畸变等原因引起的像点构像误差,物点 A 、摄影中心 S 和像点 a 应位于一条直线上,即满足共线条件。

为了推导一般地区的构像方程,建立与地面坐标系相平行的像空间辅助坐标系,如图 6-2 所示。设物点 A 和摄影中心 S 在地面坐标系中的坐标分别为 (X_A, Y_A, Z_A) 和 (X_S, Y_S, Z_S);像点 a 在像空间辅助坐标系和像空间坐标系中的坐标分别为 (X, Y, Z) 和 $(x, y, -f)$ 。由于地面坐标系与像空间辅助坐标系对应轴系相互平行,根据相似三角形的关系,可以得到像点的像空间辅助坐标 (X, Y, Z) 与对应物点的地面坐标 (X_A, Y_A, Z_A) 之间的关系为

$$\frac{X}{X_A - X_S} = \frac{Y}{Y_A - Y_S} = \frac{Z}{Z_A - Z_S} = \frac{1}{\lambda} \tag{6-5}$$

式中, λ 为比例因子。

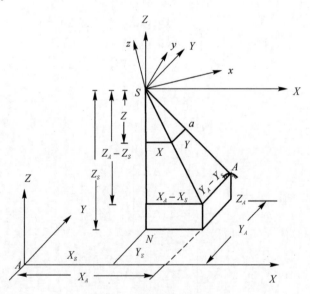

图 6-2 共线条件方程式

将式(6-5)写成矩阵形式为

$$\begin{bmatrix} X \\ Y \\ Z \end{bmatrix} = \frac{1}{\lambda} \begin{bmatrix} X_A - X_S \\ Y_A - Y_S \\ Z_A - Z_S \end{bmatrix} \tag{6-6}$$

通过通用构像方程推导可知,像点的像空间坐标与像空间辅助坐标的转换关系为三维空

间线性变换,因此有

$$
\begin{bmatrix} X \\ Y \\ Z \end{bmatrix} = \boldsymbol{R} \begin{bmatrix} x \\ y \\ -f \end{bmatrix} = \begin{bmatrix} a_1 & a_2 & a_3 \\ b_1 & b_2 & b_3 \\ c_1 & c_2 & c_3 \end{bmatrix} \begin{bmatrix} x \\ y \\ -f \end{bmatrix} \tag{6-7}
$$

式中,$\boldsymbol{R}$ 为旋转矩阵,各元素为三个姿态角 φ,ω 和 κ 的函数,表达式为

$$
\left. \begin{aligned}
a_1 &= \cos\varphi\cos\kappa - \sin\varphi\sin\omega\sin\kappa \\
a_2 &= -\cos\varphi\sin\kappa - \sin\varphi\sin\omega\cos\kappa \\
a_3 &= -\sin\varphi\cos\omega \\
b_1 &= \cos\omega\sin\kappa \\
b_2 &= \cos\omega\cos\kappa \\
b_3 &= -\sin\omega \\
c_1 &= \sin\varphi\cos\kappa + \cos\varphi\sin\omega\sin\kappa \\
c_2 &= -\sin\varphi\sin\kappa + \cos\varphi\sin\omega\cos\kappa \\
c_3 &= \cos\varphi\cos\omega
\end{aligned} \right\} \tag{6-8}
$$

其逆变换式为

$$
\begin{bmatrix} x \\ y \\ -f \end{bmatrix} = \boldsymbol{R}^{\mathrm{T}} \begin{bmatrix} X \\ Y \\ Z \end{bmatrix} = \begin{bmatrix} a_1 & b_1 & c_1 \\ a_2 & b_2 & c_2 \\ a_3 & b_3 & c_3 \end{bmatrix} \begin{bmatrix} X \\ Y \\ Z \end{bmatrix} \tag{6-9}
$$

将式(6-6)代入式(6-9)得

$$
\begin{bmatrix} x \\ y \\ -f \end{bmatrix} = \frac{1}{\lambda} \begin{bmatrix} a_1 & b_1 & c_1 \\ a_2 & b_2 & c_2 \\ a_3 & b_3 & c_3 \end{bmatrix} \begin{bmatrix} X_A - X_S \\ Y_A - Y_S \\ Z_A - Z_S \end{bmatrix} \tag{6-10}
$$

展开为

$$
\left. \begin{aligned}
x &= \frac{1}{\lambda} \left[a_1(X_A - X_S) + b_1(Y_A - Y_S) + c_1(Z_A - Z_S) \right] \\
y &= \frac{1}{\lambda} \left[a_2(X_A - X_S) + b_2(Y_A - Y_S) + c_2(Z_A - Z_S) \right] \\
-f &= \frac{1}{\lambda} \left[a_3(X_A - X_S) + b_3(Y_A - Y_S) + c_3(Z_A - Z_S) \right]
\end{aligned} \right\} \tag{6-11}
$$

第一式和第二式分别除以第三式,消去比例因子得

$$
\left. \begin{aligned}
x &= -f \frac{a_1(X_A - X_S) + b_1(Y_A - Y_S) + c_1(Z_A - Z_S)}{a_3(X_A - X_S) + b_3(Y_A - Y_S) + c_3(Z_A - Z_S)} \\
y &= -f \frac{a_2(X_A - X_S) + b_2(Y_A - Y_S) + c_2(Z_A - Z_S)}{a_3(X_A - X_S) + b_3(Y_A - Y_S) + c_3(Z_A - Z_S)}
\end{aligned} \right\} \tag{6-12}
$$

式(6-12)就是一般地区的中心投影构像方程式,即一般地区的摄影像片构像方程。由于它描述的是摄影瞬间像点、摄影中心和物点三点共线的几何关系,因此,在摄影测量领域该式又称为共线条件方程式。共线条件方程式在无人机图像定量化处理中应用十分广泛,无人机航空像片和电视图像的定量化处理均是以该方程式为基础开展的。

　　2.平坦地区的构像方程

　　当地面水平时,地面任一点的高程 Z_A 为一常数,由式(6-10)展开,第一式和第二式分别

除以第三式得

$$\left.\begin{array}{l} X_A - X_S = (Z_A - Z_S)\dfrac{a_1 x + a_2 y - a_3 f}{c_1 x + c_2 y - c_3 f} \\[3mm] Y_A - Y_S = (Z_A - Z_S)\dfrac{b_1 x + b_2 y - b_3 f}{c_1 x + c_2 y - c_3 f} \end{array}\right\} \tag{6-13}$$

式中，$(Z_A - Z_S) = -H$ 为一常数；$(X_A - X_S)$ 和 $(Y_A - Y_S)$ 为水平地面点在像空间辅助坐标系中的坐标。用新的符号 X, Y 表示，得

$$\left.\begin{array}{l} X = -H\dfrac{a_1 x + a_2 y - a_3 f}{c_1 x + c_2 y - c_3 f} \\[3mm] Y = -H\dfrac{b_1 x + b_2 y - b_3 f}{c_1 x + c_2 y - c_3 f} \end{array}\right\} \tag{6-14}$$

将式(6-14)中的 $-H$ 乘入分式中，分子、分母同除以 $-c_3 f$，并用新的符号表示各系数后，式(6-14)可写为

$$\left.\begin{array}{l} X = \dfrac{a_{11} x + a_{12} y + a_{13}}{a_{31} x + a_{32} y + 1} \\[3mm] Y = \dfrac{a_{21} x + a_{22} y + a_{23}}{a_{31} x + a_{32} y + 1} \end{array}\right\} \tag{6-15}$$

式(6-15)为地面水平时的中心投影构像方程，它反映了两个平面对应点之间的投影变换关系，故式(6-15)称为投影变换公式，也叫透视变换公式，其反算式为

$$\left.\begin{array}{l} x = \dfrac{a'_{11} X + b'_{11} Y + c'_{11}}{a'_{31} X + b'_{31} Y + 1} \\[3mm] y = \dfrac{a'_{21} X + b'_{21} Y + c'_{21}}{a'_{31} X + b'_{31} Y + 1} \end{array}\right\} \tag{6-16}$$

6.1.3   扫描图像构像方程

红外扫描仪的成像原理如图 6-3 所示，它通过反射镜(m)的旋转来实现行扫描，通过飞行器的前进来实现整幅图像的面扫描。由于聚焦透镜(S)与探测器(D)之间的光距(f)是固定不变的，而且每个被扫描的目标点 P 都由探测器来检测成像(像素间的区分，是通过检测抽样时间间隔来实现)，所以任意地面扫描线 AB 的图像是一条圆弧 ab；整幅图像是一个等效的圆柱面。从这个意思来说，红外扫描仪具有全景投影的成像方式，它的任意一个像素的构像，等效于一台照相机沿旁向旋转了扫描角 θ 后，以像幅中心点($x=0, y=0$)成像的几何关系。因此，对于通用构像方程有

$$[U_P \quad V_P \quad W_P]^{\mathrm{T}} = [0 \quad 0 \quad -f]^{\mathrm{T}}\lambda_P \tag{6-17}$$

$$\boldsymbol{C} = \begin{bmatrix} 1 & 0 & 0 \\ 0 & \cos\theta & -\sin\theta \\ 0 & \sin\theta & \cos\theta \end{bmatrix} \tag{6-18}$$

同时，$\boldsymbol{B} = \boldsymbol{I}$，$[\Delta X' \quad \Delta Y' \quad \Delta Z']^{\mathrm{T}} = [0 \quad 0 \quad 0]^{\mathrm{T}}$。将上述关系式代入式(6-1)，可得红外图像的构像方程为

$$\left.\begin{array}{l} x' = 0 = -f\dfrac{a_1(X_P - X_S) + b_1(Y_P - Y_S) + c_1(Z_P - Z_S)}{a_3(X_P - X_S) + b_3(Y_P - Y_S) + c_3(Z_P - Z_S)} \\[3mm] y' = f\tan(\theta) = -f\dfrac{a_2(X_P - X_S) + b_2(Y_P - Y_S) + c_2(Z_P - Z_S)}{a_3(X_P - X_S) + b_3(Y_P - Y_S) + c_3(Z_P - Z_S)} \end{array}\right\} \tag{6-19}$$

式中，x',y' 为等效垂直摄影图像坐标。

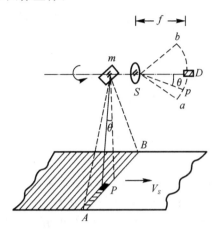

图 6-3　红外扫描仪成像原理

需要说明的是，式(6-19)仅代表一个像素的几何关系。实际上传感器旋转镜沿旁向扫描的速度极快，因此上述方程也可代表一整条扫描行的几何关系。

6.1.4　SAR 图像构像方程

1. F. Leberl 模型

国际著名摄影测量学者 F. Leberl 从雷达传感器成像的几何特点出发，建立了 SAR 图像的构像方程式，称之为 F. Leberl 公式。SAR 传感器的成像在距离向和方位向两个方向上采用距离条件和零多普勒频移条件两个几何条件。具体来说：其一是根据雷达波在目标上回波时间的长短来确定像点到雷达天线的距离，由此确定目标像点在距离向的位置；其二是根据雷达回波的多普勒特性，通过方位压缩处理，确定目标所在的方位向位置。

（1）距离条件。如图 6-4 所示，D_s 为初始斜距（也称扫描延迟），R_s 为天线 S 到地面点 P 的斜距，m_y 为 SAR 图像距离向分辨率，y 为 SAR 图像距离向像元坐标。故对斜距图像有

$$D_s + m_y y = R_s \qquad (6-20)$$

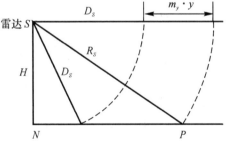

图 6-4　F. Leberl 模型距离条件示意图

即

$$D_s + m_y y = \sqrt{(X-X_s)^2 + (Y-Y_s)^2 + (Z-Z_s)^2} \qquad (6-21)$$

式中，X_s, Y_s, Z_s 为 SAR 成像时的雷达天线位置；X, Y, Z 为地面点 P 的地面坐标。

（2）多普勒条件。在信号处理中，雷达的回波频率为

$$f_{DC} = -\frac{2(\boldsymbol{V}_S - \boldsymbol{V}_P)(\boldsymbol{S} - \boldsymbol{P})}{\lambda \, |\boldsymbol{S} - \boldsymbol{P}|} \tag{6-22}$$

式(6-22)可以进一步简化为

$$R\sin\tau = u_x(X - X_S) + u_y(Y - Y_S) + u_z(Z - Z_S) \tag{6-23}$$

式中,R 为天线到地面点的距离;τ 为偏斜角;u_x,u_y,u_z 为飞机的单位瞬时速率。

当卫星或飞机飞行速度矢量与天线至地面点矢量保持垂直时,$\tau = 0$,式(6-23)即为零多普勒条件。

$$u_x(X - X_S) + u_y(Y - Y_S) + u_z(Z - Z_S) = 0 \tag{6-24}$$

2. G. Konecny 等效共线方程

从 SAR 图像的显示方式分析,它在距离方向的表现为线影像,沿飞行方向覆盖测绘条带,整幅 SAR 图像相当于线阵列图像,如同推扫式成像方式一样,每条线影像均对应一个天线位置,即投影中心,当雷达的速度矢量在运行中发生方向偏移变化或成像处理中多普勒中心频率估计产生偏差,将引起图像方位向变形,其变形影响可等效为扫描线偏离标准位置引起的图像变化,可以用 φ,ω,κ 来表示扫描线的姿态参数。根据这一特点,将距离投影方式进行中心投影等效转化,其他成像因素引起的变形等效为线影像姿态变化引起的变形,建立像点、物点和雷达天线之间的空间几何关系,用等效线中心投影即等效共线方程表述 SAR 的构像模型。

G. Konecny 于 1988 年在第 16 届国际摄影测量与遥感学会大会(ISPRS)上提出了雷达地距图像等效共线方程。之后我国肖国超推导了斜距显示图像上的坐标,使得公式也适用于斜距显示的图像。下面简单介绍一下斜距图像的构像方程及各参量的含义。

$$\left.\begin{aligned} x = 0 &= -f\frac{a_1(X_j - \Delta X - X_{Sj}) + b_1(Y_j - \Delta Y - Y_{Sj}) + c_1(Z_j - \Delta Z - Z_{Sj})}{a_3(X_j - \Delta X - X_{Sj}) + b_3(Y_j - \Delta Y - Y_{Sj}) + c_3(Z_j - \Delta Z - Z_{Sj})} \\ y_{Sr} &= -f\frac{a_2(X_j - \Delta X - X_{Sj}) + b_2(Y_j - \Delta Y - Y_{Sj}) + c_2(Z_j - \Delta Z - Z_{Sj})}{a_3(X_j - \Delta X - X_{Sj}) + b_3(Y_j - \Delta Y - Y_{Sj}) + c_3(Z_j - \Delta Z - Z_{Sj})} \end{aligned}\right\} \tag{6-25}$$

其中

$$\left.\begin{aligned} \Delta X &= P(X_j - X_{Sj}) \\ \Delta Y &= P(Y_j - Y_{Sj}) \end{aligned}\right\} \tag{6-26}$$

$$P = \frac{\sqrt{(X_j - X_{Sj})^2 + (Y_j - Y_{Sj})^2} - \sqrt{(X_j - X_{Sj})^2 + (Y_j - Y_{Sj})^2 + (Z_j - Z_{Sj})^2}}{\sqrt{(X_j - X_{Sj})^2 + (Y_j - Y_{Sj})^2}} \tag{6-27}$$

式中,X_j,Y_j,Z_j 为地面点在地面空间坐标系中的坐标;x,y 为斜距图像的像点坐标;$y = y_{Sr} = D_s + y_s$,y_s 为斜距图像上可量测到的像点距离向坐标;D_s 为扫描延迟;X_{Sj},Y_{Sj},Z_{Sj} 为像点所对应的天线在地面空间坐标系中的瞬时空间坐标;f 为等效中心投影焦距;a_j,b_j,c_j($j = 1,2,3$)为第 j 行图像线对应的传感器姿态角 φ,ω,κ 的方向余弦值。

3. 行中心投影公式

用行中心投影公式来描述 SAR 图像构像方程,是将 SAR 图像看作是传感器倾斜对地扫描成像的多中心投影线影像,该公式直接采用行中心投影构像的数学模型。这种处理方法是一种近似的处理方法,表达式为

$$\boldsymbol{M}_\theta \begin{bmatrix} x_i \\ 0 \\ f \end{bmatrix} = \lambda \boldsymbol{A}^{\mathrm{T}} \begin{bmatrix} X - X_{Si} \\ Y - Y_{Si} \\ Z - Z_{Si} \end{bmatrix} \tag{6-28}$$

或

$$\left. \begin{aligned} x &= -f \frac{a_1(X_i - X_{Si}) + b_1(Y_i - Y_{Si}) + c_1(Z_i - Z_{Si})}{a_3(X_i - X_{Si}) + b_3(Y_i - Y_{Si}) + c_3(Z_i - Z_{Si})} \\ y &= 0 = -f \frac{a_2(X_i - X_{Si}) + b_2(Y_i - Y_{Si}) + c_2(Z_i - Z_{Si})}{a_3(X_i - X_{Si}) + b_3(Y_i - Y_{Si}) + c_3(Z_i - Z_{Si})} \end{aligned} \right\} \tag{6-29}$$

式中，y 表示飞行方向；X, Y, Z 为地面点的地面坐标；X_{Si}, Y_{Si}, Z_{Si} 为第 i 行线影像对应的投影中心的地面坐标；λ 为比例因子；θ 为侧视角；$\boldsymbol{A}$ 为由第 i 行线影像对应的方位角元素 $\varphi_i, \omega_i, \kappa_i$ 构成的旋转矩阵。

4. 基于投影差改正的多项式模型

基于投影差改正的多项式模型是综合考虑了 SAR 距离成像特点以及地形起伏对 SAR 成像等因素的影响，具有较好的处理效果，能够满足 SAR 图像纠正和定位解算的需要。

引起 SAR 图像变形的因素很多，其中大多数变形都可以通过多项式纠正方法得到改正。但是，因高差引起的变形很难通过一般的多项式纠正方法进行改正。该模型主要是在原有的多项式纠正方法的基础上，在多项式纠正中引入投影差改正。

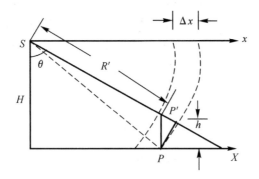

图 6-5　地形起伏对雷达图像的影响

地形起伏在雷达图像上引起的像点位移情况如图 6-5 所示。设地面点 P' 上的高程为 h，其图像坐标为 $X'_P = \lambda R_P$，其中 λ 为成像比例尺，P 是 P' 点在地面基准面上的投影点，其斜距可近似地表达为

$$R_P \approx R'_P + h\cos\theta \tag{6-30}$$

式中，θ 是 P' 点的成像角。

于是相应的因地形起伏产生的位移为

$$\Delta X = X'_P - X_P \approx -\lambda\cos\theta \tag{6-31}$$

设地面分辨率为 s，则可将 ΔX 换算为像点单位：

$$\Delta x \approx -h\cos\theta/s \tag{6-32}$$

式中，$\cos\theta = (H - h)/R$。

因此，因地形起伏引起的像点位移为

$$\Delta x \approx -h(H - h)/Rs \tag{6-33}$$

式(6-30)是投影差的近似表达式,如果要严格计算,可以通过直角三角形边的关系得到

$$\Delta X = R - \sqrt{(R^2-(H-h)^2)+H^2} = R - \sqrt{R^2+(2H-h)h} \quad (6-34)$$

由于高差引起的投影差主要影响距离向位移,因此,在方位向不考虑投影差改正,可用下式进行多项式正射纠正(以二次为例):

$$\left. \begin{aligned} x+\Delta x &= a_0+a_1X+a_2Y+a_3X^2+a_4XY+a_5Y^2 \\ y &= b_0+b_1X+b_2Y+b_3X^2+b_4XY+b_5Y^2 \end{aligned} \right\} \quad (6-35)$$

式中,x,y 为像点坐标;X,Y 为地面坐标。

当航高未知时,Δx 也是未知数,式(6-35)必须修正。考虑式(6-33),则式(6-35)变为

$$\left. \begin{aligned} x+h^2/Rs &= a_0+a_1X+a_2Y+a_3X^2+a_4XY+a_5Y^2+Hh/Rs \\ y &= b_0+b_1X+b_2Y+b_3X^2+b_4XY+b_5Y^2 \end{aligned} \right\} \quad (6-36)$$

式(6-36)即为基于投影差改正的多项式模型。

6.2　无人机图像几何特点

6.2.1　摄影像片几何特点

在所有无人机图像中,摄影像片是最常用的图像种类,其几何特点也最具有代表性,摄影像片上有一系列特殊位置的点和线,它们反映了中心投影的几何性质,研究它们对于了解摄影像片的性质和确定其在空间的位置具有重要的意义。

摄影像片上的特征点线,以及它们相互间的关系如图 6-6 表示。图中 P 为像平面,S 为投影中心,T 为地平面。

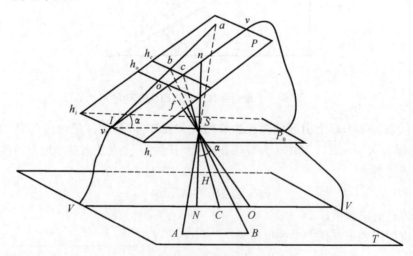

图 6-6　航空像片的特征点和线

1.摄影像片的特征点线

(1)像主点。通过投影中心 S,垂直于像平面的直线 SO 叫作航摄相机的主光轴(主光线),它与像平面的交点 o 叫作像主点,像主点在地面上的相应点 O 叫地主点。

(2)像底点。通过投影中心 S 的铅垂直线 SN 称为主垂线,它与像平面的交点规称为像底

点,像底点在地面上的相应点 N 叫地底点。

(3)等角点。主光轴与主垂线所夹的角 α 称为像片倾角。平分倾角的直线与像平面的交点 C 称等角点,在地面上的相应点 C 也称等角点。当地面平坦时,倾斜像片上只有以等角点为顶点的方向角与地面相应角大小相等。

(4)主纵线。包含主光轴和主垂线的平面称主垂面,它与像平面的交线 vv 叫主纵线,也即通过像主点和像底点的直线,其在地面上相应的线 VV 叫基本方向线。

(5)主横线。在像平面上,凡属和主纵线相垂直的直线都叫像水平线。通过像主点的像水平线叫主横线,以 h_0h_0 表示。

(6)等比线。在像平面上,通过等角点的像水平线称等比线,以 h_ch_c 表示。

(7)主合点和主合线。过投影中心的水平面与像平面的交线叫主合线或地平线。用 h_ih_i 表示。主纵线与主合线的交点称作主合点 i,主合点是平行于基本方向线的各水平线在倾斜像片上影像相交的点。

2.特征点线之间的关系

由上可知,像主点、像底点、等角点和主合点都在主垂面内,因此对一定的像片只要知道像主点和主纵线的位置,就可在像平面上确定一系列点的位置。如图 6-7 所示,α 是像片倾角,f 为焦距,H 为航高,则有

$$on = f\tan\alpha \tag{6-37}$$

$$oc = f\tan\frac{\alpha}{2} \tag{6-38}$$

$$Io = f\cot\alpha \tag{6-39}$$

从这些关系式可看出,当 $\alpha=0°$,即像片处于水平位置时,$oc=on=0$。这意味着像主点、像底点、等角点三点重合,Io,IS,cI 为无穷大,主合点位于无穷远处。

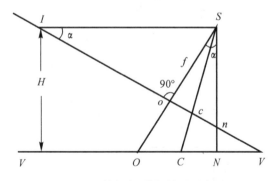

图 6-7　特征点、线间关系示意图

3.因像片倾斜引起的像点位移——倾斜误差

地物点在倾斜像片上的像点位置与同一摄影站摄得的水平像片上的像点位置相比,产生的一段位移称倾斜误差。

(1)倾斜误差像点位移的路线。图 6-8 中的 P_0 与 P 为同一摄影站的水平像片和倾斜像片,A 为地面任意点,a_0 和 a 点分别为地面点 A 在水平像片和倾斜像片上的影像,h_ch_c 为等比线,c 为等角点,cv_0,cv 为主垂面在两像片上的交线,φ_0,φ 分别为像点 a_0 和 a 与等角点 c 的连线与主纵线的夹角。

若将水平像片 P_0 绕着等比线向上旋转与倾斜像片 P 重合,根据等角点的性质,倾斜像片上以等角点 c 为顶点的方向角与水平像片的相应角大小是对应相等的,所以 $\varphi = \varphi_0$,因此在主纵线 cv_0 和 cv 重合的同时,直线 ca 与 ca_0 必然重合,a_0 点落在 P 像片的 ca 延长线上为 a_0' 点,线段 aa_0 则是 a_0 点因像片倾斜而产生的位移距离,即倾斜误差。由此可知,摄影像片因倾斜而引起的像点位移路线是在像点与等角点的连线上。

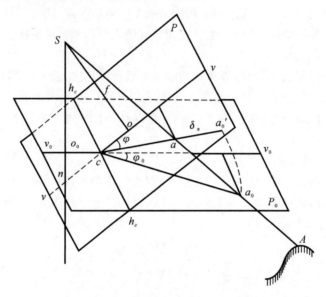

图 6-8 因像片倾斜引起的像点位移

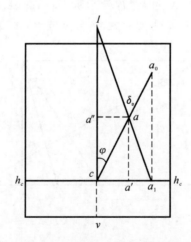

图 6-9 倾斜误差公式推导图示

(2)倾斜误差的大小及像点位移规律。图 6-9 表示倾斜像片 P 与水平像片 P_0 重合后的情况。为求得像点倾斜误差 δ_a 的计算公式,在图 6-9 上作 $a_0a_1 /\!\!/ vc$,连 a_1a 并延长交 vc 于 I 点。I 点是倾斜像片上的主合点。并过 a 点引 $aa'' /\!\!/ h_ch_c$,$aa' /\!\!/ cI$。设 $ca_0 = r_0$,$ca = r$,由此可得 $\triangle ca_0a_1 \backsim \triangle caa'$。则得

$$\frac{ca_0}{ca} = \frac{ca}{ca'}$$

即

$$\frac{r_0}{r} = \frac{ca_1}{a''a} \tag{6-40}$$

又因 $\triangle Ica_1 \backsim \triangle Ia''a$，则

$$\frac{ca_1}{a''a} = \frac{Ic}{Ia''} = \frac{Ic}{Ic - ca''}$$

又因

$$Ic = \frac{f}{\sin\alpha}$$

$$ca'' = ca\cos\varphi = r\cos\varphi$$

所以

$$\frac{ca_1}{a''a} = \frac{\dfrac{f}{\sin\alpha}}{\dfrac{f}{\sin\alpha} - r\cos\varphi} \tag{6-41}$$

将式(6-41)代入式(6-40)得

$$\frac{r_0}{r} = \frac{f/\sin\alpha}{f/\sin\alpha - r\cos\varphi} \tag{6-42}$$

将式(6-42)取分比得

$$\frac{r - r_0}{r} = \frac{(f/\sin\alpha - r\cos\varphi) - f/\sin\alpha}{f/\sin\alpha - r\cos\varphi} \tag{6-43}$$

令 $\delta_\alpha = r - r_0$，并简化上式，可得

$$\delta_\alpha = -\frac{r^2\cos\varphi\sin\alpha}{f - r\cos\varphi\sin\alpha} \tag{6-44}$$

又因 $r\cos\varphi\sin\alpha$ 值很小，可忽略不计，最后可得计算倾斜误差的近似公式为

$$\delta_\alpha \approx -\frac{r^2}{f}\cos\varphi\sin\alpha \tag{6-45}$$

式中，δ_α 称为倾斜误差，r 为像片上像点与等角点之间的辐射距离，α 为像片倾角，φ 为像点和等角点连线与主纵线的夹角(方向角)，f 为航摄相机焦距。

根据对式(6-45)分析，可得出倾斜误差的如下规律。

(1)倾斜误差的大小与像片倾角成正比，倾角越大，误差越大，倾角为 0°，倾斜误差为 0，即像片水平时，不存在倾斜误差。

(2)倾斜误差的大小与像点的辐射距平方成正比，而与航摄相机焦距成反比，幅射距 r 越大，即越位于像片边缘的像点，倾斜误差也愈大；焦距越小，则倾斜误差越大。反之，则倾斜误差越小。

(3)当 $\varphi = 90°$ 或 270°时，$\delta_\alpha = 0$，即等比线上各像点不存在倾斜误差。

(4)当 $\varphi = 0°$ 或 180°时，δ_α 达最大值，即位于主纵线上的像点，倾斜误差最大。

(5) δ_α 的值可正可负，当 φ 角在 0°~90°和 270°~360°内时，δ_α 为负值，即像点朝向等角点方向位移，当 φ 角在 90°~270°时，δ_α 为正值，即像点背离等角点方向位移。

上述像点位移规律，可用图 6-10 清楚地表示出来：$a_0b_0c_0d_0$ 为地面图形在水平像片上的构像，$abcd$ 为同图形在倾斜像片上的构像。等比线 h_ch_c 把像片分成两部分，包含像主点的部

分像点朝向等角点方向移动,使图形收缩;包含像底点的部分,像点背离等角点方向移动,使图形放大,不同部位的位移量不等,最后正方形变成了梯形。

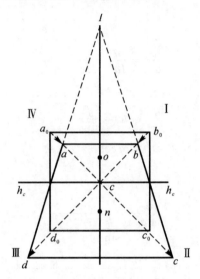

图 6-10 像片倾斜引起的像点位移规律

4.地面起伏引起的像点位移——投影误差

由于地面起伏,高于或低于基准面的地面点,在像片上的像点对于它在基准面上的垂直投影点的像点所产生的直线位移,叫作投影误差。如图 6-11 所示,地面点 A 对基准面 T_0 的高差为 Δh,A_0 为 A 点在基准面上的垂直投影,A,A_0 两点在像片 P_0 上的影像分别为 a 和 a_0,线段 $a_0 a$ 就是由于地面点对基准面的高差所引起的像点位移,即投影误差。

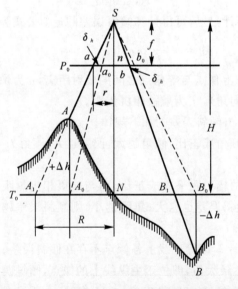

图 6-11 因地形起伏引起的像点位移

（1）投影误差像点位移的路线和方向。假设通过图 6-11 上的主垂线 SN 及 A 点作一平面,则投影光线 SAA_1,SA_0 和 a,a_0,n 等都在该平面内,而像片上的 a,a_0,n 三点必位于所作平面与像片的交线上。因此,由地面起伏引起的像点位移是在像点与像底点的连线上。当 Δh 为正值时(即地面点高于基准面),像点由原位置背离像底点方向移动(即 $a_0 \rightarrow a$);当 Δh 为负值时(即地面点低于基准面),像点则由原位置向着像底点方向移动(即 $b_0 \rightarrow b$)。

(2)投影误差 δ_h 的计算公式。从图 6-11 可以得到 $\triangle Saa_0 \backsim \triangle SA_1A_0$,所以

$$\frac{aa_0}{A_1A_0} = \frac{f}{H} \tag{6-46}$$

又有 $\triangle AA_1A_0 \backsim \triangle SA_1N$,所以

$$\frac{A_1A_0}{\Delta h} = \frac{R}{H} \tag{6-47}$$

又有 $\triangle San \backsim \triangle SA_1N$,所以

$$\frac{r}{R} = \frac{f}{H} \tag{6-48}$$

将式(6-48)代入式(6-47)得

$$A_1A_0 = \Delta h \frac{r}{f} \tag{6-49}$$

将式(6-49)代入式(6-46),最终得

$$\delta_h = aa_0 = \Delta h \frac{r}{f} \frac{f}{H} = \Delta h \frac{r}{H} \tag{6-50}$$

式中,δ_h 表示投影误差;r 为像点至像底点的辐射距;Δh 为地物点相对基准面的高差;H 为基准面航高。由该式可得:

1)投影误差与辐射距成正比,即像点离像底点越远,投影误差越大,像片中心部位投影误差小,像底点处不存在投影误差。

2)投影误差与航高成反比,航高愈大,引起的像点位移愈小。

3)投影误差与高差成正比,高差越大,投影差越大,反之就小。并且地物点高于基准面时,投影误差为正值,像点背离像底点方向移动,地物点低于基准面时,投影误差为负值,像点向着像底点方向移动。

以上讨论是假定像片水平时的情况,如果像片倾斜,投影误差计算公式为

$$\delta_h = \frac{\Delta hr}{H} \frac{1 - r\cos\varphi\sin\alpha\cos\alpha/f}{1 + \frac{\Delta hr}{H}\cos\varphi\sin\alpha\cos\alpha} \tag{6-51}$$

式中各字母的意思同前,在近似垂直摄影时有

$$\delta_h \approx \frac{\Delta hr}{H}\left(1 - \frac{r}{2f}\cos\varphi\sin2\alpha\right) \tag{6-52}$$

6.2.2　扫描图像几何特点

光机扫描图像是对应地面的多中心投影。根据光机扫描仪的成像过程可知,在每次成像的瞬间,只有瞬时视场对应的地面范围内的目标在图像上成为一个像元。由于平台的运动,图像上每个像元都有自己的投影中心。此外,对于光机扫描的光学聚焦系统来说,它有一个固定的焦距,因此光机扫描图像又具有全景摄影像片的某些特点。因此,其几何特点可与摄影像片类似不同的地方在于其多中心投影特性。

此外,由于不同的像元在成像瞬间有不同的摄站坐标、扫描角和外方位角元素,对整幅图

像来说,难以用有固定参数的数学模型来表达。因此,在应用中除了可以仿照摄影像片的共线条件建立像点与地面点间的关系式以外,在精度要求不高的情况下也可用多项式形式来表达像点与地面点的坐标关系式。

6.2.3 SAR 图像几何特点

1. 斜距显示的近距离压缩

SAR 图像中平行飞行航线的方向称为方位向或航迹向,垂直于航线的方向称为距离向,一般沿航迹向的比例尺是一个常量。但是沿距离向的比例尺就相对比较复杂,因为有两种显示方式。在斜距显示的图像上地物目标的位置由该目标到雷达的距离(斜距而不是水平距离)所决定,图像上两个地物目标之间的距离为其斜距之差乘以距离向比例尺,即

$$y_1 - y_2 = f(R_1 - R_2) = (R_1 - R_2)/a \qquad (6-53)$$

式中,y_1,y_2 是两目标在图像上的横坐标,纵坐标通常为航迹向图像坐标,以 x 表示;f 是距离向比例尺;a 为比例尺分母,它由阴极射线管上光点的扫描速度所决定。这里的距离向比例尺是相应于所说两个目标而言的。当俯角为 β 时,有

$$\Delta R = \Delta G \cos\beta \qquad (6-54)$$

式中,$\Delta R = R_1 - R_2$,即两目标斜距之差。

$$\Delta G = G_1 - G_2 \qquad (6-55)$$

式中,G_1,G_2 分别为两目标到雷达天线的水平距离。于是两目标的图上距离为

$$y_1 - y_2 = f\Delta R = f\Delta G\cos\beta = \frac{f}{\sec\beta}(G_1 - G_2) = f'(G_1 - G_2) \qquad (6-56)$$

此时,比例尺 f' 不再是常数,俯角 β 越大,f' 越小。

图 6-12 表示了地面上相同大小的地块 A,B,C 在斜距图像和地距图像上的投影,A 是距离雷达较近的地块,但在斜距图像上却被压缩了,可见比例尺是变化的,这样就造成了图像的几何失真,这一失真的方向与航空摄影所得到的像片形变方向刚好相反,航空像片中是远距离地物被压缩。

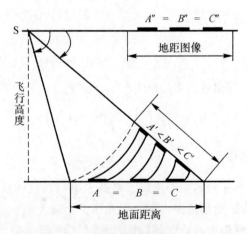

图 6-12　斜距图像近距离压缩

为了得到在距离向无几何失真的图像,就要采取地距显示的形式。通常在雷达显示器的扫描电路中,加延时电路补偿或在光学处理器中加几何校正,以得到地距显示的图像。图 6-

12 中表示了地距显示图像在距离向没有形变,不过这只是对平地图像的处理,可以做到距离无失真现象,如果遇到山地,即便地距显示也不能保证图像无几何形变。

2.合成孔径雷达图像的透视收缩和叠掩

在侧视雷达图像上所量得的山坡长度按比例尺计算后总比实际长度要短。如图 6-13 所示,设雷达波束到山坡顶部,中部和底部的斜距分别为 R_t,R_m,R_b,坡的长度为 L。从图 6-13(a)中可见,雷达波束先到达坡底,最后才到达坡顶,于是坡底先成像,坡顶后成像,山坡在斜距显示的图像上显示其长度为 L',很明显 $L'<L$。而图 6-13(b)中由于 $R_t=R_m=R_b$,坡底、坡腰和坡顶的信号同时被接收,图像上成了一个点,更无所谓坡长。图 6-13(c)中由于坡度大,雷达波束先到坡顶,然后到山腰,最后到坡底,故 $R_b>R_m>R_t$,这时图像所显示的坡长为 L'',同样是 $L''<L$。图 6-13(a)所示图像形变称为透视收缩,图 6-13(c)所示图像形变称为叠掩。

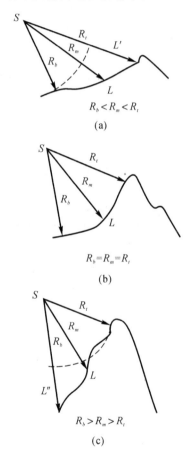

图 6-13　斜坡的成像解译

(a)雷达透射收缩;(b)斜坡成像为一点;(c)雷达叠掩

一般令雷达图像显示的坡长为 L_r,有

$$L_r = L\sin\theta \tag{6-57}$$

式中,θ 为雷达波束入射角。可见当 $\theta=90°$ 时,$L_r=L$,即波束贴着斜坡入射时,斜坡的图像显示才没有变形,而其他情况下,L_r 均小于 L。

入射角 θ 一般可由下式表达:

$$\theta = 90^\circ - (\beta + \alpha) \tag{6-58}$$

式中，β 为俯角，α 为山坡坡度。

由图 6-14 可见，θ 角的定义通常是与山坡坡度相关的（对于某一雷达系统，β 总是一个常数或一定的范围）。由 θ 的定义可见，对同样坡度的山坡，β 角越大，θ 角越小。于是由式（6-57）可知近距离时图像收缩更大。

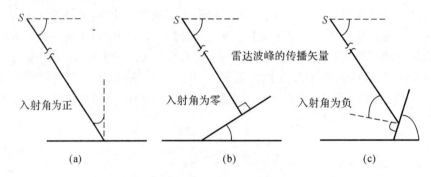

图 6-14 地形、坡度对入射角的影响

图 6-14(b)(c)所示为朝向雷达波束的坡面，称为前坡。背向雷达波束的坡面，称为后坡。对于同一方向的雷达波束，后坡的入射角与前坡不同。后坡坡度与前坡相同时，图像的收缩情况也不一样。表 6-1 给出了前、后坡均为 15° 时，后坡与前坡图像显示的坡长比，从数据分析可以得出，图像上的后坡总是比前坡长，前坡的透视收缩严重，因此一般在图像上的前坡比后坡亮。

表 6-1 不同俯角时的地面入射角和雷达坡度长度

俯角	雷达坡度长度		坡长比 （后/前）
	前坡	后坡	
75°	0	0.50	∞
65°	0.17	0.64	3.76
55°	0.34	0.77	2.26
45°	0.50	0.87	1.74
35°	0.64	0.94	1.47
25°	0.77	0.98	1.28
15°	0.87	1.00	1.15

图 6-15 所示为图像叠掩的形成，可见山顶 D 点是与山下 C 点在图像上成像于同一点 D'，山底成像晚于山顶，这种成像与航摄像片中的成像正好相反。一般来说，当雷达波束的俯角 β 与山坡度角 α 之和大于 90° 时，才会出现叠掩。表 6-2 给出了不同坡度产生叠掩的条件，可见波束入射角为负时才产生叠掩。图 6-16 表明了俯角与叠掩的关系，即俯角越大，产生叠掩的可能性越大，且叠掩多是近距离的现象。图像叠掩给判读带来困难，无论是斜距显示还是地距显示都无法克服。

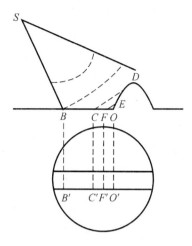

图 6 - 15　图像叠掩的形成

表 6 - 2　产生叠掩的必要条件

地形坡度	β	θ
>80°	10°	↑
>70°	20°	
>60°	30°	
>50°	40°	
>40°	50°	负
>30°	60°	
>20°	70°	
>10°	80°	↓

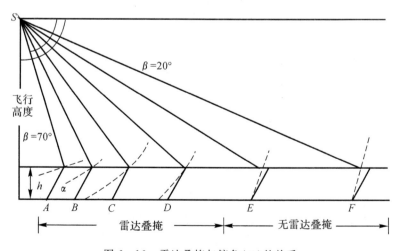

图 6 - 16　雷达叠掩与俯角(β)的关系

3.雷达阴影

雷达波束在山区除了会造成透视收缩和叠掩外,还会对后坡形成阴影。如图 6 - 17 所示,在山的后坡雷达波束不能到达,因而也就不可能有回波信号。在图像上的相应位置出现暗区,没有信息。雷达阴影的形成与俯角和坡度有关。图 6-18 说明了产生阴影的条件。当背坡坡度小于俯角,即 $\alpha < \beta$ 时,整个背坡都能接收波束,不会产生阴影。当 $\alpha = \beta$ 时,波束正好擦过背坡,这时就要看背坡的粗糙度如何,倘为平滑表面,则不可能接收到雷达波束,若有起伏,则有的地段可以产生回波,有的则产生阴影。当 $\alpha > \beta$ 时,即背坡坡度比较大时,则必然出现阴影。

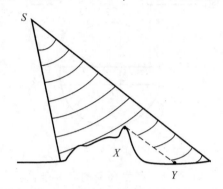

图 6-17　雷达阴影的产生

雷达阴影的大小,与 β 角有关,在背坡坡度一定的情况下,β 角越小,阴影区越大。这也表明了一个趋势,即远距离地物产生阴影的可能性大,与产生叠掩的情况正好相反。

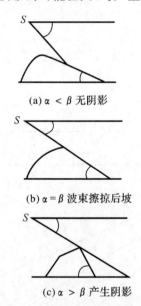

(a) $\alpha < \beta$ 无阴影

(b) $\alpha = \beta$ 波束擦掠后坡

(c) $\alpha > \beta$ 产生阴影

图 6-18　背坡角对雷达图像的影响

上面所述是山脊走向与雷达波束垂直时的情况。当山脊走向与航向不平行,其夹角 ψ 不为零时,产生阴影的条件会发生变化。图 6-19 即表示了在不同 ψ 角和不同俯角情况下会产生阴影的背坡坡度,图中虚线指示了当山脊走向与雷达波束的夹角为 40°,俯角为 40°时,只有当背坡坡度大于 47.5°时,才会产生阴影。

由图 6-18(c)还可看出,斜距内的雷达阴影的长度 Ss,与基准面上的地物高度 h 和雷达到阴影最远端的斜距 Sr,以及航高 H 有关,其表达式为

$$Ss = hSr/H \qquad (6-59)$$

若用俯角表示,则有

$$Ss = h/\sin\beta \qquad (6-60)$$

这说明阴影对于了解地形地貌是十分有利的,可以根据对阴影的定量统计(如面积和长度约平均值、标准差等)和其他标准对地形进行分类。但是当阴影太多时,就会导致背坡区信息匮乏,这是它不利的一面。所以一般尽可能在起伏较大的地区避免阴影,为了补偿阴影部分丢失的信息,有必要采取多视向雷达技术,即在一视向的阴影区在另一视向正好是朝向雷达波束的那一面,前者收集不到的信息在后者那里得到补偿。

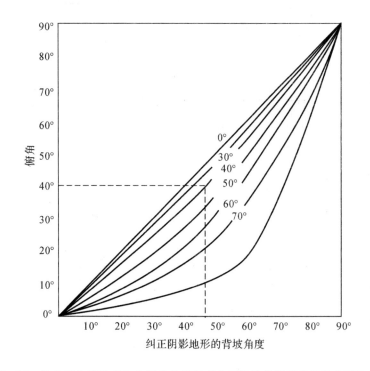

图 6-19 航向与山脊线走向之间的夹角与产生阴影的地形背坡角度之间的关系

6.3 无人机图像正射纠正

6.3.1 正射纠正的一般过程

正射纠正主要处理流程如图 6-20 所示。

1. 数据准备

需要准备的数据包括图像数据、地图资料、大地测量成果、无人机飞行遥测数据、传感器参数以及控制点数据等。目前,主要使用无人机摄影像片和 SAR 图像进行正射纠正,而图像的格式主要是数字格式,直接输入即可;若是胶片式像片,还需要对其进行数字化处理后才能作为源图像输入。

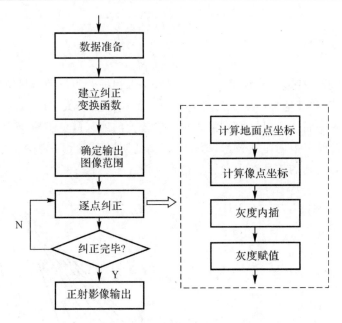

图 6 - 20　无人机图像正射纠正处理流程

2. 建立纠正变换函数

纠正变换函数是建立在图像坐标和地面(或地图)坐标之间的数学关系,即输入图像与输出图像间的坐标变换关系。根据不同类型的传感器采用不同的数学模型,不同的数学模型确定不同的纠正方法,如多项式法、F. Leberl 法等。纠正变换函数中有关的参数,主要通过两种方法求解:一是利用控制点数据来求取;二是利用某些可预测的参数,如无人机位置姿态参数、传感器姿态参数等来直接构成。由于第二种方法中的纠正变换函数的参数直接预测,不涉及参数解算问题,因此,在 6.3.2 节正射纠正方案中主要讲述第一种方法的参数求解问题。

3. 确定输出图像范围

纠正后图像的边界范围,指的是在计算机存贮器中为输出图像所开出的贮存空间大小,以及该空间边界(首行、首列、末行和末列)的地面坐标定义值。输出图像边界范围的确定原则为既包括了纠正后图像的全部内容,又使空白图像空间尽可能地少。如图 6 - 21 所示,图(a)为一幅原始图像($abcd$),定义在图像坐标系 $a\sum\text{-}xy$ 中;(b)图中 $O\text{-}XY$ 是地图坐标系,($a'b'c'd'$)为纠正后的图像,($ABCD$)代表在计算机中为纠正后图像开出的贮存范围及相应的地面位置。

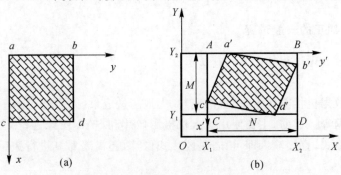

图 6 - 21　输出图像边界范围

纠正后图像边界范围的确定过程如下。

(1)把原始图像的四个角点 a，b，c，d 按纠正变换函数投影到地面坐标系统中，得到 8 个坐标值（X'_a，Y'_a），（X'_b，Y'_b），（X'_c，Y'_c），（X'_d，Y'_d）。

(2)对这 8 个坐标值按 X 和 Y 两个坐标组分别寻找其最小值（X_1，Y_1）和最大值（X_2，Y_2）。

$$\left.\begin{aligned} X_1 &= \min(X'_a, X'_b, X'_c, X'_d) \\ X_2 &= \max(X'_a, X'_b, X'_c, X'_d) \\ Y_1 &= \min(Y'_a, Y'_b, Y'_c, Y'_d) \\ Y_2 &= \max(Y'_a, Y'_b, Y'_c, Y'_d) \end{aligned}\right\} \tag{6-61}$$

式中，X_1，X_2，Y_1，Y_2 为纠正后图像范围 4 条边界的地面坐标值。

(3)为了把该边界转换为计算机中贮存数据空间，必须在其中划分出格网，每个网点代表一个输出像素，为此，要根据精度要求定义输出像素的地面尺寸 ΔX 和 ΔY。与此同时，以边界范围左上角（见图 6-21）A 点为输出数字图像的坐标原点，以 AC 边为 x' 坐标轴，表示图像行号，以 AB 边为 y' 坐标轴，表示图像列号，图像总的行列数 M 和 N 由下式确定：

$$\left.\begin{aligned} M &= (Y_2 - Y_1)/\Delta Y + 1 \\ N &= (X_2 - X_1)/\Delta X + 1 \end{aligned}\right\} \tag{6-62}$$

确定图像总的行列号后，在输出图像坐标系 $A-x'y'$ 中，每个像素就可以用其所在的行列号来确定其位置，行列号的取值范围可为

$$\left.\begin{aligned} x' &= 0,1,2,3,\cdots,M-1 \\ y' &= 0,1,2,3,\cdots,N-1 \end{aligned}\right\} \tag{6-63}$$

(4)由于图像纠正变换函数一般只表达原始图像坐标（x，y）和地面坐标（X，Y）之间的关系，为了进一步表达原始图像与输出图像坐标间的关系，则需要把地面坐标转换为输出图像坐标（x'，y'），即

$$\left.\begin{aligned} x'_p &= (Y_2 - Y_p)/\Delta Y + 1 \\ y'_p &= (X_p - X_1)/\Delta X + 1 \end{aligned}\right\} \tag{6-64}$$

或者

$$\left.\begin{aligned} X_p &= X_1 + (y'_p - 1)/\Delta x \\ Y'_p &= Y_2 - (x'_p - 1)/\Delta y \end{aligned}\right\} \tag{6-65}$$

式中，X_p，Y_p 为纠正后像素 P 的地面坐标；x'_p，y'_p 为纠正后像素的图像坐标。

4. 逐点纠正

(1)计算地面点坐标。设正射影像上任意一点 p 的坐标为（X'，Y'），由正射影像左下角图廓点地面坐标（X_0，Y_0）与正射影像比例尺分母 M 计算 p 点对应的地面坐标（X_p，Y_p），即

$$\left.\begin{aligned} X_p &= X_0 + MX' \\ Y_p &= Y_0 + MY' \end{aligned}\right\} \tag{6-66}$$

(2)计算像点坐标。依据纠正变换函数，由 $p(X,Y,Z)$ 计算出原始图像中像点坐标 $p(x, y)$，式中 Z 为 P 点的高程，由 DEM 内插求得。

(3)灰度内插。由于所得的像点坐标不一定落在像素中心，为此须进行灰度内插，灰度内插可以采用最邻近插值法、双线性内插法和三次卷积法（详见本书第 3 章中所述），求得像点 p 的灰度值 $g(x,y)$。

(4)灰度赋值。最后将像点 p 的灰度赋值给纠正后像素,即

$$G(X,Y)=g(x,y) \tag{6-67}$$

依次对每个纠正像素完成上述运算,完成整幅正射影像纠正。

6.3.2 正射纠正方案

基于纠正变换函数,将原始图像逐个像素变换到纠正图像坐标系中,具体纠正方案可采用直接法方案和间接法方案,如图 6-22 所示。

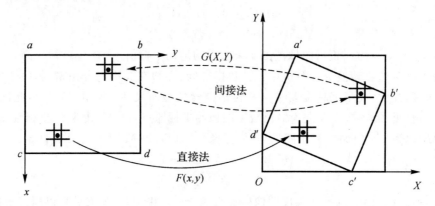

图 6-22 直接法和间接法纠正方案

1. 直接法方案

从原始图像阵列出发,按行列的顺序依次对每个原始像素点位求其在地面坐标系(即输出图像坐标系)中的位置,即

$$\left.\begin{aligned}X&=F_x(x,y)\\Y&=F_y(x,y)\end{aligned}\right\} \tag{6-68}$$

式中,F_x 和 F_y 为直接纠正变换函数。

同时把该像素的灰度值移置到由式(6-68)算得的输出影像中的相应点位上去。从纠正过程来看,该方案经过纠正后各纠正像素的 (X,Y) 不再是按照规则网格排列的,因此,需要经过重采样,将不规则排列的离散灰度阵列变换为规则排列的像素灰度阵列。

2. 间接法方案

从空白的输出图像阵列出发,也是按照行列的顺序依次对每个输出像素点位反求其在原始图像坐标系中的位置,即

$$\left.\begin{aligned}x&=G_x(X,Y)\\y&=G_y(X,Y)\end{aligned}\right\} \tag{6-69}$$

式中,G_x 和 G_y 为间接纠正变换函数。

同时把由式(6-69)所算得的原始图像点位上的灰度值取出填回到空白输出图像点阵中相应的像素点位上去。由于计算的 (x,y) 不一定刚好位于原始图像的某个像素中心上,必须经过灰度内插确定 (x,y) 的灰度值。

这两种方案本质上并无差别,主要不同仅在于所用的纠正变换函数不同,互为逆变换。在实践中往往使用间接法方案。

6.3.3　正射纠正方法

如前所述,正射纠正实际上是纠正变换参数的求解问题,不同的纠正模型,方法不尽相同,本节以具有代表性的通用多项式纠正、摄影像片正射纠正和 SAR 图像正射纠正为例来阐述正射纠正方法。

1. 通用多项式正射纠正

通用多项式正射纠正是选择一个适当的多项式来近似地描述纠正前后相应点的坐标关系,并利用控制点的图像坐标和地面坐标系中理论坐标按最小二乘原理求解出多项式中的系数,进而以此多项式实现正射纠正。

这种方法是一种非严格的纠正方法,没有考虑成像传感器的构像方程,任何类型无人机图像的正射纠正均可使用。

设待纠正图像上的像点坐标 (X,Y) 和纠正后相应像点的坐标 (x,y) 可用下列多项式来近似表示,即

$$\left. \begin{array}{l} x = a_0 + a_1 X + a_2 Y + a_3 X^2 + a_4 XY + a_5 Y^2 + \cdots \\ y = b_0 + b_1 X + b_2 Y + b_3 X^2 + b_4 XY + b_5 Y^2 + \cdots \end{array} \right\} \tag{6-70}$$

式中, a_i,b_i 为待求系数。

利用一定数量的控制点在图像坐标系中的坐标和在地面坐标系中的理论坐标可以列出一组误差方程,按最小二乘法原理求解出多项式系数,然后以此多项式对图像进行正射纠正。在使用中需要注意的是多项式纠正时图像坐标系中的坐标 (x,y) 和地面坐标系中的理论坐标 (X,Y) 的量纲和单位应该一致。

2. 摄影像片正射纠正

摄影像片通常按照共线条件方程建立像点坐标和地面点坐标之间的对应关系,即

$$\left. \begin{array}{l} x = -f \dfrac{a_1(X-X_S) + b_1(Y-Y_S) + c_1(Z-Z_S)}{a_3(X-X_S) + b_3(Y-Y_S) + c_3(Z-Z_S)} \\ y = -f \dfrac{a_2(X-X_S) + b_2(Y-Y_S) + c_2(Z-Z_S)}{a_3(X-X_S) + b_3(Y-Y_S) + c_3(Z-Z_S)} \end{array} \right\} \tag{6-71}$$

式中, x,y 为像点在像平面直角坐标系中的坐标,可以量测得到; f 为摄影机主距,是已知值; X,Y,Z 为像点对应的物点在地面坐标系中的坐标,对于控制点来说是已知值; X_S,Y_S,Z_S 为摄影中心在地面坐标系中的坐标,通常是未知参数; a_i,b_i,c_i 为只含有三个独立参数 φ,ω,κ 的 9 个方向余弦,也是未知的。通常将 $X_S,Y_S,Z_S,\varphi,\omega,\kappa$ 这 6 个元素称为外方位元素。

由式(6-71)可知,如果已知 3 个(不在一条直线上)地面点坐标并量测出对应的像点坐标,即可列出 6 个方程式,解求像片的 6 个外方位元素。由于共线条件方程是非线性公式,为了便于迭代计算,将式(6-71)进行泰勒公式展开并取一次项得到线性表达式为

$$\left. \begin{array}{l} x = (x) + \dfrac{\partial x}{\partial X_S}dX_S + \dfrac{\partial x}{\partial Y_S}dY_S + \dfrac{\partial x}{\partial Z_S}dZ_S + \dfrac{\partial x}{\partial \varphi}d\varphi + \dfrac{\partial x}{\partial \omega}d\omega + \dfrac{\partial x}{\partial \kappa}d\kappa \\ y = (y) + \dfrac{\partial y}{\partial X_S}dX_S + \dfrac{\partial y}{\partial Y_S}dY_S + \dfrac{\partial y}{\partial Z_S}dZ_S + \dfrac{\partial y}{\partial \varphi}d\varphi + \dfrac{\partial y}{\partial \omega}d\omega + \dfrac{\partial y}{\partial \kappa}d\kappa \end{array} \right\} \tag{6-72}$$

用新的符号表示各偏导数后为

$$\left. \begin{array}{l} x = (x) + a_{11}dX_S + a_{12}dY_S + a_{13}dZ_S + a_{14}d\varphi + a_{15}d\omega + a_{16}d\kappa \\ y = (y) + a_{21}dX_S + a_{22}dY_S + a_{23}dZ_S + a_{24}d\varphi + a_{25}d\omega + a_{26}d\kappa \end{array} \right\} \tag{6-73}$$

式中，$(x)(y)$ 为函数的近似值；$dX_S,dY_S,dZ_S,d\varphi,d\omega,d\kappa$ 为外方位元素近似值的改正数；a_{ij} $(i=1,2;j=1,2,\cdots6)$ 系数为函数的偏导数。

为了便于书写，令

$$\left.\begin{array}{l}\bar{X}=a_1(X-X_S)+b_1(Y-Y_S)+c_1(Z-Z_S)\\\bar{Y}=a_2(X-X_S)+b_2(Y-Y_S)+c_2(Z-Z_S)\\\bar{Z}=a_3(X-X_S)+b_3(Y-Y_S)+c_3(Z-Z_S)\end{array}\right\} \quad (6-74)$$

则共线条件方程可表示为

$$\left.\begin{array}{l}x=-f\dfrac{\bar{X}}{\bar{Z}}\\y=-f\dfrac{\bar{Y}}{\bar{Z}}\end{array}\right\} \quad (6-75)$$

对各直线元素的偏导数为

$$\left.\begin{array}{l}a_{11}=\dfrac{\partial x}{\partial X_S}=\dfrac{1}{\bar{Z}}(a_1f+a_3x)\\[2mm]a_{12}=\dfrac{\partial x}{\partial Y_S}=\dfrac{1}{\bar{Z}}(b_1f+b_3x)\\[2mm]a_{13}=\dfrac{\partial x}{\partial Z_S}=\dfrac{1}{\bar{Z}}(c_1f+c_3x)\\[2mm]a_{21}=\dfrac{\partial y}{\partial X_S}=\dfrac{1}{\bar{Z}}(a_2f+a_3y)\\[2mm]a_{22}=\dfrac{\partial y}{\partial Y_S}=\dfrac{1}{\bar{Z}}(b_2f+b_3y)\\[2mm]a_{23}=\dfrac{\partial y}{\partial Z_S}=\dfrac{1}{\bar{Z}}(c_2f+c_3y)\end{array}\right\} \quad (6-76)$$

对角方位元素的偏导数为

$$\left.\begin{array}{l}a_{14}=\dfrac{\partial x}{\partial\varphi}=-\dfrac{f}{(\bar{Z})^2}\left(\dfrac{\partial\bar{X}}{\partial\varphi}\bar{Z}-\dfrac{\partial\bar{Z}}{\partial\varphi}\bar{X}\right)\\[2mm]a_{15}=\dfrac{\partial x}{\partial\omega}=-\dfrac{f}{(\bar{Z})^2}\left(\dfrac{\partial\bar{X}}{\partial\omega}\bar{Z}-\dfrac{\partial\bar{Z}}{\partial\omega}\bar{X}\right)\\[2mm]a_{16}=\dfrac{\partial x}{\partial\kappa}=-\dfrac{f}{(\bar{Z})^2}\left(\dfrac{\partial\bar{X}}{\partial\kappa}\bar{Z}-\dfrac{\partial\bar{Z}}{\partial\kappa}\bar{X}\right)\\[2mm]a_{24}=\dfrac{\partial y}{\partial\varphi}=-\dfrac{f}{(\bar{Z})^2}\left(\dfrac{\partial\bar{Y}}{\partial\varphi}\bar{Z}-\dfrac{\partial\bar{Z}}{\partial\varphi}\bar{Y}\right)\\[2mm]a_{25}=\dfrac{\partial y}{\partial\omega}=-\dfrac{f}{(\bar{Z})^2}\left(\dfrac{\partial\bar{Y}}{\partial\omega}\bar{Z}-\dfrac{\partial\bar{Z}}{\partial\omega}\bar{Y}\right)\\[2mm]a_{26}=\dfrac{\partial y}{\partial\kappa}=-\dfrac{f}{(\bar{Z})^2}\left(\dfrac{\partial\bar{Y}}{\partial\kappa}\bar{Z}-\dfrac{\partial\bar{Z}}{\partial\kappa}\bar{Y}\right)\end{array}\right\} \quad (6-77)$$

综合式(6-8)可进一步推导角方位元素为

$$
\begin{aligned}
a_{14} &= \frac{\partial x}{\partial \varphi} = y\sin\omega - \left[\frac{x}{f}(x\cos\kappa - y\sin\kappa) + f\cos\kappa\right]\cos\omega \\
a_{15} &= \frac{\partial x}{\partial \omega} = -f\sin\kappa - \frac{x}{f}(x\sin\kappa + y\cos\kappa) \\
a_{16} &= \frac{\partial x}{\partial \kappa} = y \\
a_{24} &= \frac{\partial y}{\partial \varphi} = -x\sin\omega - \left[\frac{y}{f}(x\cos\kappa - y\sin\kappa) - f\sin\kappa\right]\cos\omega \\
a_{25} &= \frac{\partial y}{\partial \omega} = -f\cos\kappa - \frac{y}{f}(x\sin\kappa + y\cos\kappa) \\
a_{26} &= \frac{\partial y}{\partial \kappa} = -x
\end{aligned}
\tag{6-78}
$$

对于竖直摄影而言,像片的角方位元素都是小值,因而得各系数的近似值为

$$
\begin{aligned}
&a_{11} \approx -\frac{f}{H}, & &a_{12} \approx 0, & &a_{13} \approx -\frac{x}{H} \\
&a_{21} \approx 0, & &a_{22} \approx -\frac{f}{H}, & &a_{23} \approx -\frac{y}{H} \\
&a_{14} \approx -f\left(1+\frac{x^2}{f^2}\right), & &a_{15} \approx -\frac{xy}{f}, & &a_{16} \approx y \\
&a_{24} \approx -\frac{xy}{f}, & &a_{25} \approx -f\left(1+\frac{y^2}{f^2}\right), & &a_{26} \approx -x
\end{aligned}
\tag{6-79}
$$

代入式(6-72)得到在竖直摄影时用共线条件方程解算外方位元素的实用公式,即

$$
\begin{aligned}
x &= (x) - \frac{f}{H}dX_S - \frac{x}{H}dZ_S - f\left(1+\frac{x^2}{f^2}\right)d\varphi - \frac{xy}{f}d\omega + yd\kappa \\
y &= (y) - \frac{f}{H}dY_S - \frac{y}{H}dZ_S - \frac{xy}{f}d\varphi - f\left(1+\frac{y^2}{f^2}\right)d\omega - xd\kappa
\end{aligned}
\tag{6-80}
$$

在解算参数过程中,为了提高精度和可靠性,通常需要量测 4 个或更多的地面控制点和相应的像点坐标,进行最小二乘解算。此时像点坐标 (x,y) 作为观测值,加入相应的偶然误差改正数 v_x,v_y,可以列出每个点的误差方程式为

$$
\begin{aligned}
v_x &= -\frac{f}{H}dX_S - \frac{x}{H}dZ_S - f\left(1+\frac{x^2}{f^2}\right)d\varphi - \frac{xy}{f}d\omega + yd\kappa - l_x \\
v_y &= -\frac{f}{H}dY_S - \frac{y}{H}dZ_S - \frac{xy}{f}d\varphi - f\left(1+\frac{y^2}{f^2}\right)d\omega - xd\kappa - l_y
\end{aligned}
\tag{6-81}
$$

写成一般形式为

$$
\begin{aligned}
v_x &= a_{11}dX_S + a_{12}dY_S + a_{13}dZ_S + a_{14}d\varphi + a_{15}d\omega + a_{16}d\kappa - l_x \\
v_y &= a_{21}dX_S + a_{22}dY_S + a_{23}dZ_S + a_{24}d\varphi + a_{25}d\omega + a_{26}d\kappa - l_y
\end{aligned}
\tag{6-82}
$$

式中,l_x,l_y 为常数项,有

$$
\begin{aligned}
l_x &= x - (x) = x + f\frac{a_1(X-X_S)+b_1(Y-Y_S)+c_1(Z-Z_S)}{a_3(X-X_S)+b_3(Y-Y_S)+c_3(Z-Z_S)} \\
l_y &= y - (y) = y + f\frac{a_2(X-X_S)+b_2(Y-Y_S)+c_2(Z-Z_S)}{a_3(X-X_S)+b_3(Y-Y_S)+c_3(Z-Z_S)}
\end{aligned}
\tag{6-83}
$$

用矩阵形式表示误差方程式为

$$V = AX - L \tag{6-84}$$

式中

$$V = \begin{bmatrix} v_x & v_y \end{bmatrix}^{\mathrm{T}}$$

$$A = \begin{bmatrix} a_{11} & a_{12} & a_{13} & a_{14} & a_{15} & a_{16} \\ a_{21} & a_{22} & a_{23} & a_{24} & a_{25} & a_{26} \end{bmatrix}$$

$$X = \begin{bmatrix} \mathrm{d}X_S & \mathrm{d}Y_S & \mathrm{d}Z_S & \mathrm{d}\varphi & \mathrm{d}\omega & \mathrm{d}\kappa \end{bmatrix}^{\mathrm{T}}$$

$$L = \begin{bmatrix} l_x & l_y \end{bmatrix}^{\mathrm{T}}$$

根据最小二乘间接平差原理,由误差方程式可列出法方程式为

$$(A^{\mathrm{T}}PA)X = A^{\mathrm{T}}PL \tag{6-85}$$

式中,P 为观测值的权阵,对所有像点坐标的观测值,一般认为都是等精度量测,即 P 为单位矩阵。由此得到法方程的解为

$$X = (A^{\mathrm{T}}A)^{-1}A^{\mathrm{T}}L \tag{6-86}$$

根据式(6-86)将全部参数解算完毕,即可采用间接法纠正方案完成对整幅图像的正射纠正处理。

图 6-23(a)所示为原始无人机摄影像片,图 6-23(b)所示为经过纠正处理的正射图像。

图 6-23　摄影像片正射纠正实例
(a)原始无人机摄影像片;(b)正射纠正结果图像

3.SAR 图像正射纠正

与摄影像片正射纠正不同,SAR 图像正射纠正可选择的模型较多,不同的模型解算方法不同,本节仅以常用的 F. Leberl 模型为例阐述 SAR 图像正射纠正方法。

通过 6.1.4 节可知 F. Leberl 模型为非线性方程,为了迭代求解,需要对其进行线性化处理,设

$$\left. \begin{array}{l} f = -(D_s + m_y y) + \sqrt{[(X-X_S)^2 + (Y-Y_S)^2 + (Z-Z_S)^2]} \\ g = v_X(X-X_S) + v_Y(Y-Y_S) + v_Z(Z-Z_S) \end{array} \right\} \tag{6-87}$$

式中各符号含义同 6.1.4 节所述。

从式(6-87)可以看出,雷达天线姿态参数和像点坐标均隐含于非线性方程之中,二者的求解均需要线性化处理和迭代解算,因此,可将解算过程分为两步。

(1)雷达天线姿态参数求解。由于无人机载 SAR 的飞行平台容易受到不稳定气流、导航精度不高等因素的影响,航迹不可能是一条空间直线,所以对于式(6-87)中所涉及的雷达天

线的轨迹不能使用一次参数方程来进行模拟。同时,载机的姿态参数是时间的函数,而像素坐标与时间又存在线性关系,因此载机的姿态参数可以由下式表示:

$$\left.\begin{aligned}
X_S &= a_0 + a_1 T + a_2 T^2 + a_3 T^3 \\
Y_S &= b_0 + b_1 T + b_2 T^2 + b_3 T^3 \\
Z_S &= c_0 + c_1 T + c_2 T^2 + c_3 T^3 \\
v_X &= a_1 + 2a_2 T + 3a_3 T^2 \\
v_Y &= b_1 + 2b_2 T + 3b_3 T^2 \\
v_Z &= c_1 + 2c_2 T + 3c_3 T^2 \\
T &= m_x x
\end{aligned}\right\} \tag{6-88}$$

式中,m_x 为方位向像元大小;x 为方位向像点坐标;$a_i,b_i,c_i(i=0,1,2,3)$ 为多项式拟合参数。

设 $M = (X-(a_0+a_1 T+a_2 T^2+a_3 T^3))^2 + (Y-(b_0+b_1 T+b_2 T^2+b_3 T^3))^2 +$
$(Z-(c_0+c_1 T+c_2 T^2+c_3 T^3))^2$

式(6-87)线性化的结果如下:

$$\frac{\partial f}{\partial a_0} = [X-(a_0+a_1 T+a_2 T^2+a_3 T^3)]/\sqrt{M}$$

$$\frac{\partial f}{\partial b_0} = [Y-(b_0+b_1 T+b_2 T^2+b_3 T^3)]/\sqrt{M}$$

$$\frac{\partial f}{\partial c_0} = [Z-(c_0+c_1 T+c_2 T^2+c_3 T^3)]/\sqrt{M}$$

$$\frac{\partial f}{\partial a_1} = T[X-(a_0+a_1 T+a_2 T^2+a_3 T^3)]/\sqrt{M}$$

$$\frac{\partial f}{\partial b_1} = T[Y-(b_0+b_1 T+b_2 T^2+b_3 T^3)]/\sqrt{M}$$

$$\frac{\partial f}{\partial c_1} = T[Z-(c_0+c_1 T+c_2 T^2+c_3 T^3)]/\sqrt{M}$$

$$\frac{\partial f}{\partial a_2} = T^2[X-(a_0+a_1 T+a_2 T^2+a_3 T^3)]/\sqrt{M}$$

$$\frac{\partial f}{\partial b_2} = T^2[Y-(b_0+b_1 T+b_2 T^2+b_3 T^3)]/\sqrt{M}$$

$$\frac{\partial f}{\partial c_2} = T^2[Z-(c_0+c_1 T+c_2 T^2+c_3 T^3)]/\sqrt{M}$$

$$\frac{\partial f}{\partial a_3} = T^3[X-(a_0+a_1 T+a_2 T^2+a_3 T^3)]/\sqrt{M}$$

$$\frac{\partial f}{\partial b_3} = T^3[Y-(b_0+b_1 T+b_2 T^2+b_3 T^3)]/\sqrt{M}$$

$$\frac{\partial f}{\partial c_3} = T^3[Z-(c_0+c_1 T+c_2 T^2+c_3 T^3)]/\sqrt{M}$$

$$\frac{\partial g}{\partial a_0} = -(a_1+2a_2 T+3a_3 T^2)$$

$$\frac{\partial g}{\partial b_0} = -(b_1+2b_2 T+3b_3 T^2)$$

$$\frac{\partial g}{\partial c_0} = -(c_1+2c_2 T+3c_3 T^2)$$

$$\frac{\partial g}{\partial a_1} = [X - (a_0 + a_1 T + a_2 T^2 + a_3 T^3)] - T(a_1 + 2a_2 T + 3a_3 T^2)$$

$$\frac{\partial g}{\partial b_1} = [Y - (b_0 + b_1 T + b_2 T^2 + b_3 T^3)] - T(b_1 + 2b_2 T + 3b_3 T^2)$$

$$\frac{\partial g}{\partial c_1} = [Z - (c_0 + c_1 T + c_2 T^2 + c_3 T^3)] - T(c_1 + 2c_2 T + 3c_3 T^2)$$

$$\frac{\partial g}{\partial a_2} = 2T[X - (a_0 + a_1 T + a_2 T^2 + a_3 T^3)] - T^2(a_1 + 2a_2 T + 3a_3 T^2)$$

$$\frac{\partial g}{\partial b_2} = 2T[Y - (b_0 + b_1 T + b_2 T^2 + b_3 T^3)] - T^2(b_1 + 2b_2 T + 3b_3 T^2)$$

$$\frac{\partial g}{\partial c_2} = 2T[Z - (c_0 + c_1 T + c_2 T^2 + c_3 T^3)] - T^2(c_1 + 2c_2 T + 3c_3 T^2)$$

$$\frac{\partial g}{\partial a_3} = 3T^2[X - (a_0 + a_1 T + a_2 T^2 + a_3 T^3)] - T^3(a_1 + 2a_2 T + 3a_3 T^2)$$

$$\frac{\partial g}{\partial b_3} = 3T^2[Y - (b_0 + b_1 T + b_2 T^2 + b_3 T^3)] - T^3(b_1 + 2b_2 T + 3b_3 T^2)$$

$$\frac{\partial g}{\partial c_3} = 3T^2[Z - (c_0 + c_1 T + c_2 T^2 + c_3 T^3)] - T^3(c_1 + 2c_2 T + 3c_3 T^2)$$

模型方程线性化后即可依据间接平差解求模型的参数值,误差方程为

$$V = BX - L \tag{6-89}$$

式中

$$V = \begin{bmatrix} V_{f_1} & \cdots & V_{f_n} & V_{g_1} & \cdots & V_{g_n} \end{bmatrix}^T$$

$$B = \begin{bmatrix} \dfrac{\partial f_1}{\partial a_0} & \cdots & \dfrac{\partial f_1}{\partial a_3} & \dfrac{\partial f_1}{\partial b_0} & \cdots & \dfrac{\partial f_1}{\partial b_3} & \dfrac{\partial f_1}{\partial c_0} & \cdots & \dfrac{\partial f_1}{\partial c_3} \\ \vdots & & \vdots & \vdots & & \vdots & \vdots & & \vdots \\ \dfrac{\partial f_n}{\partial a_0} & \cdots & \dfrac{\partial f_n}{\partial a_3} & \dfrac{\partial f_n}{\partial b_0} & \cdots & \dfrac{\partial f_n}{\partial b_3} & \dfrac{\partial f_n}{\partial c_0} & \cdots & \dfrac{\partial f_n}{\partial c_3} \\ \dfrac{\partial g_1}{\partial a_0} & \cdots & \dfrac{\partial g_1}{\partial a_3} & \dfrac{\partial g_1}{\partial b_0} & \cdots & \dfrac{\partial g_1}{\partial b_3} & \dfrac{\partial g_1}{\partial c_0} & \cdots & \dfrac{\partial g_1}{\partial c_3} \\ \vdots & & \vdots & \vdots & & \vdots & \vdots & & \vdots \\ \dfrac{\partial g_n}{\partial a_0} & \cdots & \dfrac{\partial g_n}{\partial a_3} & \dfrac{\partial g_n}{\partial b_0} & \cdots & \dfrac{\partial g_n}{\partial b_3} & \dfrac{\partial g_n}{\partial c_0} & \cdots & \dfrac{\partial g_n}{\partial c_3} \end{bmatrix}$$

$$X = \begin{bmatrix} da_0 & \cdots & da_3 & db_0 & \cdots & db_3 & dc_0 & \cdots & dc_3 \end{bmatrix}^T$$

$$L = \begin{bmatrix} -f_1^0 & \cdots & -f_n^0 & -g_1^0 & \cdots & -g_n^0 \end{bmatrix}^T$$

利用式(6-89)进行最小二乘求解,即可解出雷达天线飞行轨迹参数。

(2)像点坐标解算。解算参数后,通过地面坐标解算像点坐标,为了建立地面坐标与像点的关系式,对式(6-87)进行线性化。

令

$$M = \frac{1}{\sqrt{(Z - Z_S)^2 + (Z - Z_S)^2 + (Z - Z_S)^2}}$$

$$\frac{\partial f}{\partial x} = -M m_x [(X - X_S) v_X + (Y - Y_S) v_Y + (Z - Z_S) v_Z]$$

$$\frac{\partial f}{\partial y} = - m_y$$

$$\frac{\partial g}{\partial x} = m_x\left[(X - X_S)(2a_2 + 6a_3 T) - v_X^2\right] + m_x\left[(Y - Y_S)(2b_2 + 6b_3 T) - v_Y^2\right] +$$

$$m_x\left[(Z - Z_S)(2c_2 + 6c_3 T) - v_Z^2\right]$$

$$\frac{\partial g}{\partial y} = 0$$

构建误差方程式为

$$\left. \begin{array}{l} v_f = \dfrac{\partial f}{\partial x}\mathrm{d}x + \dfrac{\partial f}{\partial y}\mathrm{d}y + f_0 \\[2mm] v_g = \dfrac{\partial g}{\partial x}\mathrm{d}x + \dfrac{\partial g}{\partial y}\mathrm{d}y + g_0 \end{array} \right\} \tag{6-90}$$

矩阵表达形式为

$$\boldsymbol{V} = \boldsymbol{AX} - \boldsymbol{L} \tag{6-91}$$

式中

$$\boldsymbol{V} = \begin{bmatrix} v_f \\ v_g \end{bmatrix}, \quad \boldsymbol{A} = \begin{bmatrix} \dfrac{\partial f}{\partial x} & \dfrac{\partial f}{\partial y} \\[2mm] \dfrac{\partial g}{\partial x} & \dfrac{\partial g}{\partial y} \end{bmatrix}, \quad \boldsymbol{L} = \begin{bmatrix} -f_0 \\ -g_0 \end{bmatrix}$$

依据最小二乘原理对式(6-91)进行迭代求解,当参数改正数小于限值时解算完毕实现地面点坐标到像点坐标的映射。进而,即可采用间接法纠正方案完成对整幅图像的正射纠正处理。

图6-24(a)所示为原始SAR图像,图6-24(b)所示为经过纠正处理的正射图像。

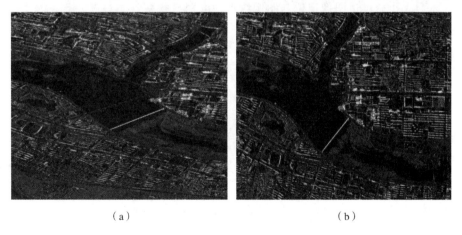

（a）　　　　　　　　　　　　　　　（b）

图 6-24　SAR 图像正射纠正实例

习　　题

1.简答无人机图像正射纠正的意义。

2.结合图示推导通用构像方程。

3. 写出摄影像片构像方程,并说明方程中各符合的含义。

4. 以共线条件方程式为基础推导平坦地区构像方程。

5. 写出扫描图像构像方程,并说明方程中各符合的含义。

6. 简述 SAR 图像几种常用的构像方程,并比较各自优缺点。

7. 简述无人机摄影像片的几何特点。

8. 简述 SAR 图像的几何特点。

9. 简述 F. Leberl 模型的两个条件。

10. 画图论述无人机图像正射纠正处理流程。

11. 简述直接法和间接法正射纠正方案的原理。

12. 已知一幅航空像片的像主点坐标为 $(0.5 \text{ mm}, -0.5 \text{ mm})$,相机主距为 150.000 mm,飞机当时飞行姿态角为 $\varphi=0, \omega=0, \kappa=0$,摄站坐标为 $(39\ 795.45 \text{ m}, 27\ 476.46 \text{ m}, 7\ 572.68 \text{ m})$。

(1)简述航空像片的内方位元素和外方位元素分别为多少?

(2)已知地面点 P 大地坐标为 $(36\ 589.45, 25\ 273.46, 21\ 95.68)$,计算该点的图像坐标。

(3)简述共线条件方程的作用。

13. F. Leberl 构像模型的距离条件如图 1 所示,已知地面点 P 的坐标为 X, Y, Z,雷达天线位置的坐标为 X_S, Y_S, Z_S 偏斜角为 τ,飞机的单位瞬时速率为 u_x, u_y, u_z。

(1)简述 F. Leberl 构像模型的两个条件;

(2)写出距离条件和多普勒条件方程式;

(3)已知雷达天线坐标为 $(39\ 795.45, 27\ 476.46, 7\ 572.68)$,地面点 P 大地坐标为 $(36\ 589.45, 25\ 273.46, 2\ 195.68)$,图像分辨率为 0.5 m,初始斜距为 $5\ 000 \text{ m}$,试计算地面点 P 的图像坐标 y。

(4)试述合成孔径雷达图像定位与图像纠正的区别与联系。

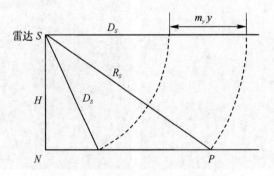

图 1　F. Leberl 模型距离条件示意图

参 考 文 献

[1]　王之卓. 摄影测量原理[M]. 武汉:武汉大学出版社,2007.

[2]　李德仁,等. 解析摄影测量学[M]. 武汉:武汉测绘科技大学出版社,1992.

[3]　郭华东. 雷达对地观测理论与应用[M]. 北京:科学出版社,2000.

[4]　段连飞. 无人机信息处理技术[M]. 合肥:炮兵学院,2010.

［5］　段连飞. 无人机载 SAR 图像信息提取技术研究［D］. 青岛：山东科技大学，2009.

［6］　孙家抦，舒宁，关泽群. 遥感原理、方法和应用［M］. 北京：测绘出版社，1997.

［7］　高力. SAR 摄影测量处理的基本方法和实践［D］. 郑州：解放军信息工程大学，2004.

［8］　黄国满，郭建坤，赵争，等. SAR 图像多项式纠正方法与实验［J］. 测绘科学，2004，29
　　　（6）：27 - 30.

［9］　常庆瑞，蒋平安，等. 遥感技术导论［M］. 北京：科学出版社，2004.

［10］　舒宁. 微波遥感原理［M］. 武汉：武汉大学出版社，2003.

［11］　潘时祥，等. 雷达摄影测量［M］. 北京：解放军出版社，2000.

第7章 无人机图像目标定位

7.1 概　　述

无人机图像目标定位是指通过无人机图像的处理与分析,建立图像与地面目标之间的关系,由此提供目标的地理信息。目标定位是无人机图像定量化处理的重要内容,通过目标定位除了可以提供准确的位置信息以外,还可以提供目标形状、大小以及相互关系等信息。按照获取的无人机图像类型不同,目标定位可分为无人机航空像片目标定位、无人机视频图像目标定位和无人机载 SAR 图像目标定位。本章在介绍与目标定位相关的基本概念基础上,重点讲述三类图像的目标定位方法。

7.1.1 大地水准面和大地椭球面

几千年来几乎所有人类活动都在地球范围内。在地球重力场中运动物体都和地球发生联系。通常采用海平面作为基准,把平静的海平面延伸到全部陆地所形成的表面称为"大地水准面",它所包围的空间几何体称为"大地体"。大地体的表面是地球重力场的一个等位面。理论上,只有地球自身引力,同时地球密度均匀、表面覆盖满水,在重力作用下大地水准面是平滑的标准球体。但是实际中由于地球密度不均匀,重力分布不均,导致大地水准面成为一个有微小起伏的复杂曲面。因此,大地椭球系统及参数是通过大地水准面的测量拟合后确定的,如图7-1所示。

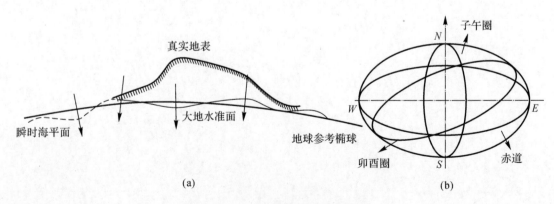

(a)　　　　　　　　　　　　　　　(b)

图 7-1　大地水准面和参考椭球面

7.1.2　大地坐标系

大地坐标系是确定物体、目标在空间的位置基础。20 世纪 80 年代以前,我国选用的是北京 1954 坐标系统(克拉索夫斯基椭球)。目前我国通用的坐标基准是 GRS80(又称西安 1980 坐标系统)坐标系统,选用国际大地测量和地球物理联合会(International Union of Geodesy and Geophysics,IUGG)发布的 IUGG75 地球椭球参数。WGS-84(World Geodetic System)采用国际协议地球参考系统坐标系,在 GPS 等领域应用广泛。2008 年 7 月 1 日我国启用中国国家大地坐标系 CGCS2000。CGCS2000 在厘米级水平上可以认为与国际地球参考框架(ITRF)、WGS84 框架是一致的,几种地球参考椭球参数见表 7-1。

表 7-1　几种地球参考椭圆参数

名称(年份)	长半轴 a/m	扁率 e	使用国家或地区
克拉索夫斯基椭球(1940)	6 378 245	1/298.3	苏联
克拉克(1866)	6 378 096	1/294.98	北美
海福特(1909)	6 378 388	1/297.00	欧洲、北美及中东
WGS-84(1984)	6 378 137	1/298.257 22	全球(美国 GPS 坐标系统)
北京 54(1954)	6 378 245	1/298.3	
西安 80(1980)	6 378 140	1/298.257 22	即 IUGG75 参数,广泛采用
CGCS2000(2000)	6 378 137	1/298.257 22	

WGS-84 系美国国防部地图局于 1984 年制定的全球大地坐标系,考虑大地测量、多普勒雷达、卫星等得测量数据

CGCS2000 与 WGS-84 椭球重力参数等不同

7.1.3　地理空间位置姿态描述

1.高程、海拔

假设空中载体在 P 点(见图 7-2),该点对应于参考椭球的法线与参考椭球体交于 M 点,设 PM 交大地水准线于 P' 点,交地球真实地表于 P'' 点,那么 PM 称为飞行高度 H(简称高程),PP' 称为海拔高程 h(或绝对高度),PP'' 称为相对高度,$P'P''$ 称为海拔高度,$P'M$ 称为大地高,$P'M$ 称为大地水准面高(在地球椭球面坐标系上得高度)。严格地讲,海拔高度指的都是当地大地水准面法线方向的长度,但是测得的高度都是椭球面法线高度。为了描述方便,通常用参考椭球面上的法线来代替大地水准面法线进行测量计算。一般大地水准面和地球椭球面高差小于 2m,目标定位精度影响不大。

为了确定获取图像时刻传感器位置,需要飞行器平台、稳定平台、和激光测距等参数进行空间几何关系换算。这中间用到的坐标系有无人机飞行平台坐标系(一般以飞机的质心或位置测量设备为基准)、稳定平台坐标系(一般以稳定平台垂直下视为起点)、任务载荷坐标系(一般轴线平行,原点平移)、成像坐标系(传感器平面二维坐标系统),如图 7-3 所示。因此,实时精确的获取无人机飞行器空间位置坐标 $P(x,y,z)$ 是确定目标 $B(x,y,z)$ 和成像点 $r(x,y)$ 位

置的基础。

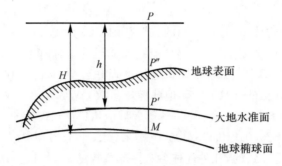

图 7-2 高程的严格定义

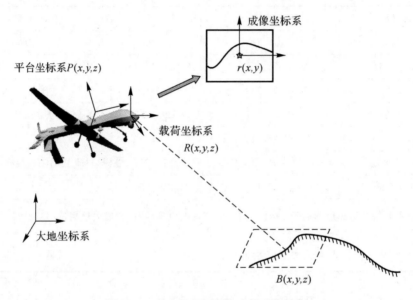

图 7-3 无人机目标定位坐标系统转换

2.空间位置参数

一般为大地坐标系(x,y,z)或者经纬度高程(B,L,H)。测量空间位置参数的设备主要为GPS、GLONASS、北斗、惯导等。目前为了提高可靠性,通常采用组合使用模式。

3.空间姿态参数

即俯仰、横滚、偏航。测量空间姿态参数的设备主要为陀螺、惯导设备和POS设备。

7.1.4 定位精度评价相关概念

1.误差

误差是不可避免的,只能无限的接近真值,却不能够测定真值,所以通常将无系统误差的数学统计(正态分布)设定为真值。

设对某个目标观测n次,观测值为$L_1,L_2,\cdots,L_n$,由于由于各观测值存在误差,因此每一次观测值与真值X之间必存在一组差数Δ。

$$\Delta_i = X - L_i \quad (i=1,2,\cdots,n) \tag{7-1}$$

理论上,观测次数无限增长,随机观测误差之和将趋于零,即

$$\lim_{n\to\infty}\frac{\Delta_1+\Delta_2+\cdots+\Delta_n}{n}=0 \tag{7-2}$$

也就是

$$\lim_{n\to\infty}\frac{L_1+L_2+\cdots+L_n}{n}=X \tag{7-3}$$

误差 Δ 服从数学期望方差为 σ^2 的正态分布，如图 7-4 所示。

$$f(\Delta)=\frac{1}{\sqrt{2\pi}\,\sigma}e^{-\frac{\Delta^2}{2\sigma^2}} \tag{7-4}$$

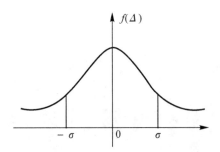

图 7-4　正态误差分布函数图

2. 均方根误差

均方根误差（Root Mean Square Error，RMS）也称标准差（Standard Deviation）、中误差、方差，是指多次观测值与真值的差值平方取平均数后的根数。用公式表示为

$$\sigma_X^2=D(X)=E\big[(X-E(X))^2\big] \tag{7-5}$$

$$\sigma^2=D(\Delta)=E(\Delta^2) \tag{7-6}$$

$$\sigma=\sqrt{E(\Delta^2)} \tag{7-7}$$

3. 圆概率误差

圆概率误差（Circular Error Probable，CEP）是一个以载体真实位置为圆心的圆的直径，在所有可能的定位值中，有 50% 的概率落到这个圆内，即相当于 50% 的置信水平。一般来说，均方根误差 RMS 值 σ 等于圆概率误差 CEP 值 φ 的 2.5 倍左右，即

$$\psi\approx\frac{2}{5}\sigma \tag{7-8}$$

4. 球概率误差

球概率误差（Sphere Error Probable，SEP）是以载体真实位置为中心的球的半径，在所有可能的导航系统定位值中，落在这个球内的概率为 50%。

5. 平均误差

平均误差是指独立观测一组数据与真值差值的绝对值的数学期望。用公式表示为

$$\theta=E(|\Delta|)=\int_{-\infty}^{+\infty}|\Delta|f(\Delta)\mathrm{d}\Delta \tag{7-9}$$

或者

$$\theta=\lim_{n\to\infty}\frac{\sum\limits_{i=1}^{n}|\Delta_i|}{n} \tag{7-10}$$

一般情况下

$$\theta \approx \frac{4}{5}\sigma \qquad (7-11)$$

6.精度、准确度和精确度

精度是误差分布的密集或离散的程度,也可以表述为测量值与期望值的接近程度。准确度是随机测量值与真值之差,表征的是测量结果系统误差大小的程度,是衡量系统误差大小程度指标,如图7-5所示。精确度是精度和准确度的合成,是测量结果与真值的接近程度,包括观测结果与数学期望接近程度和数学期望与真值的偏差。精确度反映的是偶然误差和系统误差联合影响大小的程度。

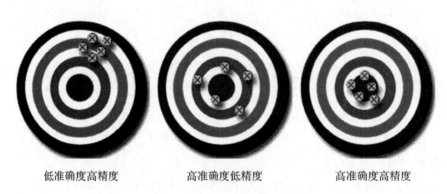

低准确度高精度　　　　　高准确度低精度　　　　　高准确度高精度

图7-5　精确度准确度示意图

7.2　无人机航空像片目标定位

无人机航空摄影获取的像片具有分辨率高、收容面积大等突出优点,利用航空像片可实现对指定目标的精确定位解算,无人机航空像片目标定位主要基于摄影测量的基本原理,从处理过程来说,可以归纳为以下5个环节。

(1)数字影像获取。对于光学像片(胶片),采用数字化设备进行影像数字化处理,生成数字影像;对于数字相机的图像,通过相机系统的初步图像预处理后作为处理图像源数据,图7-6所示为无人机获取的航空像片经过数字化后得到的数字影像。

(2)数字影像内定向。通过内定向解算,实现影像几何变形的校正以及图像坐标到像片坐标系的转换。

(3)数字影像相对定向。相对定向解算恢复了航空摄影时影像间的空间相对位置,生成空间立体模型,立体模型的建立精度直接影响后期目标定位精度。

(4)数字影像绝对定向。以地面已知的控制点作为基准,将经过相对定向生成的立体模型纳入到规定的大地坐标系中,实现模型坐标到大地坐标的转换。

(5)立体定位。数据解算完毕后,基于虚拟现实技术,在空间立体模型中进行目标定位,实现目标三维坐标高精度解算,立体定位往往是和立体判读相结合的,立体判读内容详见第5章所述。

从以上可以看出,数字影像内定向、相对定向、绝对定向是目标定位解算的关键环节。

图 7 - 6　数字化航空像片

7.2.1　数字影像内定向

为了从数字影像提取几何信息,必须建立数字影像的像元素与所摄物体表面相应的点之间的数学关系,即建立某一点的像平面坐标(x,y)与相应的地面坐标(X,Y,Z)之间的关系。然而,当一幅硬拷贝的像片被扫描以后,所得到的数字化影像中某一点的扫描坐标(x,y)并不能满足这种关系,因为在扫描过程中,如图 7 - 7 所示,像平面坐标与扫描坐标是不平等的,而且可能产生某种变形,内定向的目的就是要建立影像的像平面坐标与其扫描坐标之间的变换关系,并改正扫描过程所引起的变形影响,以保证像平面坐标与相应的地面坐标的关系能够被利用,从而完成数字定位的后续处理;同时,也能够根据定位处理的结果,求出相应像点在扫描影像中的位置并获取其灰度值。

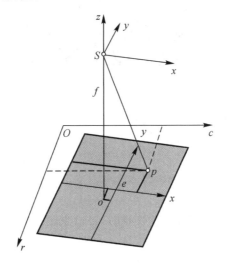

图 7 - 7　像平面坐标与扫描坐标

在这里需要说明的是,本节所阐述的内定向解算主要针对的是对光学相机获取的胶片进行数字化处理后的数字影像。若处理的是采用数码相机获取的数字影像,则可以利用相机提供的参数进行直接坐标转换。

在图 7-7 中,$o\text{-}cr$ 为影像扫描坐标系;$e\text{-}xy$ 为框标坐标系;$o\text{-}xy$ 为像平面坐标系,o 为影像的主点(主光轴与像平面的交点);$S\text{-}xyz$ 为像空间坐标系。内定向过程如图 7-8 所示,它是数字定位的一个基本环节。

像平面坐标与其扫描坐标之间的变形,一般表现为仿射变形,可以表示为

$$\begin{bmatrix} c \\ r \end{bmatrix} = \begin{bmatrix} h_1 & h_2 \\ k_1 & k_2 \end{bmatrix} \begin{bmatrix} x - x_e \\ y - y_e \end{bmatrix} - \begin{bmatrix} c_0 \\ r_0 \end{bmatrix} \tag{7-12}$$

式中,影像框标 (x,y) 为预先给定的。x_e,y_e 为框标点的中心坐标,一般利用 4 个框标点,即可得到 6 个参数 h_1,h_2,c_0 和 k_1,k_2,r_0。

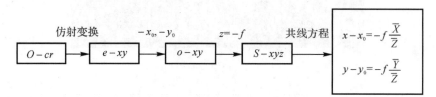

图 7-8 内定向过程

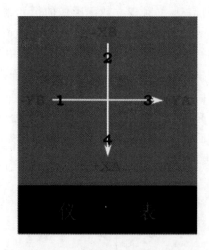

图 7-9 某型无人机框标格式

如图 7-9 中所显示的那样,4 个框标点中心与影像的主点是不重合的,一般来说,传感器经过检校后,都会提供像主点在框标坐标系中的坐标 (x_0,y_0),因此,可以直接用传感器检校结果 (x_0,y_0) 代替框标中心,则式(7-12)可写成

$$\begin{bmatrix} c \\ r \end{bmatrix} = \begin{bmatrix} h_1 & h_2 \\ k_1 & k_2 \end{bmatrix} \begin{bmatrix} x - x_0 \\ y - y_0 \end{bmatrix} - \begin{bmatrix} c_0 \\ r_0 \end{bmatrix} \tag{7-13}$$

根据式(7-13),可求得 6 个参数,在使用时,可以直接按该式根据影像的像平面坐标来确定它在扫描影像中的位置,并取出相应的像素。同样,也可以根据像点的扫描坐标求得它的像平面坐标。

$$\begin{bmatrix} x - x_0 \\ y - y_0 \end{bmatrix} = \begin{bmatrix} m_1 & m_2 \\ n_1 & n_2 \end{bmatrix} \begin{bmatrix} c - c_0 \\ r - r_0 \end{bmatrix} \tag{7-14}$$

式中

$$\begin{bmatrix} m_1 & m_2 \\ n_1 & n_2 \end{bmatrix} = \begin{bmatrix} h_1 & h_2 \\ k_1 & k_2 \end{bmatrix}^{-1} \tag{7-15}$$

当已知外方位元素时,可以由影像扫描坐标(行号 r、列号 c)得到共线方程。首先由式(7-12)得

$$\begin{bmatrix} u \\ v \\ w \end{bmatrix} = \boldsymbol{R}^{\mathrm{T}} \begin{bmatrix} x - x_0 \\ y - y_0 \\ -f \end{bmatrix} = \begin{bmatrix} a_1 & a_2 & a_3 \\ b_1 & b_2 & b_3 \\ c_1 & c_2 & c_3 \end{bmatrix} \begin{bmatrix} m_1 & m_2 & 0 \\ n_1 & n_2 & 0 \\ 0 & 0 & 1 \end{bmatrix} \begin{bmatrix} c - c_0 \\ r - r_0 \\ -f \end{bmatrix} = \frac{1}{\lambda} \begin{bmatrix} X - X_s \\ Y - Y_s \\ Z - Z_s \end{bmatrix} \tag{7-16}$$

即

$$\begin{bmatrix} a_1^\circ & a_2^\circ & a_3^\circ \\ b_1^\circ & b_2^\circ & b_3^\circ \\ c_1^\circ & c_2^\circ & c_3^\circ \end{bmatrix} \begin{bmatrix} c - c_0 \\ r - r_0 \\ -f \end{bmatrix} = \frac{1}{\lambda} \begin{bmatrix} X - X_s \\ Y - Y_s \\ Z - Z_s \end{bmatrix} \tag{7-17}$$

由该式可以得出用像点的扫描坐标与地面坐标的共线方程:

$$\left. \begin{aligned} c - c_0 &= -f \frac{a_1^\circ(X - X_s) + b_1^\circ(Y - Y_s) + c_1^\circ(Z - Z_s)}{a_3^\circ(X - X_s) + b_3^\circ(Y - Y_s) + c_3^\circ(Z - Z_s)} = -f \frac{\overline{X}}{\overline{Z}} \\ r - r_0 &= -f \frac{a_2^\circ(X - X_s) + b_2^\circ(Y - Y_s) + c_2^\circ(Z - Z_s)}{a_3^\circ(X - X_s) + b_3^\circ(Y - Y_s) + c_3^\circ(Z - Z_s)} = -f \frac{\overline{Y}}{\overline{Z}} \end{aligned} \right\} \tag{7-18}$$

其中

$$\left. \begin{aligned} a_1^\circ &= a_1 m_1 + a_2 n_1, & a_2^\circ &= a_1 m_2 + a_2 n_2, & a_3^\circ &= a_3 \\ b_1^\circ &= b_1 m_1 + b_2 n_1, & b_2^\circ &= b_1 m_2 + b_2 n_2, & b_3^\circ &= b_3 \\ c_1^\circ &= c_1 m_1 + c_2 n_1, & c_1^\circ &= c_1 m_2 + c_2 n_2, & c_3^\circ &= c_3 \end{aligned} \right\} \tag{7-19}$$

7.2.2　数字影像相对定向

由于利用单张像片不能唯一确定被摄物体的空间位置,在单张像片的内外方位元素已知的条件下,它也只能确定被摄物体点的摄影方向线。要确定被摄物体点的空间位置,必须利用具有一定重叠的两张像片,构成立体模型来确定被摄物体的空间位置。利用立体像对中摄影时存在的同名光线相交的几何关系,通过量测的像点坐标,以数学计算的方法,解求两像片的相对方位元素值的过程,称之为相对定向。确定相邻两像片的相对位置和姿态的要素,称之为相对定向元素。相对定向的目的是建立一个与被摄物体相似的几何模型,以确定模型点的三维坐标。

1.共面条件方程

从两个不同摄站对同一地面摄取的一个立体像对,当保持两摄站的相对位置不变(即只要恢复两像片的相对方位之后),整体地移动像片对时,则所构成的立体模型不会改变形状。因此,在完成了相对定向之后,就能建立起立体模型,如图 7-10 所示。此时两同名光线 $S_1 m_1 M$ 与 $S_2 m_2 M$ 应位于同一核面上,即由两同名光线和摄影基线组成的核面上,用数学方法描述,则三矢量($\vec{B}$, $\overrightarrow{S_1 m_1 M}$, $\overrightarrow{S_2 m_2 M}$)共面。只要满足了共面条件,就能达到同名光线 $\overrightarrow{S_1 m_1 M}$ 与 $\overrightarrow{S_2 m_2 M}$ 对应相交。

由矢量代数可知,三矢量共面的条件为三矢量的混合积为零,即

$$\boldsymbol{B} \cdot (\boldsymbol{R}_1 \times \boldsymbol{R}_2) = 0 \qquad (7-20)$$

改用坐标的形式表示时,得到一个三阶行列式等于零,即

$$F = \begin{vmatrix} B_X & B_Y & B_Z \\ X_1 & Y_1 & Z_1 \\ X_2 & Y_2 & Z_2 \end{vmatrix} = 0 \qquad (7-21)$$

式(7-21)便是相对定向的共面条件方程式。其中,$\begin{bmatrix} X_1 \\ Y_1 \\ Z_1 \end{bmatrix} = R_{左} \begin{bmatrix} x_1 \\ y_1 \\ -f \end{bmatrix}$ $\begin{bmatrix} X_2 \\ Y_2 \\ Z_2 \end{bmatrix} = R_{右} \begin{bmatrix} x_2 \\ y_2 \\ -f \end{bmatrix}$ 是像

空间辅助坐标系坐标。

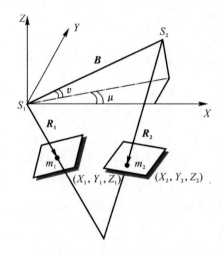

图 7 - 10　像对立体模型

2.连续像对相对定向

(1)数学模型的推导。连续像对相对定向通常假定左像片是水平的或已知它的方位元素,可把式(7-21)中的 X_1, Y_1, Z_1 视为已知值。$B_Y \approx B_X\mu, B_Z \approx B_X v$。连续像对的相对定向元素为右片的三个角元素 φ, ω, κ 和与基线分量有关的两个元素 μ, v。因为式(7-21)是一个非线性函数,则按多元函数泰勒公式展开的办法将式(7-21)展开至小值一次项,即

$$F = F_0 + \frac{\partial F}{\partial \varphi}\mathrm{d}\varphi + \frac{\partial F}{\partial \omega}\mathrm{d}\omega + \frac{\partial F}{\partial \kappa}\mathrm{d}\kappa + \frac{\partial F}{\partial \mu}\mathrm{d}\mu + \frac{\partial F}{\partial v}\mathrm{d}v = 0 \qquad (7-22)$$

式中,F_0 为用相对定向元素的近似值求得的 F 值。

要求出式(7-22)中偏导数 $\dfrac{\partial F}{\partial \varphi}, \dfrac{\partial F}{\partial \omega}, \cdots, \dfrac{\partial F}{\partial \kappa}$ 必须先求得偏导数 $\dfrac{\partial X_2}{\partial \varphi}, \dfrac{\partial X_2}{\partial \omega}, \cdots, \dfrac{\partial Z_2}{\partial \kappa}$。因推导过程中仅考虑到小值一次项的情况,所以坐标变换关系式可以引用微小旋转矩阵式(7-23),即

$$\begin{bmatrix} X_2 \\ Y_2 \\ Z_2 \end{bmatrix} = \begin{bmatrix} 1 & -\kappa & -\varphi \\ \kappa & 1 & -\omega \\ \varphi & \omega & 1 \end{bmatrix} \begin{bmatrix} x_2 \\ y_2 \\ -f \end{bmatrix} \qquad (7-23)$$

由式(7-23)可以求得式(7-22)中五个偏导数:

$$\frac{\partial F}{\partial \varphi} = \begin{vmatrix} B_X & B_Y & B_Z \\ X_1 & Y_1 & Z_1 \\ \dfrac{\partial X_2}{\partial \varphi} & \dfrac{\partial Y_2}{\partial \varphi} & \dfrac{\partial Z_2}{\partial \varphi} \end{vmatrix} = \begin{vmatrix} B_X & B_Y & B_Z \\ X_1 & Y_1 & Z_1 \\ f & 0 & x_2 \end{vmatrix} \qquad (7-24)$$

$$\frac{\partial F}{\partial \omega} = \begin{vmatrix} B_X & B_Y & B_Z \\ X_1 & Y_1 & Z_1 \\ \dfrac{\partial X_2}{\partial \omega} & \dfrac{\partial Y_2}{\partial \omega} & \dfrac{\partial Z_2}{\partial \omega} \end{vmatrix} = \begin{vmatrix} B_X & B_Y & B_Z \\ X_1 & Y_1 & Z_1 \\ 0 & f & y_2 \end{vmatrix} \qquad (7-25)$$

$$\frac{\partial F}{\partial \kappa} = \begin{vmatrix} B_X & B_Y & B_Z \\ X_1 & Y_1 & Z_1 \\ \dfrac{\partial X_2}{\partial \kappa} & \dfrac{\partial Y_2}{\partial \kappa} & \dfrac{\partial Z_2}{\partial \kappa} \end{vmatrix} = \begin{vmatrix} B_X & B_Y & B_Z \\ X_1 & Y_1 & Z_1 \\ -y_2 & x_2 & 0 \end{vmatrix} \qquad (7-26)$$

$$\frac{\partial F}{\partial \mu} = B_X \begin{vmatrix} Z_1 & X_1 \\ Z_2 & X_2 \end{vmatrix} \qquad (7-27)$$

$$\frac{\partial F}{\partial v} = B_X \begin{vmatrix} X_1 & Y_1 \\ X_2 & Y_2 \end{vmatrix} \qquad (7-28)$$

将式(7-24)～式(7-28)代入式(7-22)中,得

$$\begin{vmatrix} B_X & B_Y & B_Z \\ X_1 & Y_1 & Z_1 \\ f & 0 & x_2 \end{vmatrix} \mathrm{d}\varphi + \begin{vmatrix} B_X & B_Y & B_Z \\ X_1 & Y_1 & Z_1 \\ 0 & f & y_2 \end{vmatrix} \mathrm{d}\omega + \begin{vmatrix} B_X & B_Y & B_Z \\ X_1 & Y_1 & Z_1 \\ -y_2 & x_2 & 0 \end{vmatrix} \mathrm{d}\kappa + B_X \begin{vmatrix} Z_1 & X_1 \\ Z_2 & X_2 \end{vmatrix} \mathrm{d}\mu +$$

$$B_X \begin{vmatrix} X_1 & Y_1 \\ X_2 & Y_2 \end{vmatrix} \mathrm{d}v + F_0 = 0 \qquad (7-29)$$

把式(7-29)展开以后,除以 B_X,并略去含有 $\dfrac{B_Y}{B_X}\mathrm{d}\varphi$,$\dfrac{B_Z}{B_X}\mathrm{d}\varphi$ 等二次以上的小值项,经整理后得

$$Y_1 x_2 \mathrm{d}\varphi + (Y_1 y_2 - Z_1 f)\mathrm{d}\omega - x_2 Z_1 \mathrm{d}\kappa + (Z_1 X_2 - X_1 Z_2)\mathrm{d}\mu + (X_1 Y_2 - X_2 Y_1)\mathrm{d}v + \frac{F_0}{B_X} = 0$$

$$(7-30)$$

在仅考虑到小值一次项的情况下,式(7-30)中 x_2,y_2 可用像空间辅助坐标 X_2,Y_2 取代,并且近似地认为

$$\left. \begin{array}{l} Y_1 = Y_2 \\ Z_1 = Z_2 \\ X_1 = X_2 + \dfrac{B_x}{N'} \end{array} \right\} \qquad (7-31)$$

式中,N' 是将右像片像点 m_2 变换为模型中 M 点时的投影系数,不同的像点具有不同的 N' 值,因为 B_X 是模型基线,B_X/N' 才能视为某点在模型上的左右视差。

顾及式(7-31)中关系,则式(7-30)中的 $Z_1 X_2 - X_1 Z_2$ 和 $X_1 Y_2 - X_2 Y_1$ 有以下关系:

$$\left. \begin{array}{l} Z_1 X_2 - X_1 Z_2 = -\dfrac{B_X}{N'}Z_1 \\ X_1 Y_2 - X_2 Y_1 = -\dfrac{B_X}{N'}Y_2 \end{array} \right\} \qquad (7-32)$$

将式 $(7-32)$ 代入式 $(7-30)$ 中,并给全式乘以 $\dfrac{N'B_X}{Z_1}$,得

$$Q = -\frac{X_2 Y_2}{Z_2} N' d\varphi - \left(Z_2 + \frac{Y_2^2}{Z_2}\right) N' d\omega + X_2 N' d\kappa + B_X d\mu - \frac{Y_2}{Z_2} B_X dv \qquad (7-33)$$

该式便是相对定向的数学模型作业公式。在立体像对中每一个点,就可以列出一个方程式,在计算中往往把 Q 视为观测值,那么式 $(7-33)$ 就是观测方程式,如果令 v_Q 为 Q 的改正数,由式 $(7-33)$ 可以列出误差方程式:

$$v_Q = -\frac{X_2 Y_2}{Z_2} N' d\varphi - \left(Z_2 + \frac{Y_2^2}{Z_2}\right) N' d\omega + X_2 N' d\kappa + B_X d\mu - \frac{Y_2}{Z_2} B_X dv - Q \qquad (7-34)$$

式中

$$Q = -\frac{\begin{vmatrix} B_X & B_Y & B_Z \\ X_1 & Y_1 & Z_1 \\ X_2 & Y_2 & Z_2 \end{vmatrix}}{Z_1 X_2 - X_1 Z_2} = \frac{B_X Z_2 - B_Z X_2}{X_1 Z_2 - X_2 Z_1} Y_1 - \frac{B_X Z_1 - B_Z X_1}{X_1 Z_2 - X_2 Z_1} Y_2 - B_Y \qquad (7-35)$$

(2)常数项 Q 的几何解释。如图 $7-11$ 所示,左像点 m_1、右像点 m_2、模型点 M 的像空间辅助坐标分别为 (X_1, Y_1, Z_1),(X_2, Y_2, Z_2),(NX_1, NY_1, NZ_1) 或 $(N'X_2, N'Y_2, N'Z_2)$,N 和 N' 分别为左、右像点的投影系数。它们之间具有以下关系:

$$\left.\begin{aligned} NX_1 &= B_X + N'X_2 \\ NY_1 &= B_Y + N'Y_2 \\ NZ_1 &= B_Z + N'Z_2 \end{aligned}\right\} \qquad (7-36)$$

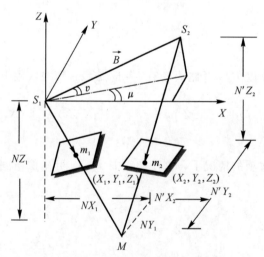

图 $7-11$　常数项 Q 的几何关系

用式 $(7-36)$ 的第一、第三两式联立解出投影系数 N 和 N':

$$\left.\begin{aligned} N &= \frac{B_X Z_2 - B_Z X_2}{X_1 Z_2 - X_2 Z_1} \\ N' &= \frac{B_X Z_1 - B_Z X_1}{X_1 Z_2 - X_2 Z_1} \end{aligned}\right\} \qquad (7-37)$$

从式 $(7-37)$ 可见,N 和 N' 是像点的像空间辅助坐标的函数。不同的点,有不同的 N 和

N' 值。

将式(7-37)代入式(7-35)，Q 值又可表示为

$$Q = NY_1 - N'Y_2 - B_Y \tag{7-38}$$

由式(7-36)中第二式可知，$Q=0$。这就是 Q 的几何意义。一个立体像对在完成了相对定向的情况下，$Q=0$。若没有完成相对定向，则 $Q\neq 0$，其数值的大小反映出模型上同名点之间的上下视差。

由于具有这样一个性质，在相对定向的逐步迭代过程中，把每个定向点上的 Q 值是否为零或小于某一个限定的值，作为判断解析相对定向是否完成的一个标准。

3. 单独像对相对定向

单独像对相对定向的原理与连续像对相对定向的原理相同，不同的是选用摄影基线为空间辅助坐标系的轴，正好与航线方向一致，相对定向的角元素仍选用 φ,ω,κ 系统。左片为 φ_1，κ_1；右片为 $\varphi_2,\omega_2,\kappa_2$。由共面条件可得

$$F = \begin{vmatrix} B & 0 & 0 \\ X_1 & Y_1 & Z_1 \\ X_2 & Y_2 & Z_2 \end{vmatrix} = B\begin{vmatrix} Y_1 & Z_1 \\ Y_2 & Z_2 \end{vmatrix} = 0 \tag{7-39}$$

将式(7-39)按泰勒公式展开，保留到小值一次项，经整理后，得

$$F = F_0 + B[-X_1Y_2\mathrm{d}\varphi_1 + X_1Z_2\mathrm{d}\kappa_1 + (Z_1Z_2 + Y_1Y_2)\mathrm{d}\omega_2 + X_2Y_1\mathrm{d}\varphi_2 - X_2Z_1\mathrm{d}\kappa_2] = 0 \tag{7-40}$$

将式(7-40)乘以常数 $\dfrac{f}{BZ_1Z_2}$ 视 $Z_1=Z_2=-f$，并令 $Q=-\dfrac{fF_0}{BZ_1Z_2}$，则有

$$Q = -\frac{X_1Y_2}{Z_1}\mathrm{d}\varphi_1 - \frac{X_2Y_1}{Z_1}\mathrm{d}\varphi_2 - \left(Z_1 + \frac{X_1Y_2}{Z_1}\right)\mathrm{d}\omega_2 - X_1\mathrm{d}\kappa_1 + X_2\mathrm{d}\kappa_2 \tag{7-41}$$

式中

$$Q = -\frac{fF_0}{BZ_1Z_2} = -\frac{f(Y_1Z_2 - Y_2Z_1)}{BZ_1Z_2} = -f\frac{Y_1}{Z_1} + f\frac{Y_2}{Z_2} = y_{t_1} - y_{t_2} \tag{7-42}$$

式(7-42)中，y_{t_1},y_{t_2} 相当于在空间辅助坐标系中，一对理想像片上同名像点的坐标。从中可以看出，完成相对定向后，$y_{t_1} - y_{t_2}$ 应为 0，所以在这里同样可以把 $Q=0$ 作为检验单独像对相对定向是否完成的标准。

4. 相对定向元素解算过程

将误差方程式(7-34)用一般的通式表示为

$$v = a\mathrm{d}\varphi + b\mathrm{d}\omega + c\mathrm{d}\kappa + r\mathrm{d}\mu + s\mathrm{d}v - l \tag{7-43}$$

式中

$$a = -\frac{X_2Y_2}{Z_2}N'$$

$$b = -\left(Z_2 + \frac{Y_2^2}{Z_2}\right)N'$$

$$c = X_2N'$$

$$r = B_X$$

$$s = -\frac{Y_2}{Z_2}B_X$$

$$l = Q = NY_1 - N'Y_2 - B_Y$$

误差方程式(7-43)中含五个未知的相对定向元素,解出五个未知数,至少需要五个定向点列出五个方程式。通常采用六个或更多的定向点,这样就可按最小二乘法原理求解。设观测了 n 个点,n 个误差方程式的矩阵表示形式为

$$V = AX - L \qquad (7-44)$$

相应的法方程式为

$$A^\mathrm{T}PAX - A^\mathrm{T}PL = 0 \qquad (7-45)$$

法方程式的解为

$$X = (A^\mathrm{T}PA)^{-1}A^\mathrm{T}PL \qquad (7-46)$$

5. 相对定向的实现

相对定向主要由相对定向解算和粗差检测两个部分组成,在解算过程中分析相对定向元素的值的可靠性并对错误的定向点进行粗差检测。

(1)相对定向解算。从以上论述可知,误差方程式(7-43)是由严密相对定向公式(7-21)经过线性化之后的结果,所以相对定向元素的解求是一个逐渐趋近的过程,其具体解算过程如下。

1)确定初始值。连续像对相对定向中,左像片的角元素是已知的(或假设为水平,或使用前一个立体像对中右片的角元素),右像片的三个角元素的初始值视为零,基线分量的初始值亦为零,基线分量 B_Y,B_Z 的初始值亦为零,即 $\varphi = \omega = \kappa = \mu = v = 0$。$B_X$ 取用第 2 点(标准点位)的左右视差,即 $B_X = P_2$。

2)计算右像片的九个方向余弦。可以采用构成正交矩阵的三种方法中任一种方法来计算,这里只要注意将 φ,ω,κ 换成相应的三个独立参数即可。

3)求得正交矩阵 R 以后,计算左右像点的空间辅助坐标。

4)计算基线分量 B_Y,B_Z,和各点的投影系数 N,N' 和 Q 值。

5)逐点进行法化,完成法方程式系数矩阵和常数项矩阵的计算。

6)解法方程式,求出相对定向元素的改正数。

7)计算相对定向元素的新值。

$$\varphi = \varphi_0 + \mathrm{d}\varphi, \quad \omega = \omega_0 + \mathrm{d}\omega, \quad \kappa = \kappa_0 + \mathrm{d}\kappa, \quad \mu = \mu_0 + \mathrm{d}\mu, \quad v = v_0 + \mathrm{d}v$$

8)给出改正数的限值为 0.3×10^{-4} rad,检查所有的改正数是否全部小于限值。如果全小于,则相对定向元素结束。否则需重复过程 2)~7)。

9)最后把求得本像对的相对定向元素 φ,ω,κ 作为下一个像对左片的初始值,进行下像对的相对定向元素的解算。

以上便是连续像对相对定向解算的全过程,解算主要流程如图 7-12 所示。同时需要指出的是,在推导公式(7-33)的时候,曾提到过在考虑到小值一次项情况下 x_2,y_2 由 X_2,Y_2 取代。实际上并不限于此,亦可以将 X_1,Y_1,X_2,Y_2 由 x_1,y_1 和 x_2,y_2 来取代。不管那一种方式,不同的仅是误差方程式中未知数的系数的表达形式,而对于式中常数项的计算均用严密公式求得。

(2)自动相对定向实现策略。自动相对定向是数字定位解算全自动化的一个重要组成部分,自动相对定向的关键是自动识别定向所需要的同名点对,在模拟光学定位中,一般用 6 个以上的同名点对来计算相对定向元素,在数字定位解算中,则具有很大的灵活性,可以利用影像匹配来识别足够多的同名点,使得相对定向达到高精度。自动相对定向可以有多种方式来实现。

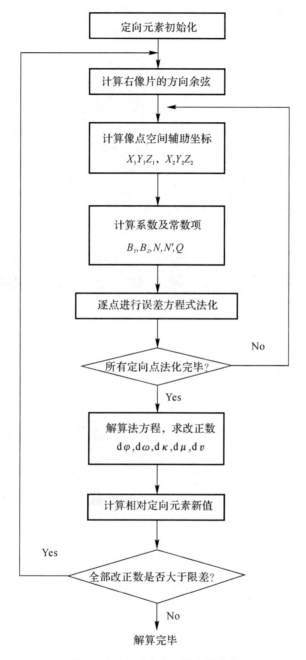

图 7 - 12　相对定向解算主要流程

1)标准点相对定向。图 7 - 13 所示为一个立体像对的一部分,定向点均匀地分布在立体重叠区域内,因为无须人工量测,所以分布很密集,比传统的 6 个标准点密集得多,这使得相对定向的误差方程有足够多的观测值,从而保证了相对定向的精度。

由于在严格的标准点位置上的匹配窗口,有时并没有足够多的特征,在中心位置不能得到精确的匹配结果,从而影响定向精度,为了避免这种不利情况,可以在每一标准点的周围,以一定的间隔选择多个点进行匹配,选取相关测度为最佳的点,并求得该窗口中的最佳位置。这样,虽然在局部并未按预定的标准位置选取定向点,但是,确保了每一个点的匹配精度,而且在整体上仍然保证了定向点的均匀分布,从而为高精度的相对定向提供了重要基础。

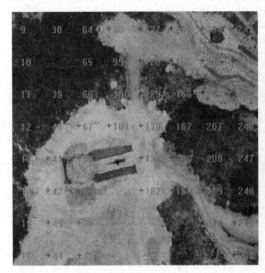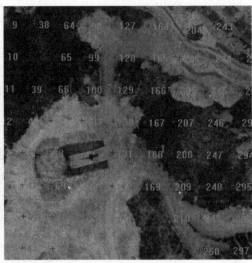

图 7-13　均匀分布点的相对定向

2)兴趣点相对定向。利用兴趣点定向是一种广为采用的定向方法。所谓兴趣点,是指那些在影像上具有明显特征的点,这些点所在的区域或窗口具有很大的方差,特别适合于匹配。该种相对定向的策略的关键是兴趣点的提取。

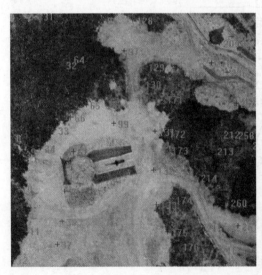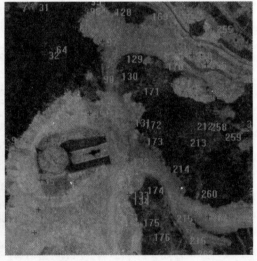

图 7-14　基于兴趣点的相对定向

图 7-14 所示为基于兴趣点的相对定向的实例,由图可知,这些点的分布虽然是不均匀的,然而是非常精确和足够密集的,能够得到很好的相对定向结果。

3)标准点位与兴趣点相结合的相对定向。笔者所做系统中综合采用了标准点位和兴趣点的优点,进行二者结合,在标准点位的基础上进行兴趣点的提取,而后实现特征匹配,实际验证利用该种方法进行相对定向具有更高的解算精度,如图 7-15 所示。

(3)相对定向解算过程中的质量控制。为了提高相对定向元素的解算精度,在相对定向解算过程中以定向的中误差、相对定向元素的解算精度、解算粗差作为解算的质量控制,对错误的定位点进行自动剔除,对精度低的点进行平差计算,减小对整体解算精度的影响。

图 7 - 15　标准点位与兴趣点相结合的相对定向

7.2.3　数字影像绝对定向

1.绝对定向的基本原理

相对定向建立起的立体模型,是相对于选取的某个坐标系,这个坐标系在地面坐标系中的方位是未知的,比例尺也是任意的。要确定立体模型在地面坐标系中的方位和大小,则需要把模型坐标变换为地面坐标,这种坐标系的变换称之为模型的绝对定向,其目的是将建立的模型坐标纳入到地面坐标系统中,并归化为规定的比例尺。为了计算方便,通常要求地面坐标系的轴系方向与模型的摄测坐标系的轴系方向大致相同。一般情况下,模型坐标是属右手空间直角的摄测坐标系,而地面坐标为左手空间直角坐标系。因此,在进行模型的绝对定向之前,需要作空间直角坐标系的转换。

一个立体像片对有 12 个外方位元素,通过相对定向求得 5 个定向元素,要恢复像片对的绝对位置和方位,还要解求 7 个绝对定向元素,包括旋转、平移和缩放,也就是立体模型需要进行空间相似变换。这种坐标变换,数学上称为一不同原点的三维空间相似变换,其公式为

$$
\begin{bmatrix} X_{tp} \\ Y_{tp} \\ Z_{tp} \end{bmatrix} = \lambda \begin{bmatrix} a_1 & a_2 & a_3 \\ b_1 & b_2 & b_3 \\ c_1 & c_2 & c_3 \end{bmatrix} \begin{bmatrix} X_P \\ Y_P \\ Z_P \end{bmatrix} + \begin{bmatrix} \Delta X \\ \Delta Y \\ \Delta Z \end{bmatrix} \tag{7-47}
$$

式中, X_{tp}, Y_{tp}, Z_{tp} 为地面控制点的地面摄测坐标; X_P, Y_P, Z_P 为模型点的摄测坐标; λ 为比例因子; a_i, b_i, c_i 为模型的三个角元素 Φ, Ω, K 组成的旋转矩阵; $\Delta X, \Delta Y, \Delta Z$ 为模型坐标原点在地摄坐标系中的三个平移量。

2.绝对定向的数学模型

求解绝对定向的 7 个参数(即绝对定向元素),通常是提供一定数量的地面控制点来进行,

即公式(7-47)中，X_{tp}, Y_{tp}, Z_{tp} 和 X_P, Y_P, Z_P 为已知，求解 7 个求知量 λ, Φ, Ω, K 和 $\Delta X, \Delta Y, \Delta Z$。此时式(7-47)为一非线性函数，为了适于用平差方法计算，公式要进行线性化。按多元函数泰勒级数展开，并取一次小项得

$$F = F_0 + \frac{\partial F}{\partial \lambda}\mathrm{d}\lambda + \frac{\partial F}{\partial \Phi}\mathrm{d}\Phi + \frac{\partial F}{\partial \Omega}\mathrm{d}\Omega + \frac{\partial F}{\partial K}\mathrm{d}K + \frac{\partial F}{\partial \Delta X}\mathrm{d}\Delta X + \frac{\partial F}{\partial \Delta Y}\mathrm{d}\Delta Y + \frac{\partial F}{\partial \Delta Z}\mathrm{d}\Delta Z \quad (7-48)$$

考虑到三个角度都为小值，取一次项，则公式(7-47)的一次项形式为

$$\begin{bmatrix} X_{tp} \\ Y_{tp} \\ Z_{tp} \end{bmatrix} = \lambda \begin{bmatrix} 1 & -K & -\Phi \\ K & 1 & -\Omega \\ \Phi & \Omega & 1 \end{bmatrix} \begin{bmatrix} X_P \\ Y_P \\ Z_P \end{bmatrix} + \begin{bmatrix} \Delta X \\ \Delta Y \\ \Delta Z \end{bmatrix} \quad (7-49)$$

以矩阵微分，求得按泰勒级数展开的一次项公式为

$$\begin{bmatrix} X_{tp} \\ Y_{tp} \\ Z_{tp} \end{bmatrix} = \lambda_0 R_0 \begin{bmatrix} X_P \\ Y_P \\ Z_P \end{bmatrix} + \begin{bmatrix} \Delta X_0 \\ \Delta Y_0 \\ \Delta Z_0 \end{bmatrix} + \mathrm{d}\lambda \begin{bmatrix} 1 & -K & -\Phi \\ K & 1 & -\Omega \\ \Phi & \Omega & 1 \end{bmatrix} + \lambda \begin{bmatrix} 0 & 0 & -1 \\ 0 & 0 & 0 \\ 1 & 0 & 0 \end{bmatrix} \begin{bmatrix} X_P \\ Y_P \\ Z_P \end{bmatrix} \mathrm{d}\Phi +$$

$$\lambda \begin{bmatrix} 0 & -1 & 0 \\ 1 & 0 & 0 \\ 0 & 0 & 0 \end{bmatrix} \begin{bmatrix} X_P \\ Y_P \\ Z_P \end{bmatrix} \mathrm{d}K + \lambda \begin{bmatrix} 0 & 0 & 0 \\ 0 & 0 & -1 \\ 0 & 1 & 0 \end{bmatrix} \begin{bmatrix} X_P \\ Y_P \\ Z_P \end{bmatrix} \mathrm{d}\Omega + \begin{bmatrix} 1 & 0 & 0 \\ 0 & 1 & 0 \\ 0 & 0 & 1 \end{bmatrix} \begin{bmatrix} \mathrm{d}\Delta X \\ \mathrm{d}\Delta Y \\ \mathrm{d}\Delta Z \end{bmatrix} \quad (7-50)$$

式中，$\lambda_0, R_0, \Delta X_0, \Delta Y_0, \Delta Z_0$ 分别为 $\lambda, R, \Delta X, \Delta Y, \Delta Z$ 的近似值。保持一次小项，令 $\mathrm{d}\Delta\lambda = \mathrm{d}\lambda/\lambda_0$，称为比例因子变化率，则 $\mathrm{d}\lambda$ 可用 $\lambda_0\mathrm{d}\Delta\lambda$ 代替，式(7-50)经整理得线性化的绝对定向的基本公式为

$$\begin{bmatrix} X_{tp} \\ Y_{tp} \\ Z_{tp} \end{bmatrix} = \lambda_0 R_0 \begin{bmatrix} X_P \\ Y_P \\ Z_P \end{bmatrix} + \begin{bmatrix} \Delta X_0 \\ \Delta Y_0 \\ \Delta Z_0 \end{bmatrix} + \lambda_0 \begin{bmatrix} \mathrm{d}\Delta\lambda & -\mathrm{d}K & -\mathrm{d}\Phi \\ \mathrm{d}K & \mathrm{d}\Delta\lambda & -\mathrm{d}\Omega \\ \mathrm{d}\Phi & \mathrm{d}\Omega & \mathrm{d}\Delta\lambda \end{bmatrix} \begin{bmatrix} X_P \\ Y_P \\ Z_P \end{bmatrix} + \begin{bmatrix} \mathrm{d}\Delta X \\ \mathrm{d}\Delta Y \\ \mathrm{d}\Delta Z \end{bmatrix} \quad (7-51)$$

3. 绝对定向元素的解求

按式(7-51)求解绝对定向元素，其中有 7 个未知数，至少需要列 7 个方程式。1 个地面控制点可提供 3 个坐标，可列出三个方程。因此，至少需要提供 2 个平高控制点和 1 个高程控制点，或是 2 个平面控制点和 3 个高程控制点，且 3 个高程控制点不能在一直线上。在实际的目标定位解算过程中，一般是在模型的四角布 4 个点。因此，求解有多余条件，需按最小二乘法原理平差。要将式(7-51)变为误差方程式，把模型点的摄测坐标 X_P, Y_P, Z_P 视为观测值，则误差方程式为

$$-\begin{bmatrix} V_X \\ V_Y \\ V_Z \end{bmatrix} = \begin{bmatrix} \mathrm{d}\Delta\lambda & -\mathrm{d}K & -\mathrm{d}\Phi \\ \mathrm{d}K & \mathrm{d}\Delta\lambda & -\mathrm{d}\Omega \\ \mathrm{d}\Phi & \mathrm{d}\Omega & \mathrm{d}\Delta\lambda \end{bmatrix} \begin{bmatrix} X_P \\ Y_P \\ Z_P \end{bmatrix} + \begin{bmatrix} \mathrm{d}\Delta X \\ \mathrm{d}\Delta Y \\ \mathrm{d}\Delta Z \end{bmatrix} - \begin{bmatrix} l_X \\ l_Y \\ l_Z \end{bmatrix} \quad (7-52)$$

式中

$$\begin{bmatrix} l_X \\ l_Y \\ l_Z \end{bmatrix} = \begin{bmatrix} X_{tp} \\ Y_{tp} \\ Z_{tp} \end{bmatrix} - \lambda_0 R_0 \begin{bmatrix} X_P \\ Y_P \\ Z_P \end{bmatrix} - \begin{bmatrix} \Delta X_0 \\ \Delta Y_0 \\ \Delta Z_0 \end{bmatrix}$$

为了计算方便，常把式(7-52)写为

$$-\begin{bmatrix} V_X \\ V_Y \\ V_Z \end{bmatrix} = \begin{bmatrix} 1 & 0 & 0 & X_P & -Z_P & 0 & -Y_P \\ 0 & 1 & 0 & Y_P & 0 & -Z_P & X_P \\ 0 & 0 & 1 & Z_P & X_P & Y_P & 0 \end{bmatrix} \begin{bmatrix} \mathrm{d}\Delta X \\ \mathrm{d}\Delta Y \\ \mathrm{d}\Delta Z \\ \mathrm{d}\Delta\lambda \\ \mathrm{d}\Phi \\ \mathrm{d}\Omega \\ \mathrm{d}K \end{bmatrix} - \begin{bmatrix} l_x \\ l_y \\ l_z \end{bmatrix} \qquad (7-53)$$

再用新符号表示式(7-53),即写为

$$-\boldsymbol{V} = \boldsymbol{A}\boldsymbol{X} - \boldsymbol{L} \qquad (7-54)$$

由误差方程式可组成法方程式:

$$\boldsymbol{A}^{\mathrm{T}}\boldsymbol{P}\boldsymbol{A}\boldsymbol{X} - \boldsymbol{A}^{\mathrm{T}}\boldsymbol{P}\boldsymbol{L} = 0 \qquad (7-55)$$

由法方程式可求得绝对定向元素的改正值:

$$\boldsymbol{X} = (\boldsymbol{A}^{\mathrm{T}}\boldsymbol{P}\boldsymbol{A})^{-1}(\boldsymbol{A}^{\mathrm{T}}\boldsymbol{P}\boldsymbol{L}) \qquad (7-56)$$

式(7-56)称为绝对定向的实用公式。由于它是一次项公式,因此解算过程要用迭代趋近,使改正值小于某一限差为止。在迭代趋近计算中常数项是变值,这样,每一次迭代求解出新的绝对定向元素后,需要将前一次的摄测坐标一次旋转、缩放和平移的空间相似变换计算,即按式(7-47)作一次坐标变换:

$$\begin{bmatrix} X_P \\ Y_P \\ Z_P \end{bmatrix}_{新值} = \lambda \begin{bmatrix} a_1 & a_2 & a_3 \\ b_1 & b_2 & b_3 \\ c_1 & c_2 & c_3 \end{bmatrix} \begin{bmatrix} X_P \\ Y_P \\ Z_P \end{bmatrix} + \begin{bmatrix} \Delta X \\ \Delta Y \\ \Delta Z \end{bmatrix} \qquad (7-57)$$

直到新值与正确值的差小于某一限差,使误差方程式中的常数项式结果趋近于零,或小于限差。

7.3 无人机视频图像目标定位

7.3.1 无人机视频图像目标直接定位

无人机视频图像直接定位的基本思路是通过飞机的位置姿态参数、转台角度参数、摄像机参数等综合解算,实现目标的图像坐标到地面坐标的转换。

从成像角度来分析,无人机视频图像属于中心投影,因此,本部分将从中心投影的构像方程入手推导目标定位模型。

视频图像序列化后的每一幅图像上,摄影瞬间某地面点 A 经摄影中心 S 在像片上得到构像点 a。如果不考虑镜头、成像传感器等因素引起的像点构像误差,物点 A、摄影中心 S 和像点 a 应位于一条直线上,即满足共线条件。设物点 A 和摄影中心 S 在地面坐标系中的坐标分别为 (X_A, Y_A, Z_A) 和 (X_S, Y_S, Z_S);像点 a 在像空间辅助坐标系和像空间坐标系中的坐标分别为 (X, Y, Z) 和 (x_F, y_F, z_F),由于电视侦察中的转台的运动,所以此处的像空间坐标并不是严格意义上的摄像机坐标系,而是经过坐标变换后的转台坐标系坐标,则可以推导出一般地区的目标定位模型,如式(7-58)所示,具体推导详见本书 6.1 节中所述。

$$x_F = z_F \frac{a_1(X_A - X_S) + b_1(Y_A - Y_S) + c_1(Z_A - Z_S)}{a_3(X_A - X_S) + b_3(Y_A - Y_S) + c_3(Z_A - Z_S)} \Bigg\}$$
$$y_F = z_F \frac{a_2(X_A - X_S) + b_2(Y_A - Y_S) + c_2(Z_A - Z_S)}{a_3(X_A - X_S) + b_3(Y_A - Y_S) + c_3(Z_A - Z_S)} \quad (7-58)$$

由式(7-58)可知,由状态坐标系坐标 x_F, y_F, z_F 是无法求解地面坐标 X_S, Y_S, Z_S 的,因此,在实际定位过程中,往往需要进行近似处理,将待定目标的区域看成平坦进行解算。

当地面水平时,地面任一点的高程 Z_A 为一常数,由式(7-58)可得

$$\begin{bmatrix} x_F \\ y_F \\ z_F \end{bmatrix} = \frac{1}{\lambda} \begin{bmatrix} a_1 & b_1 & c_1 \\ a_2 & b_2 & c_2 \\ a_3 & b_3 & c_3 \end{bmatrix} \begin{bmatrix} X_A - X_S \\ Y_A - Y_S \\ Z_A - Z_S \end{bmatrix} \quad (7-59)$$

把式(7-59)展开,第一式和第二式分别除以第三式得

$$X_A - X_S = (Z_A - Z_S) \frac{a_1 x_F + a_2 y_F + a_3 z_F}{c_1 x_F + c_2 y_F + c_3 z_F} \Bigg\}$$
$$Y_A - Y_S = (Z_A - Z_S) \frac{b_1 x_F + b_2 y_F + b_3 z_F}{c_1 x_F + c_2 y_F + c_3 z_F} \quad (7-60)$$

式中,$(Z_A - Z_S) = -H$ 为一常数;$(X_A - X_S)$ 和 $(Y_A - Y_S)$ 为水平地面点在像空间辅助坐标系中的坐标。用新的符号 X, Y 表示,得

$$X = -H \frac{a_1 x_F + a_2 y_F + a_3 z_F}{c_1 x_F + c_2 y_F + c_3 z_F} \Bigg\}$$
$$Y = -H \frac{b_1 x_F + b_2 y_F + b_3 z_F}{c_1 x_F + c_2 y_F + c_3 z_F} \quad (7-61)$$

式(7-61)即为基于共线条件方程的目标定位模型,也即无人机视频图像直接定位模型。该模型建立了视频图像中目标点和地面点之间的关系式,在精度要求不要的情况下,常常采用该模型进行无人机视频图像直接定位的快速解算。

7.3.2　基于影像匹配的目标定位

1. 基本原理及工作过程

基本影像匹配的目标定位是指综合利用无人机现有的多源图像资源以及其他遥感图像资料,实现无人机视频图像的精确定位。

方法首先对无人机航空摄影获取的数字影像进行数据采集预处理,提取 DEM 数据和立体像对;其次对获取到的视频图像进行数字化,在航片数据支持基础下,实现视频图像的几何校正;最后将校正的视频图像与航空像片进行高精度匹配,从而实现精确定位。

其工作过程:

(1)航空像片 DEM 数据采集。完成航空像片数字化、定向解算等操作,供视频图像目标定位过程中的几何校正定位解算使用。

(2)视频图像数字化。直接从无人机主控站或机动站接收实时视频图像,或者通过录放机回放视频图像,采用图像采集卡实现快速数字化,数字化后的图像序列供图像几何校正、目标定位解算的需要。

(3)控制点选取。在视频图像和航空像片上同时选取 3 个以上同名点作为控制点,控制点的分布尽可能的分散,并且不能近似在一条直线上。

(4)视频图像几何校正。依据控制点确定视频图像的近似成像范围,并结合 DEM 数据进行几何校正,生成校正后图像。

(5)目标定位解算。判断几何校正的精度是否满足要求,若满足要求,可直接在校正后的图像上进行坐标拾取;否则,建立数字化视频图像与航空像片核线影像的映射关系,依据核线影像进行坐标解算。

系统工作过程框图如图 7 - 16 所示。

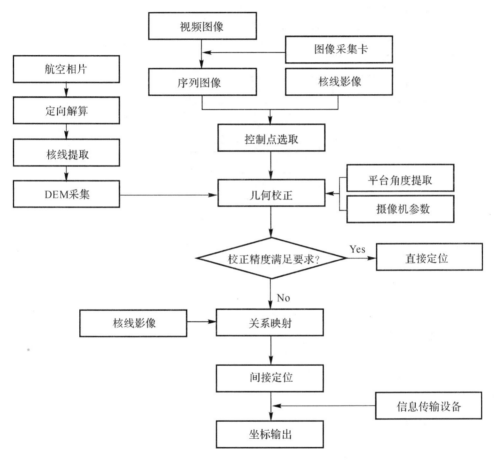

图 7 - 16 系统工作过程框图

2.视频图像几何校正基本原理

(1)几何校正过程。视频图像由于本身摄取设备的方位、俯仰等角度变化以及焦距变化,往往产生严重的几何变形,几何变形大大限制了视频图像的定位使用,同时变形的视频图像也无法实现精确的目标定位,因而必须对其几何变形进行校正处理。

针对无人机视频图像实际使用的特点,本方法的校正主要分为粗纠正和精纠正两个过程。粗纠正过程主要依据光电平台的俯仰角和方位角进行处理,精纠正则基于多项式进行处理。几何校正模块实现框图如图 7 - 17 所示。

(2)几何粗纠正。当无人机飞行平稳时,光电平台的角度相对飞机姿态角大得多,此时可以不考虑飞机飞行的姿态的影响,而重点考虑平台的方位角和俯仰角对影像倾斜的影响。设飞机的倾斜角为 α,方位角为 β,规定飞机飞行方向为 x 轴,z 轴向上,建立空间坐标系统,则

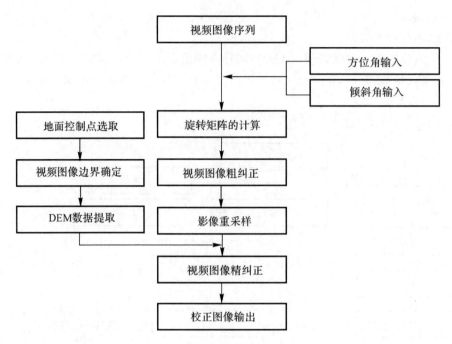

图 7-17　几何校正实现框图

绕 y 的旋角矩阵为

$$\boldsymbol{R}_y = \begin{bmatrix} \cos\alpha & 0 & -\sin\alpha \\ 0 & 1 & 0 \\ \sin\alpha & 0 & \cos\alpha \end{bmatrix} \tag{7-62}$$

绕 z 轴的旋转矩阵为

$$\boldsymbol{R}_z = \begin{bmatrix} \cos\beta & -\sin\beta & 0 \\ \sin\beta & \cos\beta & 0 \\ 0 & 0 & 1 \end{bmatrix} \tag{7-63}$$

设获取视频图像坐标为 (x,y)，粗纠正后的图像坐标为 (x_1,y_1)，则粗纠正的数学模型为

$$\begin{bmatrix} x_1 \\ y_1 \end{bmatrix} = \boldsymbol{R}_y \boldsymbol{R}_z \begin{bmatrix} x \\ y \end{bmatrix} = \begin{bmatrix} a_1 & a_2 \\ b_1 & b_2 \end{bmatrix} \begin{bmatrix} x \\ y \end{bmatrix} \tag{7-64}$$

式中

$$a_1 = \cos\alpha\cos\beta$$
$$a_2 = -\cos\alpha\sin\beta$$
$$b_1 = \sin\beta$$
$$b_2 = \cos\beta$$

采用式(7-64)即可完成视频图像的粗纠正，通过像素亮度值重采样完成视频图像的粗纠正图像的生成。

（3）几何精纠正。视频图像的精纠正是指进一步消除视频图像的几何变形，生成一幅符合大地坐标表达要求的新图像的过程。它包括两个环节：一是像素坐标的转换，即将图像坐标转换为地面坐标；二是对坐标变换后的像素亮度值进行采样。

无人机视频图像与其他成像传感器不同,摄像机的焦距的变化范围较大,同时焦距输出值误差也比较大,这样很难做到精确解算,因此可采用了多项式纠正法。

多项式纠正回避成像的空间几何过程,直接对图像的变形的本身进行数学模拟。无人机视频图像的几何变形由多种因素引起,其变换规律十分复杂。为此把视频图像的总体变形看作是平移、缩放、旋转、仿射、偏扭、弯曲以及更高层次的基本变形的综合作用结果,难以用一个严格的数学表达式来描述,而是用一个适当的多项式来描述纠正前后图像相应点之间的坐标关系。利用地面控制点的图像坐标及其同名点的地面坐标通过平差原理计算多项式的系数,然后用该多项式对图像进行纠正。

一般多项式纠正公式为

$$\left.\begin{aligned}x =& a_0 + (a_1 X + a_2 Y) + (a_3 X^2 + a_4 XY + a_5 Y^2) + \\ & (a_6 X^3 + a_7 X^2 Y + a_8 XY^2 + a_9 Y^3) + \cdots \\ y =& b_0 + (b_1 X + b_2 Y) + (b_3 X^2 + b_4 XY + b_5 Y^2) + \\ & (b_6 X^3 + b_7 X^2 Y + b_8 XY^2 + b_9 Y^3) + \cdots\end{aligned}\right\}\tag{7-65}$$

式中,x,y 为某像素原始图像坐标;X,Y 为同名像素的地面坐标。

多项式的项数(即系数个数)N 与其阶数 n 有着固定的关系:

$$N = \frac{1}{2}(n+1)(n+2) \tag{7-66}$$

多项式的系数 $a_i, b_i (i,j = 0,1,2,\cdots,(N-1))$ 利用航空像片已知控制点的坐标值按最小二乘法原理求解。

一般来说,根据纠正图像要求的不同选用不同的阶数,当选用一次项纠正时,可以纠正图像因平移、旋转、比例尺变化和仿射变形等引起的线性变形;当选用二次项纠正时,则在改正一次项各种变形的基础上,改正二次非线性变形。如选用三次项纠正则改正更高次的非线性变形。同时,对参加计算的同名点要求:①在图像上为明显的地物点,易于判读;②在图像上均匀分布。

3. 几何纠正解算

根据多项式纠正公式可列误差方程式为

$$\left.\begin{aligned}\boldsymbol{V}_x =& \boldsymbol{A}\boldsymbol{\Delta}_a - \boldsymbol{L}_x \\ \boldsymbol{V}_y =& \boldsymbol{A}\boldsymbol{\Delta}_b - \boldsymbol{L}_y\end{aligned}\right\}\tag{7-67}$$

其中,改正数向量为

$$\left.\begin{aligned}\boldsymbol{V}_x =& \begin{bmatrix}V_{x1} & V_{x2} & \cdots\end{bmatrix}^{\mathrm{T}} \\ \boldsymbol{V}_y =& \begin{bmatrix}V_{y1} & V_{y2} & \cdots\end{bmatrix}^{\mathrm{T}}\end{aligned}\right\}\tag{7-68}$$

系数矩阵为

$$\boldsymbol{A} = \begin{bmatrix}1 & X_1 & Y_1 & X_1 Y_1 & \cdots \\ \vdots & \vdots & \vdots & \vdots & \cdots \\ 1 & X_m & Y_m & X_m Y_m & \cdots\end{bmatrix}\tag{7-69}$$

所求的变换系数为

$$\left.\begin{aligned}\boldsymbol{\Delta}_a =& \begin{bmatrix}a_0 & a_1 & \cdots & a_5\end{bmatrix} \\ \boldsymbol{\Delta}_b =& \begin{bmatrix}b_0 & b_1 & \cdots & b_5\end{bmatrix}\end{aligned}\right\}\tag{7-70}$$

像点坐标为

$$\left.\begin{aligned}\boldsymbol{L}_x &= \begin{bmatrix} x_1 & x_2 & \cdots \end{bmatrix} \\ \boldsymbol{L}_y &= \begin{bmatrix} y_1 & y_2 & \cdots \end{bmatrix}\end{aligned}\right\} \tag{7-71}$$

由此可以构成法方程为

$$\left.\begin{aligned}(\boldsymbol{A}^{\mathrm{T}}\boldsymbol{A})\boldsymbol{\Delta}_a &= \boldsymbol{A}^{\mathrm{T}}\boldsymbol{L}_x \\ (\boldsymbol{A}^{\mathrm{T}}\boldsymbol{A})\boldsymbol{\Delta}_b &= \boldsymbol{A}^{\mathrm{T}}\boldsymbol{L}_y\end{aligned}\right\} \tag{7-72}$$

计算多项式系数为

$$\left.\begin{aligned}\boldsymbol{\Delta}_a &= (\boldsymbol{A}^{\mathrm{T}}\boldsymbol{A})^{-1}\boldsymbol{A}^{\mathrm{T}}\boldsymbol{L}_x \\ \boldsymbol{\Delta}_b &= (\boldsymbol{A}^{\mathrm{T}}\boldsymbol{A})^{-1}\boldsymbol{A}^{\mathrm{T}}\boldsymbol{L}_y\end{aligned}\right\} \tag{7-73}$$

精度评定采用公式为

$$\left.\begin{aligned}\delta_x &= \pm\left(\frac{\boldsymbol{V}_x^{\mathrm{T}}\boldsymbol{V}_x}{n-N}\right)^{1/2} \\ \delta_y &= \pm\left(\frac{\boldsymbol{V}_y^{\mathrm{T}}\boldsymbol{V}_y}{n-N}\right)^{1/2}\end{aligned}\right\} \tag{7-74}$$

式中，n 为控制点个数；N 为系数个数；$n-N$ 为多余观测。

设定一个限差 ε 作为评定精度的标准。若 $\delta > \varepsilon$，则说明存在粗差，精度不可取，应对每个控制点上的平差残余误差 V_{x_i}，V_{y_i} 进行比较检查，视最大者为粗差，将其剔除或重新选点后再进行平差，直至满足 $\delta < \varepsilon$ 为止。

4.目标定位

(1)基于几何校正的目标定位方法。几何校正建立了视频图像和纠正图像之间的关系，在已知 3 个以上控制点情况下即可根据最小二乘法解算二次多项式系数，基于几何校正的目标定位数学模型为

$$\left.\begin{aligned}f &= a_0 + (a_1 X + a_2 Y) + (a_3 X^2 + a_4 XY + a_5 Y^2) - x \\ g &= b_0 + (b_1 X + b_2 Y) + (b_3 X^2 + b_4 XY + b_5 Y^2) - y\end{aligned}\right\} \tag{7-75}$$

式(7-75)为非线性方程式，线性化为

$$\left.\begin{aligned}\frac{\partial f}{\partial X} &= a_1 + 2a_3 X + a_4 Y \\ \frac{\partial g}{\partial X} &= b_1 + 2b_3 X + b_4 Y \\ \frac{\partial f}{\partial Y} &= a_2 + a_4 X + 2a_5 Y \\ \frac{\partial g}{\partial Y} &= b_2 + b_4 X + 2b_5 Y\end{aligned}\right\} \tag{7-76}$$

则可建立误差方程式为

$$\boldsymbol{V} = \boldsymbol{AX} - \boldsymbol{L} \tag{7-77}$$

式中

$$\boldsymbol{V} = \begin{bmatrix} v_f & v_g \end{bmatrix}^{\mathrm{T}}$$

$$\boldsymbol{A} = \begin{bmatrix} \dfrac{\partial f}{\partial X} & \dfrac{\partial f}{\partial Y} \\ \dfrac{\partial g}{\partial X} & \dfrac{\partial g}{\partial Y} \end{bmatrix}$$

$$\boldsymbol{X} = \begin{bmatrix} \Delta X & \Delta Y \end{bmatrix}^{\mathrm{T}}$$

$$\boldsymbol{L} = \begin{bmatrix} -f & -g \end{bmatrix}^{\mathrm{T}}$$

最小二乘解为

$$\boldsymbol{X} = (\boldsymbol{A}^{\mathrm{T}}\boldsymbol{A})^{-1}(\boldsymbol{A}^{\mathrm{T}}\boldsymbol{L}) \tag{7-78}$$

因此,在已知图像坐标和近似地面坐标时,即可根据式(7-78)解算目标坐标。

7.3.3　基于空间交会的目标定位方法

基于空间交会的目标定位方法实现总体思想是:在执行视频图像获取过程中,对感兴趣的目标进行目标跟踪,边跟踪边对目标进行判读分析,确认需要定位,则即可通过定位设备实现快速精确定位;定位算法基于空间交会原理,通过激光多点测距,综合跟踪过程中多帧视频图像的遥测数据进行分析,最终解算目标精确坐标。

1. 空间两点交会定位

空间两点交会是提高定位精度的有效途径,该方法在直接定位基础上增加第 2 个测量点,构建出空间三角形,从而有效提高目标定位精度。

(1)空间两点交会定位原理及数学模型。

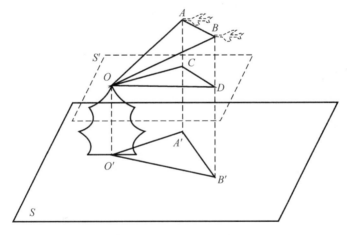

图 7-18　空间两点交会定位原理图

如图 7-18 所示,O 为目标点,A,B 两点分别为无人机两次定位测量点,S 为海拔平面。$\triangle OAB$ 在海平面的投影为 $\triangle O'A'B'$。已知条件为无人机 A,B 两点的坐标以及无人机两次距目标点距离(即 $\overline{AO}$ 和 $\overline{BO}$),求 O 点坐标。

定位算法分析如下:因为目标点 Z 方向轴坐标较容易求得,所以该方法重点求目标点 X 和 Y 两方向轴坐标。若求 O 点的 X 和 Y 两方向轴坐标,也就是 O' 点的 X 和 Y 两方向轴坐标,考虑解 $\triangle O'A'B'$。过 O 点作平面 S' 平行于平面 S,设 $\triangle OAB$ 在该平面上的投影为 $\triangle OCD$,则 $\overline{AC} \perp \overline{OC}$,$\overline{BD} \perp \overline{OD}$,又由于平面 S' 平行与平面 S,所以 $\triangle OCD$ 和 $\triangle O'A'B'$ 三边长度相等,这样解 $\triangle O'A'B'$ 的问题变成了解 $\triangle OCD$。解 $\triangle OCD$ 并最终确定 O 点坐标。

(2)O 点定位的数学模型。在图 7-18 中,设 $\angle OAA'$ 为 $\angle A$,$\angle OBB'$ 为 $\angle B$,O 点坐标为 $O(X_O, Y_O, Z_O)$,其余点坐标表示方法与 O 点类似。可得

$$\left.\begin{array}{l}\overline{OC}=\overline{AO}\sin\angle A\\ \overline{OD}=\overline{BO}\sin\angle B\end{array}\right\} \tag{7-79}$$

在平面三角形 OAC 中,又有

$$\left.\begin{array}{l}\sqrt{(Y_C-Y_O)^2+(X_C-X_O)^2}=\overline{OC}=\overline{AO}\sin\angle A\\ \sqrt{(Y_C-Y_O)^2+(X_C-X_O)^2}=\overline{OD}=\overline{BO}\sin\angle B\end{array}\right\} \tag{7-80}$$

在 Z 方向上有

$$Z_A-\overline{OA}\cos\angle A=Z_O \tag{7-81}$$

由式(7-80)和式(7-81)可知,若求 O 点坐标,未知数仅为 $\angle A$ 和 $\angle B$。在无人机实际定位中,$\angle A$ 和 $\angle B$ 并不能直接得到,它不仅与转台测得角度有关,也与无人机姿态有关,为研究方便设无人机能够直接测得的 5 个角分别为仰角 $\alpha_{机}$,滚转角 β,偏航角 $\gamma_{机}$,转台仰角 $\alpha_{台}$,转角 $\gamma_{台}$。下面通过空间坐标转换的方法得到 $\angle A$ 和 $\angle B$ 与 5 个姿态角之间的数学关系。

(3)空间坐标转换。如图 7-19 所示,建立左手坐标系 M-XYZ 和 M'-ABC,M-XYZ 为无人机所在坐标系,M'-ABC 为无人机光轴稳定平台所在坐标系,在实际定位测量中,平台定位所测得的角度是在机身存在三个姿态角的情况下测得的,因此,将坐标轴 ABC 分别绕三个方向轴逆向旋转 $\alpha_{机}$,β,$\gamma_{机}$ 后,再将坐标原点平移至坐标系 M-XYZ 原点处,即可得到按照一定的比例系数缩放的坐标系 M-XYZ。

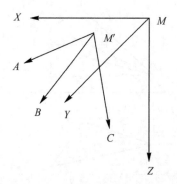

图 7-19 空间两点交会坐标系

一般地,空间一点通过坐标轴的旋转来表达坐标系间的转换公式。

$$\begin{bmatrix}a\\b\\c\end{bmatrix}=k\boldsymbol{R}_3(\omega_3)\boldsymbol{R}_2(\omega_2)\boldsymbol{R}_1(\omega_1)\begin{bmatrix}x-x_M\\y-y_M\\z-z_M\end{bmatrix} \tag{7-82}$$

$$\begin{bmatrix}x\\y\\z\end{bmatrix}=k'\boldsymbol{R}_3(-\omega_3)\boldsymbol{R}_2(-\omega_2)\boldsymbol{R}_1(-\omega_1)\begin{bmatrix}a\\b\\c\end{bmatrix}+\begin{bmatrix}x_M\\y_M\\z_M\end{bmatrix} \tag{7-83}$$

式中,(a,b,c) 为点在 ABC 系中的坐标值;(x,y,z) 为点在 XYZ 系中的坐标值;如图 7-19 所示,建立左手坐标系 M-XYZ 和 M'-ABC,M-XYZ 为无人机所在坐标系,(x_M,y_M,z_M) 为 ABC 系的坐标原点 M' 在 XYZ 系中的坐标值,在无人机定位中,机身坐标原点与转台坐标原点之间的偏移可忽略不计,因此该坐标值为(0,0,0);k,k' 为距离比例系数,无人机定位中,两坐标系比例系数可认为是 1;ω_1,ω_2,ω_3 为旋转角度,即为机身所测得的 $\alpha_{机}$,β,$\gamma_{机}$,对于左手系,顺时针旋转为正,反之为负;$\boldsymbol{R}_1,\boldsymbol{R}_2,\boldsymbol{R}_3$ 为旋转矩阵。

由式(7-82)和式(7-83)可知,不同的旋转角度对应不同的旋转矩阵。

$$\boldsymbol{R}_1(\alpha_{机}) = \begin{bmatrix} \cos\alpha_{机} & 0 & \sin\alpha_{机} \\ 0 & 1 & 0 \\ -\sin\alpha_{机} & 0 & \cos\alpha_{机} \end{bmatrix} \tag{7-84}$$

$$\boldsymbol{R}_2(\beta) = \begin{bmatrix} 1 & 0 & 0 \\ 0 & \cos\beta & \sin\beta \\ 0 & -\sin\beta & \cos\beta \end{bmatrix} \tag{7-85}$$

$$\boldsymbol{R}_2(\gamma_{机}) = \begin{bmatrix} \cos\gamma_{机} & \sin\gamma_{机} & 0 \\ -\sin\gamma_{机} & \cos\gamma_{机} & 0 \\ 0 & 0 & 1 \end{bmatrix} \tag{7-86}$$

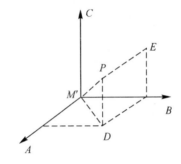

图 7-20 光轴稳定平台坐标系示意图

在无人机光轴稳定平台所在的坐标系统内,如图 7-20 所示,设在平台空间坐标系 M'-ABC 中任意一点 P 坐标为(A_P,B_P,C_P),过 P 点作两个面的垂线与两平面相交于 D,E 两点。则转台仰角 η 即为 $\angle PM'C$,转角 ξ 即为 $\angle PM'E$,进而可得

$$\sqrt{A_P^2 + B_P^2 + C_P^2} = \overline{M'P} = \frac{C_P}{\cos\eta} \tag{7-87}$$

$$\sqrt{A_P^2 + B_P^2 + C_P^2} = \overline{M'P} = \frac{A_P}{\sin\eta} \tag{7-88}$$

$$\sqrt{A_P^2 + B_P^2} = \frac{C_P}{\tan(90° - \xi)} \tag{7-89}$$

由式(7-87)~式(7-89)可解得由 ξ,η 表示的 P 点坐标表达式,将其代入式(7-83)即可得到由 5 个姿态角表示的点 P 在 M-XYZ 中坐标 P' 的表达式。在坐标系 M-XYZ 中,由 5 个姿态角表示的 $\angle ZOP'$ 即为所需求的 $\angle A$。

同理,由第二个测量点的 5 个姿态角可得 $\angle B$。将 $\angle A,\angle B$ 代入式(7-80)和式(7-81)即可得到目标 O 点坐标。O 点坐标是 A,B 点坐标,$\overline{AO},\overline{BO}$ 和 5 个角度的函数。

2. 空间三点交会算法

空间两点定位给出了空间交会定位的基本原理,在实际使用中,由于影响无人机各种误差的随即误差比较复杂,单纯依靠两点进行定位往往很难达到较好的精度,而依靠三点甚至多点进行定位则在一定程度上减小了由于无人机三个姿态角、光轴稳定平台的俯仰角与方位角的测量误差而带来的不良影响,为了说明问题方便,本书主要以三点交会作为模型进行讨论,方案同样适合于多于三个点的定位解算。

在无人机飞行过程中,对将要进行定位的目标实施跟踪,跟踪过程中对三个以上位置点进行采样,然后对采样后的数据进行空间交会解算,获取目标坐标。该方法特别适合于对重点目标进行重点观察和分析时使用,同等条件下,其定位精度高于空间两点定位的方法。若该算法与现有的共线成像模型相结合,将极大地提高目标定位精度。

如图 7 - 21 所示,当视场中出现重要目标时,此时可设定无人机沿飞行轨迹绕目标区域上空飞行,在航迹 A,B,C 行对关键目标点进行连续打三次激光,进行三次测距,构建空间立体锥形对该目标点进行精确定位。

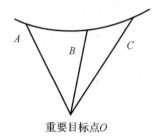

重要目标点O

图 7 - 21   空间三点交会法目标定位基本原理图

假设目标 O 点的坐标是 (X,Y,Z),A,B,C 瞬时坐标可分别由 GPS 测量,则定位数学模型为

$$\left.\begin{array}{l}\sqrt{(X_A - X_O)^2 + (Y_A - Y_O)^2 + (Z_A - Z_O)^2} = \overline{OA}\\ \sqrt{(X_B - X_O)^2 + (Y_B - Y_O)^2 + (Z_B - Z_O)^2} = \overline{OB}\\ \sqrt{(X_C - X_O)^2 + (Y_C - Y_O)^2 + (Z_C - Z_O)^2} = \overline{OC}\end{array}\right\} \qquad (7 - 90)$$

可以看出,针对视场中重要目标,无人机空间三点交会定位可以平滑无人机三个姿态角、光轴稳定平台的俯仰角与方位角的测量误差。

7.4   无人机载 SAR 图像目标定位

7.4.1   单张 SAR 图像目标定位

1. 平面测量

利用单张 SAR 图像进行量测时,须注意以下三点。

(1)一般所用 SAR 图像应是平坦地区或地面起伏较小的地区,在这类地区按照雷达成像的基本几何关系是可以保证一定的量测精度的。

(2)在量测图像上某目标的长度时,要注意所谓光电尺寸的补偿。由于雷达图像记录了地面上每一地物回波信号很强,即使它在这一分辨单元所占比例很小,它的"贡献"仍然很大。若图像分辨率为 10m,则一个 10m 长的目标可能在两个分辨单元中反映出来,量测时会将它作为 20m 长的地物来看待。因此,一般在量测长度时,要估计到这个情况,并对量测结果减去一个分辨单元的长度。

对于无回波地物或阴影的长度计算则正好相反,须再加上一个分辨单元长度,因为这类地物的两端所处的分辨单元可能因为有较强回波信号地物而让那些地物信号占据了回波信号的主体,淹没了无回波地物或处于阴影中的地物。

(3)雷达图像分为两种,即地距表示的图像和斜距表示的图像,因此事先要弄清是何种表示的图像,如果是地距表示的图像,一般就可以直接在图上量测了。对于斜距表示的图像,则要先进行斜距到地距的转换,即

$$D_P = R_P \sin\theta_P \tag{7-91}$$

或

$$D_P = \sqrt{R_P^2 - H^2} \tag{7-92}$$

或

$$D_P = \tan\theta_P \tag{7-93}$$

式中,D_P 为目标 P 的地距(见图 7 - 22);H 为标准航高;R_P 为该目标斜距;θ_P 为对点的入射角,其数值范围一般由图像技术参数给出,航高及图像比例尺也在图像技术参数中给出。因此在图上量出距离向的目标坐标后,即可估算出该点的地距。

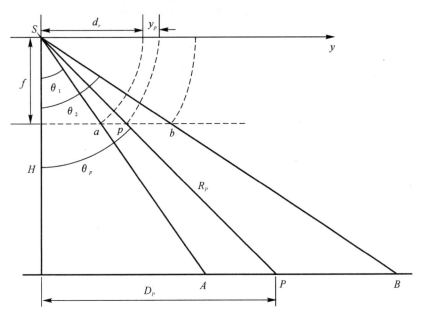

图 7 - 22　地距与斜距关系

这里须注意,图上量出目标 P 的坐标 y_p 后,还须加上扫描延迟,这也是图像技术参数中给出的,如图 7 - 22 中有

$$r_p = d_r + y_p \tag{7-94}$$

则

$$R_p = \lambda r_p \tag{7-95}$$

式中,λ 为比例尺分母。

若入射角范围为 $\theta_1 \sim \theta_2$,如图 7 - 22 所示,其相应的图上近距点为 a,远距点为 b,则对图上 P 点有

$$\theta_P = \arccos(f/r_p) \tag{7-96}$$

在将斜距图像转换为地距图像后,即可量测图像上任意两点间的距离,或某一目标的长度,如图 7-23 所示,A,B 是 $\overline{CB}$ 图像上的两点,或某一目标的两个端点,$\overline{CB}$ 为距离向,测量出 B,C 两点的图上距离即可计算间的实地距离,再由图上比例尺算出 A,C 两点的实际距离,然后就可以计算 A,B 两点间的距离了。

上述量测是在地面比较平坦的情况下进行的。对于山地图像,则需要首先进行前面章节所介绍的严密数字几何纠正,得到正射影像后才能进行。

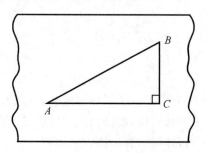

图 7-23　距离测量图上作业示意图

2.根据阴影和叠掩测量独立地物高度

这里有两种情况,一种是像一个山丘这样的地物,如图 7-24 所示,它是平地中独立的山体,其阴影部分为 $\overline{PQ}$,在图像上可以量测 P 点和 Q 点的斜距 $\overline{sp}$ 和 $\overline{sq}$,则阴影长度为 $\overline{sq}-\overline{sp}$,由于

$$h/\ \overline{PQ}=H/\ \overline{SQ} \tag{7-97}$$

故

$$h=H(\overline{PQ}/\ \overline{SQ})=H(\overline{sq}-\overline{sp})/\ \overline{sq} \tag{7-98}$$

这样 P 点的相对高程也就可以估计了。

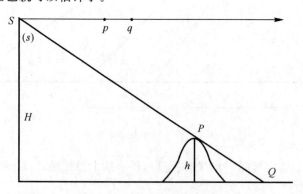

图 7-24　独立山丘地物测量

如果是如图 7-25 所示的直立目标,它在图像上既有叠掩部分 $\overline{PT}$ 的信息 $\overline{pt}$,又有阴影部分 $\overline{TQ}$ 的信息 $\overline{tq}$,由于

$$h/(\overline{PT}+\overline{TQ})=H/\ \overline{SQ} \tag{7-99}$$

则

$$h=(\overline{PT}+\overline{TQ})H/\ \overline{SQ}=(\overline{pt}+\overline{tq})H/\ \overline{sq} \tag{7-100}$$

在阴影部分被其他地物掩蔽的情况下,还可以单独从叠掩部分测定目标高度,因为由图

7 -25 可见

$$h/ \overline{PT} = \overline{SQ}/H \tag{7-101}$$

于是

$$h = \overline{SQ} \cdot \overline{PT}/H = (\lambda \overline{sq})(\lambda \overline{pt})/H = \lambda^2 (\overline{sq} \cdot \overline{pt})/H \tag{7-102}$$

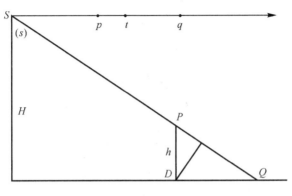

图 7 - 25　直立目标测量

7.4.2　无人机载 SAR 图像立体定位

1.概述

利用无人机载 SAR 图像进行立体定位,就是通过立体像对构建立体模型,解算确定 SAR 图像内目标点的三维坐标。无人机载 SAR 立体像对,是由不同航线、不同天线位置探测获取的具有一定重叠度的两幅 SAR 图像组成的。

无人机立体雷达图像获取的方式有两种:同侧立体观测和异侧立体观测。同侧立体观测是指飞行器沿着不同的航线飞行(两次飞行方向可以相同或者相反),雷达从地物的同一侧对同一地区成像,同侧立体观测又可分为同一高度观测和不同高度观测两类。异侧立体观测是指雷达从地物的两侧分别对同一地区成像。一般来讲,异侧立体观测获取的雷达立体图像因为视差比较大,解算的精度更高。

无人机载 SAR 图像立体定位的具体流程如图 7 - 26 所示。可分为以下几个步骤。

(1)确定两条不同航带摄取的有一定重叠度的两幅 SAR 图像。

(2)根据给定的控制点分别拟合出摄站轨迹,解算定向参数,可以在给定的任意时间得到任意时刻飞机的位置参数(飞机的航迹一般用高次多项式表示,实际根据无人机飞行情况,一般选用三次方程拟合)。

(3)在左图像或者右图像(见图 7 - 27(a)(b))中找出一组坐标已知的重叠区域特征点,将这组特征点在另一幅图像中进行搜索匹配,找到两幅图像的同名像点。

(4)每对同名点代入定位模型中可在两幅图像上分别列出多个条件方程,联立方程并代入给定的初值进行迭代计算,解算图像坐标所对应的大地坐标,实现立体定位。

立体定位过程中,每个环节都至关重要,解算中出现的任何误差都会影响图像最终定位精度。

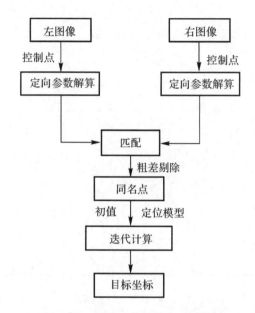

图 7 - 26　机载 SAR 立体定位流程图

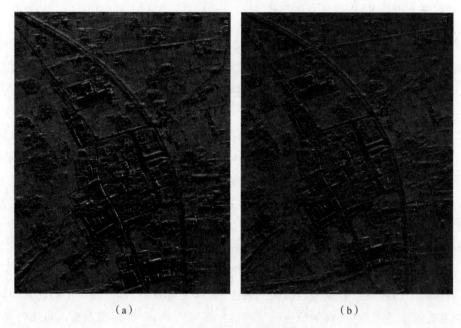

（a）　　　　　　　　　　　　　　　　　　　（b）

图 7 - 27　立体 SAR 图像对

（a）左图像；（b）右图像

2.立体像对的构建

SAR 图像中的因高度产生的像点位移是叠掩产生的根本原因,它与光学摄影中因高度产生图像位移的方向正好相反,如图 7 - 28 所示,光学摄影中的位移方向是背向像底点,而雷达图像中的位移则朝向像底点。光学摄影中的立体像对是由两个摄影站点摄取同一地区的图像组成,两摄站点之间的距离成为摄影基线,在立体像对中由于高度产生的位移形成视差,故而可以进行立体观察和立体量测。侧视雷达图像也可以由雷达天线在不同位置收集同一地区的回波信号而构成立体图像,但这时是由目标产生的叠掩引起图像位移,视差是由信号叠掩形成。侧视雷达图像的立体像对可由多种方式产生。如图 7 - 29 所示,在目标的两测或同侧的不同高度、同侧的不同距离都可以产生立体像对的方式,如同早晨和傍晚的光学摄影,但由于雷达成像时,目标如在山丘的前坡,在图像中比较亮,其长度可能出现收缩或出现叠掩,背坡则比较暗,其长度或缩短,或接近符合比例的长度,甚至根本看不出来,完全消失在阴影之中,这样在目标两侧构成立体图像时,对目标的观察十分困难。所以目前一般大都采用同侧成像方式,其等效的相机摄影关系如图 7 - 30 所示,图中相机在 u,v 两点对目标 P 摄影,B 为基线,L_f 和 L_n 为相应的图像位移在地面上的表示,于是有

$$B/H_c = (L_n - L_f)/h \tag{7-103}$$

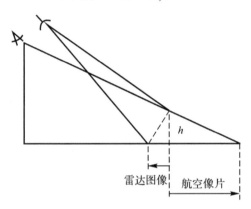

图 7 - 28　叠掩示意图

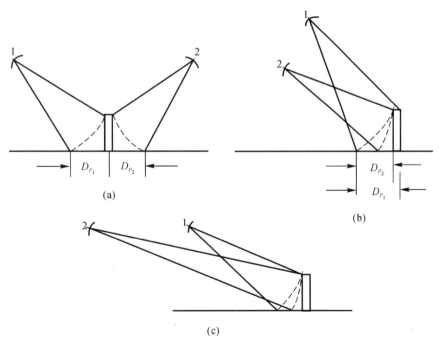

图 7 - 29　雷达视差示意图

(a)对侧成像;(b)同侧成像;(c)同侧同高度成像

雷达立体图像的产生则如图 7-31 所示,由于其相应的雷达俯角为 D_r,其图像位移在地面上的表示分别为 θ_n 和 θ_f,可见

$$L_f/h = H_f/R_f = l_f \qquad\qquad (7-104)$$

$$L_n/h = H_n/R_n = l_n \qquad\qquad (7-105)$$

量测出 R_f 和 R_n 后,根据 θ_f 和 θ_n 可以计算 H_f 和 H_n,进而可以求出 l_f 和 l_n,于是有

$$h = (L_n - L_f)/(l_n - l_f) \qquad\qquad (7-106)$$

在图像上可以测出视差,然后根据比例尺即可计算出 $L_n - L_f$,然后再计算 h 值。

这里的问题是量测叠掩时须有参考点 D(见图 7-31),若图中看不到 D 点,则可在方位向的任一侧选一点作为参考点。

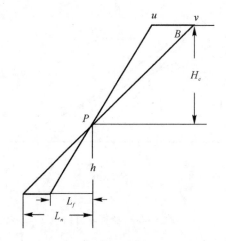

图 7-30 对应相机立体观测

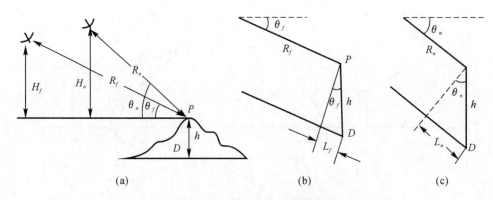

(a)   (b)   (c)

图 7-31 雷达立体几何图形

(a)立体成像飞行示意图;(b)远距位移;(c)近距位移

3. SAR 立体成像

(1)SAR 立体成像方式。SAR 立体图像成像方式有同侧和异侧两种,如图 7-32 所示。同侧又可分为同一高度和不同高度;异侧主要分为对侧和正交配对。

对侧立体成像所取得的立体像对,视差明显,有利于高出地面物体的量测。但是,高出地面物体在像对的两幅影像上相应图像的色调和几何变形相互不一致,立体观察困难,当高差或坡度过大时,甚至达不到立体凝合,不能构成立体观察模型。因此,对侧立体成像,只适用于平

坦地区或起伏较缓、高差不大的丘陵地,不适合于坡度较大的丘陵地和山地。

同侧同高度或不同高度的立体像对,视差虽不及对侧配对明显,但两幅图像上相应图像的色调和图形变形差异较小,能获得较好的立体观测效果。丘陵地和山地一般都采用同侧立体成像。

正交立体像对是不同航线侧视方向垂直所取得的重叠图像,是同侧成像与异侧成像之间的一种像对成像方式。在正交立体像对中,高出基准面或低于基准面的物体,在一幅图像上的移位线与另一幅图像上的移位线不一致,立体观察困难。因此,正交立体成像仅适用于独立目标的立体测量,不适用于大面积的立体测量。

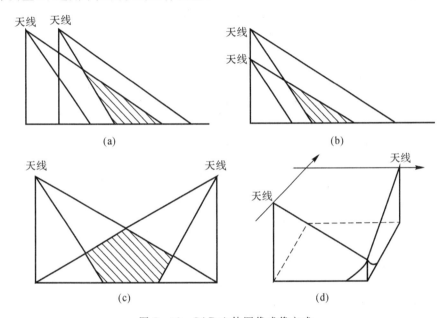

图 7 - 32　SAR 立体图像成像方式

(a)同侧同高度;(b)同侧不同高度;(c)对侧同高度;(d)正交同高度

(2)SAR 像对立体观测。SAR 图像的立体观察方法与航空摄影像片基本相同。不同的是,在排列安置立体像对时,雷达图像的左右片顺序应与取得时的相关位置相反,即左片安置在右边,右片安置在左边。这是因为在 SAR 图像上,高出地面的物体的顶点向着底点方向移位,低于地面的物体背着底点方向移位,与摄影像片上投影误差的方向相反。

立体观察中常用超高感(垂直夸张)说明视觉模型的明显程度。在立体观察中,有时感到立体模型的起伏比实际地形陡或缓。这种现象是由于立体模型的垂直比例尺大于或小于水平比例尺而产生。当立体模型的垂直比例尺大于水平比例尺,即立体模型比实际地形起伏更明显时,称为超高感,或垂直夸张。航空摄影像对的立体模型夸张,除取决于立体观察仪器的立距与摄影机焦距之比外,还和摄影基线与摄影高度之比(B/H)有关。雷达像对的立体观察模型的立体感主要取决于两次成像时对同一目标侧视角之差。像对构成立体模型是否明显,实际上是取决于视差的大小。

同高度的物体,在相同比例尺的像片上,视差大的立体效果明显,立体量测精度高;视差小的立体效果不明显,立体量测精度低。

图 7 - 33 说明了同侧和异侧 SAR 立体图像的视差与其相应物体高度的关系。

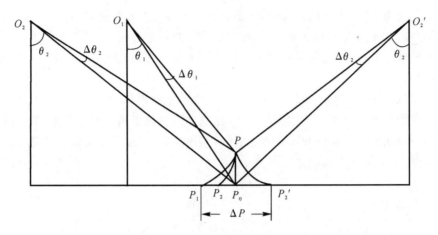

图 7 - 33　雷达图像视差

从图 7 - 33 可以看出，当 $\Delta\theta_1$ 和 $\Delta\theta_2$ 较小时，则

$$\Delta P = \overline{P_0 P_1} - \overline{P_0 P_2} \tag{7-107}$$

以地面距离显示图像像对视差的近似公式为

$$\Delta P = h(\tan\theta_1 \pm \tan\theta_2) \tag{7-108}$$

以斜距显示图像像对视差 $\Delta P = \overline{P_0 P_1'} - \overline{P_0 P_2'}$ 的近似公式为

$$\Delta P = h(\cos\theta_1 \pm \cos\theta_2) \tag{7-109}$$

式中，h 为目标相对基准面的高差；θ_1,θ_2 分别为像对左、右片的侧视角；"＋""－"符号分别适用于对侧、同侧像对配置。

从视差公式不难看出，对于同样高度的目标，对侧像对视差比同侧像对视差大；同侧像对视差的大小随侧视角之差（$\Delta\theta = \theta_1 - \theta_2$，交会角）增大而增大。虽然立体量测的精度随交会角增加而提高，但重叠图像变形的差异增大，影响立体观察的效果。

因此，在 SAR 立体图像的构成中，为获得最佳的立体观测效果，应根据设备和地形的特点，综合考虑增大交会角以提高视差量测的精度，为了防止立体观察效果变差的影响，选择适当的交会角。

4. 常用无人机载 SAR 定位模型

定位模型是指在目标定位解算中所采用的基本构像方程，常用的无人机载 SAR 图像构像方程有 F. Leberl 模型、G. Konecny 等效共线方程、行中心投影公式、基于投影差改正的多项式模型等，详见本书第 6 章中所述。本节以 F. Leberl 模型为例阐述立体定位解算过程。

5. 基于 F. Leberl 模型的立体定位

(1)F. Leberl 条件方程。F. Leberl 模型是根据雷达图像像点的距离条件和零多普勒条件来表达雷达图像瞬时构像的数学模型，使用中存在斜距图像和平距图像两种形式，本节针对无人机载 SAR 图像特点，采用斜距图像，详细分析和探讨适合无人机载 SAR 立体定位使用的数学模型的形式与解算过程。

如图 6 - 4 所示，设地面点坐标为 $P(X,Y,Z)$，天线瞬时坐标为 $S(X_s,Y_s,Z_s)$，像坐标为 (x,y)（x 是方位向，y 是距离向），$(\dot{X_s},\dot{Y_s},\dot{Z_s})$ 为天线在 S 点时的速度矢量，D_s 为扫描延迟，m_x 为

SAR 图像方位向分辨率，m_y 为 SAR 图像距离向分辨率。由图 6-4 可得到如下两个条件：

距离条件：

$$(D_s + m_y y)^2 \doteq (X - X_s)^2 + (Y - Y_s)^2 + (Z - Z_s)^2 \qquad (7-110)$$

零多普勒条件：

$$\dot{X}_s(X - X_s) + \dot{Y}_s(Y - Y_s) + \dot{Z}_s(Z - Z_s) = 0 \qquad (7-111)$$

载机的姿态参数是时间的函数，而像素坐标与时间又存在线性关系，因此载机的姿态参数可为

$$\left. \begin{array}{l} X_s = a_{11} + a_{12} T + a_{13} T^2 + \cdots \\ Y_s = a_{21} + a_{22} T + a_{23} T^2 + \cdots \\ Z_s = a_{31} + a_{32} T + a_{33} T^2 + \cdots \end{array} \right\} \qquad (7-112)$$

速度矢量为位移矢量对时间的导数，故有

$$\left. \begin{array}{l} \dot{X}_s = a_{12} + 2a_{13} T + \cdots \\ \dot{Y}_s = a_{22} + 2a_{23} T + \cdots \\ \dot{Z}_s = a_{32} + 2a_{33} T + \cdots \end{array} \right\} \qquad (7-113)$$

$$T = m_x x \qquad (7-114)$$

式中，T 为天线飞行距离；x 为 SAR 图像方位向像平面坐标。

式(7-114)描述了天线运行的轨迹，使用的是空间曲线参数方程(参数方程的次数可以根据平台状况选择)。距离条件表达了天线与目标点之间的距离。

飞机的飞行速度矢量($\dot{X}_s, \dot{Y}_s, \dot{Z}_s$)与天线到地面点的矢量间的夹角为 $90°$。此时多普勒频移为零，称为零多普勒条件。

(2)定向参数的解算。

1)线性化。若用 f_1 和 f_2 分别表示斜距显示图像的距离条件方程和零多普勒条件方程，则有

$$f_1 = (D_s + m_y \cdot y)^2 - [(X - X_s)^2 + (Y - Y_s)^2 + (Z - Z_s)^2] = 0 \qquad (7-115)$$

$$f_2 = \dot{X}_s(X - X_s) + \dot{Y}_s(Y - Y_s) + \dot{Z}_s(Z - Z_s) = 0 \qquad (7-116)$$

由于无人机飞行速度较慢，因此只用三次方程来拟合载机的轨迹，即有

$$T = m_x x$$

$$\left. \begin{array}{l} X_s = a_{11} + a_{12} T + \dfrac{a_{13}}{2} T^2 + \dfrac{a_{14}}{3} T^3 \\[2mm] Y_s = a_{21} + a_{22} T + \dfrac{a_{23}}{2} T^2 + \dfrac{a_{24}}{3} T^3 \\[2mm] Z_s = a_{31} + a_{32} T + \dfrac{a_{33}}{2} T^2 + \dfrac{a_{34}}{3} T^3 \\[2mm] \dot{X}_s = a_{12} + a_{13} T + a_{14} T^2 \\[2mm] \dot{Y}_s = a_{22} + a_{23} T + a_{24} T^2 \\[2mm] \dot{Z}_s = a_{32} + a_{33} T + a_{34} T^2 \end{array} \right\} \qquad (7-117)$$

式(7-115)和式(7-116)为非线性函数,不能直接用于平差计算,因此,需要对其进行线性化。将式(7-115)和式(7-116)线性化(只取一次项)得

$$
\left.
\begin{aligned}
f_1 &= f_1^0 + \frac{\partial f_1}{\partial a_{11}}\Delta a_{11} + \frac{\partial f_1}{\partial a_{21}}\Delta a_{21} + \frac{\partial f_1}{\partial a_{31}}\Delta a_{31} + \\
&\quad \frac{\partial f_1}{\partial a_{12}}\Delta a_{12} + \frac{\partial f_1}{\partial a_{22}}\Delta a_{22} + \frac{\partial f_1}{\partial a_{32}}\Delta a_{32} + \frac{\partial f_1}{\partial a_{13}}\Delta a_{13} + \\
&\quad \frac{\partial f_1}{\partial a_{23}}\Delta a_{23} + \frac{\partial f_1}{\partial a_{33}}\Delta a_{33} + \frac{\partial f_1}{\partial a_{14}}\Delta a_{14} + \frac{\partial f_1}{\partial a_{24}}\Delta a_{24} + \\
&\quad \frac{\partial f_1}{\partial a_{34}}\Delta a_{34} \\
f_2 &= f_2^0 + \frac{\partial f_2}{\partial a_{11}}\Delta a_{11} + \frac{\partial f_2}{\partial a_{21}}\Delta a_{21} + \frac{\partial f_2}{\partial a_{31}}\Delta a_{31} + \\
&\quad \frac{\partial f_2}{\partial a_{12}}\Delta a_{12} + \frac{\partial f_2}{\partial a_{22}}\Delta a_{22} + \frac{\partial f_2}{\partial a_{32}}\Delta a_{32} + \frac{\partial f_2}{\partial a_{13}}\Delta a_{13} + \\
&\quad \frac{\partial f_2}{\partial a_{23}}\Delta a_{23} + \frac{\partial f_2}{\partial a_{33}}\Delta a_{33} + \frac{\partial f_2}{\partial a_{14}}\Delta a_{14} + \frac{\partial f_2}{\partial a_{24}}\Delta a_{24} + \\
&\quad \frac{\partial f_2}{\partial a_{34}}\Delta a_{34}
\end{aligned}
\right\}
\quad (7-118)
$$

式中

$$
\left.
\begin{aligned}
\frac{\partial f_1}{\partial a_{11}} &= 2(X - X_s) \\
\frac{\partial f_1}{\partial a_{21}} &= 2(Y - Y_s) \\
\frac{\partial f_1}{\partial a_{31}} &= 2(Z - Z_s) \\
\frac{\partial f_1}{\partial a_{12}} &= 2(X - X_s)T \\
\frac{\partial f_1}{\partial a_{22}} &= 2(Y - Y_s)T \\
\frac{\partial f_1}{\partial a_{32}} &= 2(Z - Z_s)T \\
\frac{\partial f_1}{\partial a_{13}} &= (X - X_s)T^2 \\
\frac{\partial f_1}{\partial a_{23}} &= (Y - Y_s)T^2 \\
\frac{\partial f_1}{\partial a_{33}} &= (Z - Z_s)T^2 \\
\frac{\partial f_1}{\partial a_{14}} &= \frac{2}{3}(X - X_s)T^3 \\
\frac{\partial f_1}{\partial a_{24}} &= \frac{2}{3}(Y - Y_s)T^3 \\
\frac{\partial f_1}{\partial a_{34}} &= \frac{2}{3}(Z - Z_s)T^3
\end{aligned}
\right\}
\quad (7-119)
$$

$$\frac{\partial f_2}{\partial a_{11}} = -\dot{X}_s$$

$$\frac{\partial f_2}{\partial a_{21}} = -\dot{Y}_s$$

$$\frac{\partial f_2}{\partial a_{31}} = -\dot{Z}_s$$

$$\frac{\partial f_2}{\partial a_{12}} = (X-X_s) - \dot{X}_s T$$

$$\frac{\partial f_2}{\partial a_{22}} = (Y-Y_s) - \dot{Y}_s T$$

$$\frac{\partial f_2}{\partial a_{32}} = (Z-Z_s) - \dot{Z}_s T$$

$$\frac{\partial f_2}{\partial a_{13}} = (X-X_s)T - \dot{X}_s \frac{T^2}{2}$$

$$\frac{\partial f_2}{\partial a_{23}} = (Y-Y_s)T - \dot{Y}_s \frac{T^2}{2}$$

$$\frac{\partial f_2}{\partial a_{33}} = (Z-Z_s)T - \dot{Z}_s \frac{T^2}{2}$$

$$\frac{\partial f_2}{\partial a_{14}} = (X-X_s)T^2 - \dot{X}_s \frac{T^3}{3}$$

$$\frac{\partial f_2}{\partial a_{24}} = (Y-Y_s)T^2 - \dot{Y}_s \frac{T^3}{3}$$

$$\frac{\partial f_2}{\partial a_{34}} = (Z-Z_s)T^2 - \dot{Z}_s \frac{T^3}{3}$$

(7-120)

式中，D_s，m_x，m_y 为已知值。线性化后，即可利用地面控制点，用最小二乘法，迭代解算出 12 个天线状态矢量，根据所解的参数按照式(7-117)，可以实现使用三次空间参数方程描述平台的运行轨迹，完成空间后方交会的解算。

2)初值选取。解算描述飞机轨迹方程的多项式系数的过程需要迭代计算，提供恰当的计算初值十分重要。采用多项式的方法确定初值，方便而且高效。

多项式模型作为一种像素定位模型，只是一组对输入空间和输出空间的变换进行简单的函数逼近，是一种基于平面的变换，但是作为初值的选取模型却是相当合适的，具体方法如下：

a.确定多项式的定位模型为

$$x = \sum_{i=0}^{n}\sum_{j=0}^{n-i} a_{ij}X^iY^j$$
$$y = \sum_{i=0}^{n}\sum_{j=0}^{n-i} b_{ij}X^iY^j$$

(7-121)

式中，X，Y 为目标像素的原始图像坐标；x，y 为同名像素的地面坐标；a_{ij}，b_{ij} 为多项式系数。

b.将几组控制点 X_i，Y_i 代入模型中，利用最小二乘法确定出多项式系数 a_{ij}，b_{ij}。

c.将需要解算的图像坐标 X，Y 点再次代入模型中，利用已有的多项式系数求出同名像素的粗略地面坐标，将其作为 F.Leberl 模型的解算初值。

(3)立体定位。按照式(7-118)可以得到任一时刻的摄站坐标和相应的速度分量。根据

泰勒公式,将距离多普勒公式线性化(只取一次项)为

$$\left.\begin{array}{l} f_1 = f_1^0 + \dfrac{\partial f_1}{\partial X}\Delta X + \dfrac{\partial f_1}{\partial Y}\Delta Y + \dfrac{\partial f_1}{\partial Z}\Delta Z \\[2mm] f_2 = f_2^0 + \dfrac{\partial f_2}{\partial X}\Delta X + \dfrac{\partial f_2}{\partial Y}\Delta Y + \dfrac{\partial f_2}{\partial Z}\Delta Z \end{array}\right\} \quad (7-122)$$

式中

$$\frac{\partial f_1}{\partial X} = -2(X - X_s)$$

$$\frac{\partial f_1}{\partial Y} = -2(Y - Y_s)$$

$$\frac{\partial f_1}{\partial Z} = -2(Z - Z_s)$$

$$\frac{\partial f_2}{\partial X} = \dot{X}_s$$

$$\frac{\partial f_2}{\partial Y} = \dot{Y}_s$$

$$\frac{\partial f_2}{\partial Z} = \dot{Z}_s$$

在 SAR 立体图像的重叠区域,当所选像点为两幅图像对应的同名点时,可以分别根据距离和多普勒条件列出两个方程,而所需要的未知量只有三个(X, Y, Z),故可以按最小二乘法解算出同名点对应的地面三维坐标,完成空间前方交会的计算。

7.4.3 基于单幅 SAR 图像的立体定位

上一节中所论述的立体定位方法是建立在两幅 SAR 图像来自于不同航带的基础上,在飞行姿态保持较差构建立体较难的情况下,无法较好地实现目标的立体定位。本节提出一种采用单幅 SAR 图像和 DEM 数据提取立体图像的新方法,并详细地推导实现数学模型。该方法生成的立体图像消除了上下视差,解决了必须采用两幅来自不同航带的机载 SAR 图像构建立体的难题,减少了飞行架次。

1. 算法原理与过程

由于无人机航空摄影数字影像是地面物体的中心投影,所以提取立体图像是很方便的,具有重叠度的无人机航空数字影像中存在着共同核线,只要将图像纠正到共同核线上即可消除上下视差,生成满足判读和定位使用的立体图像。但是由于 SAR 是基于斜距投影构像的,从像方出发无法生成完全消除上下视差的立体图像,基于此,作者提出了斜距投影的 SAR 立体图像提取方法,该方法基于物方坐标提取立体图像,提取后的立体图像消除了上下视差,保留了左右视差,与光学核线立体图像效果相似。

该方法的主要过程如图 7-34 所示。

(1)设置初始参数。初始参数的设置包括两个部分:SAR 成像参数和生成立体图像的初始摄站位置。SAR 成像参数是定向解算时的必要条件,而初始摄站位置决定了立体图像区域。

设 SAR 图像的上、下边界地面坐标为 Y_T, Y_B,航高为 H,初始斜距为 S_0,为 X_b 纠正图像的左边界坐标(见图 7-35),初始摄站的坐标为 $(X_{s_0}, Y_{s_0}, Z_{s_0})$,则有

$$
\left.\begin{array}{l}
X_{s_0} = X_b - \sqrt{R_0^2 - H^2} \\
Y_{s_0} = (Y_T + Y_B)/2 \\
Z_{s_0} = H
\end{array}\right\} \tag{7-123}
$$

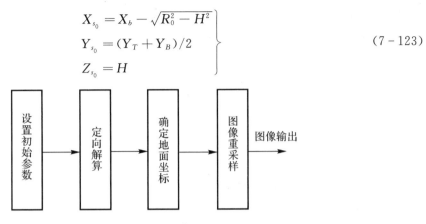

图 7-34   立体图像提取流程图

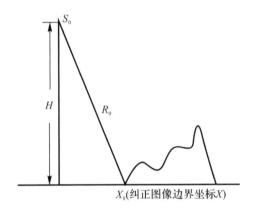

图 7-35   纠正图像边界图

这里需要说明的是：当添加摄影基线 B 采样立体图像的右图像时，改变航线后摄站坐标 X'_{s_0} 与初始斜距 R'_0 的关系如图 7-36 所示。

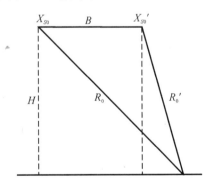

图 7-36   摄影基线与初始斜距关系图

$$
X'_{s_0} = X_{s_0} + B \tag{7-124}
$$

$$
R'_0 = \sqrt{\left(\sqrt{R_0^2 - H^2} - B\right)^2 + H^2} \tag{7-125}
$$

（2）定向解算。SAR 定向解算实现了 SAR 图像坐标和地面坐标之间的映射，定向解算模型可以根据处理问题的需要选用如 6.1.4 节中所述的各种模型，针对无人机图像处理中对控制点的精度和个数要求较低的特点,选用 F. Leberl 模型和基于投影差改正的多项式模型。为了确定生成立体图像的大小,在定向解算过程中还需要同时确定纠正立体图像的宽度、高度以及 4 个角点的坐标。

(3)确定地面坐标。由于采样立体图像是沿着 Y 方向进行的,故地面坐标 Y 坐标每一行都是不变的,X 坐标是变化的。正是这样的特点使得该算法消除了上下视差,而保留的左右视差,在局部区域还压缩或拉伸了左右视差。X 坐标的计算是本算法的关键,X 坐标与 Z 坐标同时还存在连动关系,X 坐标采用迭代解算,解算后根据 X,Y 在 DEM 数据中插值获取 Z 坐标。

(4)图像重采样。在地面坐标 (X,Y,Z) 确定的前提下,依据定向参数反解图像坐标 (x, y),图像坐标的计算采用 F. Leberl 模型时需要迭代解算,而采用基于投影差改正的多项式模型时可以解算后直接加上投影差。计算得到的图像坐标往往是小数,需要进行重采样获取图像灰度。

2.立体图像点采样方法

如上节所述,在立体图像点的采样过程中,每一行图像 Y 坐标不变,X 坐标需要迭代求解,设生成立体图像的 Y 方向的分辨率为 ΔR_Y,斜距分辨率为 ΔR_S,在每一行上图像的 Y 坐标相同,而 X 坐标则需要依据斜距分辨率进行迭代求解。

$$Y = Y_{s_0} + y \Delta R_Y \tag{7-126}$$

式中,y 为以图像中心为坐标原点的图像坐标。

如图 7-37 所示,摄站为 S,斜距为 R_i,通过迭代解算该斜距实际对应的地面点 (X^0, Y^0, Z^0),并依据地面坐标反求像点坐标实现重采样。

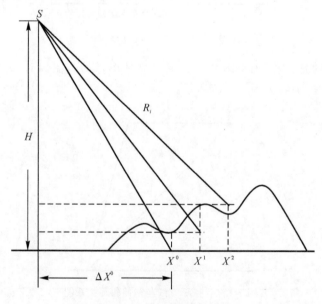

图 7-37 迭代过程示意图

迭代过程:

(1)已知采样地面坐标为 Y^0,初始斜距为 R_0。

(2)计算 ΔX 初始值 ΔX^0 和 X 初始值 X^0。

$$\Delta X = \sqrt{R_i^2 - H^2} \qquad\qquad (7-127)$$

(3)设定高程初始值 Z^0，默认值设为 0。

(4)在 DEM 数据的支持下，依据 X^0,Y^0 内插得到新的高程值为 Z^1，为了抑制部分由于粗差所造成的解算不回归，在内插新的高程值后，比较保留所有迭代中高程的最小值，在不回归时可采用该高程值。

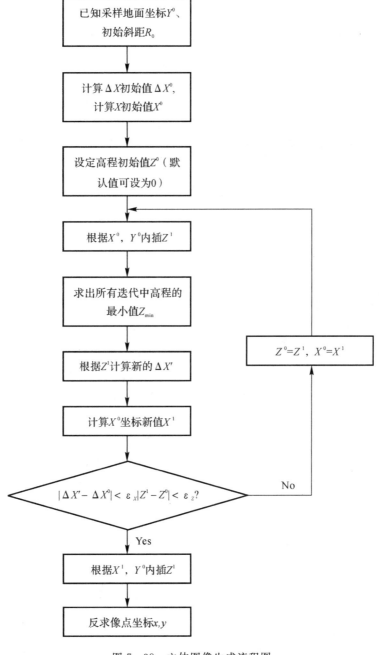

图 7-38　立体图像生成流程图

(5)根据 Z^1 计算新的 ΔX，记作 $\Delta X'$，计算公式可以从图 7-37 推导出为

$$\Delta X' = \sqrt{R_i^2 - (H - Z)^2} \qquad (7-128)$$

并由此计算 ΔX^0 坐标的新值 ΔX^1。

(6)判断 $|\Delta X' - \Delta X^0|$ 和 $|Z^1 - Z^0|$ 是否同时小于限差，条件不满足则用新的 X 坐标和 Z 坐标进行迭代求解，重复(4)～(5)过程；条件满足时迭代计算结束，并根据内插的结果反求像点坐标，之后根据像点坐标进行重采样获取立体图像一个像点的图像灰度。

立体图像生成流程如图 7-38 所示。

3.灰度重采样方法

灰度重采样方法详见本书 3.3.3 节中所述。

4.立体定位

在斜距投影的情况下，如图 7-39 所示，S_0 为左摄站，S_1 为右摄站，航高为 H，地面物体 A 的坐标为 (X_A, Y_A, h)，左摄站坐标为 $(X_{S_0}, Y_{S_0}, Z_{S_0})$，右摄站坐标为 $(X_{S_1}, Y_{S_1}, Z_{S_1})$，地面物体 A 在左图像上的斜距为 R_{A0}，在右图像上的斜距为 R_{A1}，左图像初始斜距为 R_0，右图像初始斜距为 R_1，斜距分辨率为 ΔR，则有

$$\left.\begin{array}{l} R_{A0} = R_0 + x_0 \cdot \Delta R \\ R_{A1} = R_1 + x_1 \cdot \Delta R \end{array}\right\} \qquad (7-129)$$

式中，x_0 为左图像坐标；x_1 为右图像坐标。

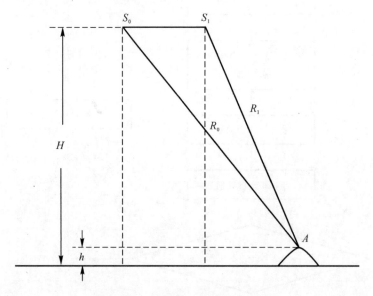

图 7-39　斜距投影立体定位示意图

依据斜距投影的关系，不难得出

$$\left.\begin{array}{l} R_{A0}^2 = (X_A - X_{S_0})^2 + (H - h)^2 \\ R_{A1}^2 = (X_A - X_{S_1})^2 + (H - h)^2 \end{array}\right\} \qquad (7-130)$$

解式(7-130)构成的方程组，得地面物体 A 的横坐标为

$$X_A = \frac{(R_{A0}^2 - R_{A1}^2) - (X_{S0}^2 - X_{S1}^2)}{2(X_{S1} - X_{S0})} \qquad (7-131)$$

地面物体 A 的高程为

$$h = H - \sqrt{R_{A1}^2 - (X_A - X_{S0})^2}$$ $(7-132)$

习　题

1. 在无人机图像目标定位中，常用什么来描述地理空间位置姿态？

2. 常用目标定位精度的评价指标有哪些？

3. 简述精度、准确度和精确度的定义、区别及联系。

4. 简述无人机航空像片目标定位环节。

5. 简答无人机航空像片相对定向的目的和意义。

6. 简答无人机航空像片绝对定向的目的和意义。

7. 简答相对定向解算流程。

8. 简述常用的自动相对定向实现策略。

9. 论述无人机视频图像目标直接定位的思想及处理过程。

10. 论述基于影像匹配的目标定位的基本原理与工作过程。

11. 简述基于空间交会的目标定位方法，并写出空间三点交会数学模型。

12. 简答无人机载 SAR 图像立体定位处理流程。

13. 简述无人机载 SAR 图像构建立体方法。

14. 简述无人机载 SAR 图像同侧立体和异侧立体构建的优缺点。

15. 论述基于单幅 SAR 图像的立体定位的原理及处理过程。

16. 图 1 和图 2 分别为同一地区的航空像片和合成孔径雷达图像。

(1) 航空像片与合成孔径雷达成像方式有何不同之处？图像主要受哪些因素影响？

(2) 雷达立体图像成像方式有哪几种？各有什么特点？

(3) 雷达立体成像与航空像片的立体成像方式有何区别？为什么会出现该现象？

　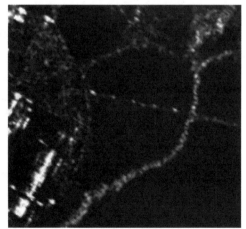

图 1　航空像片　　　　　　　图 2　SAR 图像

参 考 文 献

[1] 樊邦奎,段连飞. 无人机侦察目标定位技术[M]. 北京:国防工业出版社,2014.

[2] 李德仁,等. 解析摄影测量学[M]. 武汉:武汉测绘科技大学出版社,1992.

[3] 李德仁,等. 摄影测量与遥感概论[M]. 北京:测绘出版社,2001.

[4] 都基焱,段连飞. 无人机电视侦察目标定位原理[M]. 合肥:中国科学技术大学出版社,2013.

[5] 段连飞. 无人机载 SAR 图像信息提取技术研究[D]. 青岛:山东科技大学,2004.

[6] 段连飞. 无人机任务设备原理[M]. 北京:海潮出版社,2008

[7] 张祖勋,等. 数字摄影测量学[M]. 武汉:武汉测绘科技大学出版社,1996.

[8] 陈鹰,等. 遥感影像的数字摄影测量[M]. 上海:同济大学出版社,2003.

[9] 魏克让,等. 空间数据得误差处理[M]. 北京:科学出版社,2003.

[10] 乔瑞亭,等. 摄影与空中摄影学[M]. 武汉:武汉大学出版社,2007.

[11] 温林,等. 空中平台光电载荷无源定位数据预处理方法[J]. 华中科技大学学报,2011,39(11):39 - 41.

[12] 潘时祥,等. 雷达摄影测量[M]. 北京:解放军出版社,2000.

[13] 郭华东. 雷达对地观测理论与应用[M]. 北京:科学出版社,2000.

[14] 李金. 无人机载 SAR 定位技术研究[D]. 合肥:炮兵学院,2009.

[15] 段连飞. 无人机机载 SAR 图像立体定位方法研究[J]. 炮兵学院学报,2008(1):1 - 4.

[16] 高力,赵杰,王仁礼. 利用 Leberl 模型进行机载 SAR 图像的立体定位[J]. 测绘学院学报,2004,21(4):269 - 271.

[17] 范洪冬. 机载 SAR 立体图像对提取 DEM 方法研究[D]. 徐州:中国矿业大学,2007.